U0175533

本书得到了国家社科基金项目：基于存量优化的城市空间治理与重构机理研究（17BJL065)、中原千人计划基础研究领军人才（ZYQR201810122)的资助支持。

城市空间的拓展、治理与优化研究

Research on the Expansion, Governance and Optimization of Urban Space

刘荣增 等◎著

人民出版社

责任编辑：王怡石

图书在版编目（CIP）数据

城市空间的拓展、治理与优化研究/刘荣增 等著. —北京：人民出版社，2022.4
ISBN 978 - 7 - 01 - 023866 - 1

Ⅰ. ①城…　Ⅱ. ①刘…　Ⅲ. ①城市空间-研究-中国　Ⅳ. ①TU984.2

中国版本图书馆 CIP 数据核字（2021）第 206540 号

城市空间的拓展、治理与优化研究

CHENGSHI KONGJIAN DE TUOZHAN ZHILI YU YOUHUA YANJIU

刘荣增　等著

人民出版社 出版发行
（100706　北京市东城区隆福寺街 99 号）

北京盛通印刷股份有限公司印刷　新华书店经销

2022 年 4 月第 1 版　2022 年 4 月北京第 1 次印刷
开本：710 毫米×1000 毫米 1/16　印张：19.25
字数：310 千字

ISBN 978 - 7 - 01 - 023866 - 1　定价：99.00 元

邮购地址 100706　北京市东城区隆福寺街 99 号
人民东方图书销售中心　电话（010）65250042　65289539

目　录

图目录

表目录

前　言

城市空间是城市社会经济发展的物质载体，城镇化是对空间的生产和再造，城镇化过程中产生的诸多问题本质上就是城市空间生产、分配、交换和消费的问题，而空间治理是城市治理的核心。城市空间拓展、治理与重构一直是国内外城市、区域和空间经济学界研究、关注的重要课题之一。随着中央城市工作会议的召开和“城市双修（城市修补、生态修复）”工作的开展，我国城市空间正处于由以扩展为主导的增量空间发展转向存量空间优化、治理与重构的时段，城市空间结构调整、立体交通网络建构、公共服务设施优化、历史文脉传承、生态环境修复等也急需对城市空间进行综合整治，以此真正实现产城融合、提升城市治理水平，对此进行深入研究是适应经济社会发展进入高质量发展阶段，推动需求侧和供给侧双向协同发力的有效举措。

城市增量空间主要是指城市新增建设用地。主要表现为以下四种类型：第一是城市新城区开发与建设，例如新核心地区建设、体育设施建设及大学城的规划建设等；第二是产业园开发与建设，例如高新技术开发区、科技新城、物流产业园区、金融城等；第三是专门以重大基础设施建设为核心的区域，例如临空经济示范区、高铁枢纽新区等；第四是特殊功能区，例如以旅游业为主的区域。城市增量空间开发建设的主要特点表现在政府对新增土地的垄断作用。在现代的城市发展过程中，主要以空间外延扩张为主，政府在新增土地利用过程中具有绝对的垄断权与土地处置权，能够通过“招、拍、挂”、划拨、协议出让等多种方式处置土地，并且对土地的收益也具有绝对的处置权。总体而言，城市增量空间的开发建设主要由政府主导，其主要原因一方面在于产权单一、利益关系较为简单，另一方面是因为通过政府主导能够体现出执政者坚定的意志,同时也能体现出执政意图和成绩。

城市存量空间主要是指城市建成区。城市存量空间优化与治理主要表现为以下几种形式:(1)破旧城区的改造与更新;(2)交通系统的完善与基础设施建设水平的提升;(3)原有工业企业、城中村、批发市场、大学等的拆迁安置与土地整备;(4)环境治理;(5)历史街区保护;(6)产业优化升级与园区整合等。城市存量空间开发建设的主要特点体现在城市更新改造、功能优化调整等方面,城市存量空间优化提升发展模式主要表现在内涵提升上。因为建设用地使用权较为分散,其中的利益关系错综复杂;政府处置土地的权利受到限制,对土地在再开发过程中产生的收益在进行分配时需要兼顾多方。因此,存量空间的开发与建设需要政府、社区和市场三方的共同参与,同时要遵循利益共享、上下互动的协商式开发路径。

存量空间是城市实体空间的一个主体部分,十分重要,它是城市的起源和诞生地,也是城市长期发展的重要平台和载体,某种程度上是一个城市的符号和代表。存量空间是一个相对概念,增量空间拓展建成后就变成了存量空间,存量空间的更新与优化调整是一个长期的动态过程。纵观城市发展的历史,其过程就是一个城市空间更新和再生的过程,随着科学技术水平的提高和人们认识的提升,与城市功能相对应的城市空间也始终处在持续不断的更新与调整过程中,马车时代与小汽车时代城市道路的空间需求存在着较大的差异,以生产为主导的城市发展理念和以生活为主导的城市发展理念对生产、生活空间的需求也大不相同,另外,随着城市规模的扩大,原有城市内部的空间布局往往无法适应现有规模城市的空间尺度的需要,这些都需要对城市空间进行置换和重构,以适应新时期城市发展的需要。有的学者把这种现象称为“离心化疏散”①。从发达国家的发展历程看,城市空间更新置换呈现如下规律:由拆除重建式的更新置换到综合改造式的更新置换,再到小规模、分阶段的循序渐进式的有机更新置换;由政府主导到市场导向,再到多方参与的城市更新置换;由物质环境更新置换到注重社会效益的更新置换,再到多目标导向的城市更新置换。从世界范围来看,城市空间置换或疏解的路径一般有两类:

① 张强:《城市功能疏解与大城市地区的疏散化》,《经济社会体制比较》2016年第3期。

一类是欧美市场经济国家走过的,以居住的郊区化为先导、带动相应产业的郊区化;另一类是我国的许多大城市的“腾笼换鸟”。以北京市为例,最早的空间置换开始于20世纪80年代,在计划经济体制下借助于行政手段实现了蔬菜等农副产品生产基地从近郊向远郊区县的转移;然后是中心市区“退二进三”的产业结构调整,部分工业企业外迁。20世纪90年代后期,随着我国住房制度改革,出现在城乡结合部的大规模的商品房建设带动了居住人口外迁,同时,郊区中小城镇和高校园区等建设也标志着服务业功能向远郊的疏解。这是一条自第一、第二产业疏解开始,逐步走上居住郊区化带动服务业郊区化的道路①。

在先行工业化国家,离心方向的疏散是通过市场经济机制作用和政府适当引导实现的。其动因主要是:中心地区与外围地区、大都市区与非大都市区相比较,各类生活生产成本与各种沟通成本之间的比例关系发生了变化,这就造成许多城市向外围扩展,出现了郊区化和城市之间人口密度平坦化的现象②。美国是最早出现大规模郊区化现象的国家,20世纪50年代首先出现的是低成本和较好人居环境的“居住郊区化”,然后依次是生活服务业的郊区化、制造业的郊区化、生产性服务业的郊区化乃至大公司总部的郊区化。自20世纪50年代至21世纪初,美国大都市地区的人口从0.85亿增加到2.26亿,其中,中心城市人口的比重从59%下降到38%,郊区人口从41%上升到62%,也就是说,大都市地区人口增量有将近75%流向郊区,形成了美国人口多半居住在郊区的格局③。再比如法国,自20世纪60年代到90年代,在乡村地区居住人口的职业结构也发生了倒挂式变化,从原来以农业人口居住为主,逐渐演变成以非农业人口居住为主,导致乡村功能从农业生产功能为主向生产、宜居、休闲、生态等多种功能转变,从而促进了乡村地区由凋敝走向再兴④。

改革开放以来,我国城镇化水平出现爆发式增长,其增速接近年均一个百

① 张强:《城市功能疏解与大城市地区的疏散化》,《经济社会体制比较》2016年第3期。
② [日]藤田昌久、雅克-弗朗斯瓦蒂斯:《集聚经济学》,格致出版社2016年版,第129页。
③ [美]阿瑟·奥莎利文:《城市经济学》,北京大学出版社2008年版,第78页。
④ [法]孟德拉斯:《农民的终结》,中国社会科学出版社1991年版,第66页。

分点。随着城镇化进程的不断推进,城市“摊大饼”式的无序扩张也逐渐出现,并呈现出日益严重的趋势。城市的盲目扩张造成了对耕地、风景保护区和历史文化古迹保护区等的挤压,使得城市的发展对粮食安全、生态环境以及文化古迹等空间构成严重威胁。同时,城市的无序扩张也会阻碍城市自身发展,造成城镇化质量不高的问题。此外,随着城市建设用地的快速扩张,城市内部的基础设施、公共服务水平已经难以满足人们生产生活的需要。在此发展背景下,城市化发展的重点已经从高速增长转向高质量增长。因此,如何正确利用城市存量用地、如何从高速增长向精明增长科学合理过渡成为城市学界研究者关注的重点。存量规划就是在限定总量的前提下解决建成区的各类现实问题,是经济方式由外延式转向内涵式、由粗放式转向集约式的必然要求,其本质是对已利用土地资源进行优化调整和再组织利用。这种转变意味着城市发展已经进入了由“量”的扩张向“质”的提升的转型阶段,从大开大阖走向精雕细琢追求精致。现在中国所面临的许多问题是西方城镇化进程中没有的,特别是国外几十年甚至上百年的城镇化进程要在中国十多年甚至几年的时间内实现,剧烈的时空压缩导致城市发生快速而激烈的变动,必须依靠对自身特点、经验、教训的深刻解读和对未来的超前判断和分析,来探索解决中国新型城镇化进程中的各种问题。其中,最为重要的就是城市空间变迁、治理与优化的问题。城镇化进程中城市功能延展形成了多种形式的新的城市空间,其载体表现形式有开发区、大学城、产业聚集区、大城市边缘区、旧城改造区、都市连绵区、城乡过渡带等,这些区域不仅聚集着我国外向型经济、战略性新兴产业,还形成了吸纳不同类型城市人口的城市新区,也反映着城镇化所带来的城市剧烈变化,快速的城市化进程,粗放式的空间改造,在物质空间发展方面取得了一些成绩,也造成了城市空间治理的诸多问题。因此,由空间增量扩展到空间存量优化时代的变迁,需要既有的法律法规、规划体系、技术方法、政策框架和管理体系作出重大的适应性变革。对此进行研究是构建当代中国新型城镇化和新型城市治理体系不可或缺的重要内容,具有独特的理论价值。

城镇化快速推进形成的各种新区,与所在城市原有空间形成空间上互补的态势,同时也存在新城空间职能比较单一、粗放、空间之间严重割裂、职住职能分离、行政区划与管理体制掣肘、交通功能呈现潮汐式拥堵等各种急需解决的矛盾。这种空间、政策和功能上的背离与分割，加剧了空间之间的恶性冲突，矛盾的复杂程度不断加重，城镇化不仅是地理空间和行政空间的规划变革，更重要的是通过对城市空间产业、技术、交通、文化、生态、公共设施等的修复和治理，减少城市发展空间的不平衡性和不对称性，实现空间治理的科学合理与公平。因此，研究现阶段城市空间治理和重构路径与机理，对于指导我国当前城镇化的高质量健康持续发展具有重要的现实意义和实践指导价值。

一、相关研究文献评述

国内外学者关于城市空间拓展、治理与优化的相关研究主要集中在城市空间划分与拓展以及城市空间置换与重构等方面。

1. 城市空间划分与拓展相关研究

（1）城市空间拓展相关研究

城市空间作为城市进行一切社会经济活动的载体，其规模的扩大反映出一个空间拓展的过程和发展阶段的变化。城市空间拓展的合理与否直接影响到城市内部社会经济的可持续发展。国外学者较早地就开始对城市空间演变进行研究，早在1923年美国社会学家Burgess分析了芝加哥的土地利用后，提出城市结构和地域结构学说，总结出城市社会人口流动对城市地域分异的五种作用力：向心、专门化、分离、离心、向心性离心，由此形成城市同心圆理论。1924年美国土地经济学家Hurd在研究了美国200个城市内部资料后提出了城市扇形地带理论（又称楔形理论）。1936年，Hoyt又加以发展。1933年Mckenzie又基于地租理论提出了城市多中心理论，直到1945年，Harris和Ullmn通过对美国大部分城市的研究对多中心理论进行了发展和完善。至此，城市空间结构的三大基本理论基本形成，这为学术界对城市地域空间拓展演变的研究提供了有力的理论基础。

1947年，Dickinson在考察了欧洲城市之后提出了"三地带"学说，认为城市空间由中央地带、中间地带和郊区地带组成。20世纪50年代后，随着城市区域发展理论的成熟,国外学者在研究城市发展的问题上不再局限于单一城市,而是立足于城市所在区域乃至上升到城市群的高度。法国经济学家 Perroux 于 1950 年提出的增长极理论被认为是西方区域经济学中经济区域概念的基石。后来法国经济学家 Boudeville 将这一理论引入区域经济理论中,之后美国经济学家 Friedman、瑞典经济学家 Myrdal、美国经济学家 Hischman 又进一步丰富和完善了这一理论,使区域增长极理论成为区域研究的一个重要理论。

1954 年,Ericksen 在三大基本理论(同心圆、扇形、多核心)的基础上提出折中论,将城市用地性质划分为商业用地、工业用地和住宅用地三大类,并阐述了其分布规律。著名地理学家 Gottman 于 1957 年借用古希腊"Megalopolis"一词,描述美国东北部大西洋沿岸的新罕布什尔州南部到弗吉尼亚州北部的城市地区,"Megalopolis"意为"大都市带",大都市带是指人口和产业在空间上集聚和扩散运动的结果,科技进步和交通运输业的发展是大都市带发展的主要动力,是城市未来发展的趋势。这在当时被认为是一种新的空间组织形式,之后,Doxiadis、Papaioannou、Hall 从不同角度对"大都市带"概念进行诠释,扩大了"大都市带"的概念范围。类似的还有"都市圈"概念,如 1951 年,日本学者木内信藏通过研究城市人口增减变化与地域结构关系后提出了三个地带学说,与 1947 年的 Dickinson 提出的"三地带"学说类似,其思想进而在 1967 年被山鹿茨诚发展为"都市圈"学说,直到今天,"都市圈"概念依然被全世界广泛应用,在我国也被称为"城市群"。此外还有 Lynch 的"扩展大都市"、Castells 的"巨型城市"等。

到了 20 世纪 60 年代初,Sombart 把交通运输和经济发展结合起来,认为交通运输对经济发展具有重要影响,由此提出了生长轴理论。1970 年,Lee 对城市空间形态进行了定量测度。1981 年,Muller 认为大城市的空间结构由四部分组成,即中心城市、内郊、外郊以及城市边缘区,其中,中心城市周边的小城镇是郊区的主要核心,它们是大城市发展过程中新的因素。1986 年,英国学者 Scott 认为城市空间演变的主要推动力是城市产业的演变,其作用机制是资本、劳动力、交通等因素的集聚作用①。20 世纪 90 年代初,基于对郊区蔓延

① ScottA.J.,"Industrialization and Urbanization: A Geographical Agenda", *Annals of the Association of American Geographers*, Vol.76, No.1(1986), pp.25-37.

的深刻反思，美国逐渐兴起了一个新的城市设计运动——新传统主义规划，后来演变为新城市主义。Calthorpe 在 1992 年最早提出 TOD(Transit-Oriented-Development)模式，1993 年 Calthorpe 在其所写的《下一代美国大都市地区：生态、社区和美国之梦》一书中，明确地提出了以 TOD 替代郊区蔓延的发展模式。1994 年，Batty 等人利用分形理论分析城市空间扩展形态①，Forman 和 Leorey 从景观生态学的角度对城市扩展模式进行分类②③，Camagni 和 Wilson 将城市扩展模式分为五类④。1995 年，Baschak 发现城市空间的拓展从水平和垂直两个方向同时进行⑤。进入 21 世纪以来，随着遥感影像技术的不断提高，利用遥感影像对城市空间变化情况和城市空间拓展演变的研究逐渐出现在学术界⑥。如基于遥感影像对城市边缘区的土地利用演变的分析，城市建成区面积和人口之间关系的研究，以及城市土地利用变化的影响因素分析。传统观点认为一般由经济增长而引起城市空间的扩张⑦⑧，Kessides.C则提出了不同的观点，他认为城市地租的差异是导致城市用地变化最主要的原因⑨，而 JunJie Wu 认

① Batty M., Xie Y., "From cells to cities", *Environment and Planning B*, Vol.21, No.7(1994), pp.31-48.

② Form W H., "The place of social structure in the determination of land use", *Social Forces*, Vol.32, No.4(1954), pp.317-323.

③ Leorey O M., Nariidac S., "A framework for linking urbanform and air quality", *Environmental Modelling & Software*, Vol.14, No.6(1999), pp.541-548.

④ Camagni R., Gibelli M C., Rigamonti P., "Urban mobility and urban form: The social and environmental costs of different patterns of urban expansion", *Ecological Economics*, Vol.40, No.2(1999), pp.199-216. Wilson H E., Hurd J D., Civco D L., et al., "Development of a geospatial model to quantify, describe and map urban growth", *Remote Sensing of Environment*, Vol.86, No.3(2003), pp.275-285.

⑤ Baschak L A., "An ecological framework for the planning design and management of urban river greenways", *Landscape and Urban Planning*, Vol.32, No.3(1995), pp.227-244.

⑥ Coward S N., Williams D., "Landsat and Earth Systems Science: development of terrestrial monitoring", *Photogrammetric Engineering and Remote Sensing*, Vol.63, No.2(1997), pp.887-900. Masek J.G., Lindsay F.E., Goward S.N., "Dynamics of urban growth in the Washington DC metropolitan area, 1973-1996, from Landsat observation", *International Journal of Remote sensing*, Vol.21, No.18(2000), pp.3473-3486.

⑦ Robert Walker William Solecki, "South Florida: The reality of change and the prospects for sustainability", *Ecological Economics*, Vol.37, No.3(2001), pp.333-337.

⑧ Stern P.C., Young O.R., Druckman D., "Global Environmental Change: understanding the Human Dimensions", *National Research*, (1992), pp.17-60.

⑨ Kessides C., "The Urban Transition in Sub-Saharan Africa: Implications for Economic Growth and Poverty Reduction", *Urban Development Unit*, *The World Bank*, Vol.10, No.5(2005), p.25.

为城市边缘区的环境改变是引起城市扩张的重要因素①,并且环境对城市发展的影响遵循"库兹涅茨曲线"②。

综合来看,国外关于城市空间拓展的研究开展较早,相关理论已相当成熟,这为我国学者后来对城市空间拓展的研究提供了宝贵的理论基础和丰富的技术经验。我国对城市空间的研究起步较晚,到20世纪80年代才得以展开大量研究。伴随着改革开放的大趋势,我国城镇化进入了快速发展阶段,国内学者也开始了对城市空间拓展的研究,国内学术界最先对城市空间结构、城市空间形态变化以及城市空间联系这些方面进行研究。

李九全将"城市空间"定义为一种社会现象,是表达某种思想、拥有意义的客体③。在城市空间结构方面,饶会林将"城市空间结构"定义为城市范围内经济和社会的物质实体形成的普遍联系的体系④。黄添在基于西方经济学家的理论上,认为城市内部结构是生态经济因素综合作用的结果⑤,而吴启焰认为劳动力与消费者的空间转移因素是城市空间结构塑造的主要原因⑥。后来,张曼琦提出集聚经济对城市空间结构的形成和演变具有重要作用,郑德高从空间经济学角度出发重新分析了城市地租理论对城市空间结构的影响⑦。艾定增分析了古代城市模式对现代城市空间结构的影响并进行中西方对比,王兴中基于西方空间经济研究的传统观点,分析了中心大城市与生产型大城市的空间结构⑧,而陈宏研究了我国中等城市空间结构演变的影响⑨。柴彦威将中日两国的城市

---

① JunJie Wu, "Environment, al amenities, urban sprawl, a community characteristics", *Journal of Environmental Economics and Management*, Vol.52(2006), pp.527-547.

② Stern D. I., "The rise and fall of the environmental Kuznets curve", *World Development*, No. 8 (2004), pp.1419-1439.

③ 李九全、王兴中:《中国内陆大城市场所的社会空间结构模式研究——以西安为例》,《人文地理》1997年第3期。

④ 饶会林:《试论城市空间结构的经济意义》,《中国社会科学》1985年第2期。

⑤ 黄添:《国外关于城市生态经济与城市内部空间结构的研究》,《华中师范学院学报(哲学社会科学版)》1984年第6期。

⑥ 吴启焰:《从集聚经济看城市空间结构》,《人文地理》1998年第1期。

⑦ 郑德高:《空间经济学视角下的城市空间结构变迁》,《城市规划》2009年第4期。

⑧ 王兴中:《后工业化大城市内部经济空间结构和演化主导本质》,《人文地理》1989年第2期。

⑨ 陈宏、刘沛林:《风水的空间模式对中国传统城市规划的影响》,《城市规划》1995年第4期。

内部生活空间、城市土地利用结构和城市内部空间结构的形成机制进行对比[①]，张京祥等基于西方各学派的研究方法，揭示了城市空间结构演化是构建在社会经济发展过程中的空间过程这一基本原理[②]。靳美娟等通过对国内外空间结构进行研究综述，指出我国城市空间结构与国外的差距所在以及对未来的研究展望[③]。在研究方法上，车前进运用分形维数定量揭示了城市空间组织结构[④]；陈菁基于地学信息图谱的方法，认为城市空间结构是土地利用、交通网络的相互制约和协调形成的[⑤]；郝赤彪基于空间句法理论，深入揭示城市空间变化背后深层次的意义[⑥]；赵金丽基于引力模型和潜力模型，研究京津冀城市群城市体系空间结构及其演变特征[⑦]。

在对城市空间形态的研究中，齐康明确了城市形态的定义以及其与城市体系、城市结构、城市布局的区别[⑧]；周丽认为影响城市地理形态最重要的因素是城市所采用的交通方式[⑨]。朱文一论述了苏联著名城市规划理论家雅尔金娜对空间形态理论发展的归纳，把空间形态理论归纳为土地集约开发、土地功能分区、形成社会地域综合体三个方面[⑩]；王新生对中国31个特大城市空间形态变化的时空特征进行了分析，认为总体趋势是以填充类型为主，外延类型相对较少[⑪]；李倩倩认为城市形态和城市综合实力之间

① 李峥嵘、柴彦威：《大连城市居民周末休闲时间的利用特征》，《经济地理》1995年第5期。

② 张京祥：《新时期县域规划的基本理念》，《城市规划》2000年第9期。

③ 靳美娟、张志斌：《国内外城市空间结构研究综述》，《热带地理》2006年第2期。

④ 车前进、曹有挥、马晓冬：《基于分形理论的徐州城市空间结构演变研究》，《长江流域资源与环境》2010年第8期。

⑤ 陈菁、罗家添、吴端旺：《基于图谱特征的中国典型城市空间结构演变分析》，《地理科学》2011年第11期。

⑥ 郝赤彪、杨禛：《空间句法理论在城市空间结构拓展中的运用——以青岛城市空间演变为例》，《上海城市管理》2017年第6期。

⑦ 赵金丽、张璐璐、宋金平：《京津冀城市群城市体系空间结构及其演变特征》，《地域研究与开发》2018年第2期。

⑧ 齐康：《城市的形态（研究提纲初稿）》，《城市规划》1982年第6期。

⑨ 周丽：《城市发展轴与城市地理形态》，《经济地理》1986年第3期。

⑩ 朱文一：《一种研究城市建设中空间形态理论发展演变的方法》，《人文地理》1990年第4期。

⑪ 王新生、刘纪远、庄大方：《中国特大城市空间形态变化的时空特征》，《地理学报》2005年第3期。

具有较强的相关性,综合实力排名上升的城市行政规划更加趋于规则和紧凑;王慧芳提出未来城市形态研究更应注重微观层面的肌理形态分析①;杨俊宴揭示了空间形态内在发展的机制,提出城市空间形态分区控制的方法体系②。

在研究方法上,王建国论述了城市空间形态分析的几种方法:基地分析、心智地图、标志性节点分析、序列视景、空间注记等③;牟凤云介绍了城市空间形态定量化研究中的基于 GIS 的定量分析法和分形维数法④;吴启焰基于最低成本——周期扩张模型的假设,运用形态学视角分析城市空间形态变迁⑤。

20 世纪 90 年代,学术界展开了关于城市空间拓展的研究,有对城市空间扩展较为系统的论述,如姚士谋主编的《中国大都市的空间扩展》、王法专的《城市空间扩展研究》,反映了当时我国城市地理的最新状况,为当时我国城市空间扩展的研究奠定了理论基础。也有研究城市空间扩展发展模式和动力机制等较为细化的方向,如翁发春分析了交通建设对城市空间扩展的影响⑥;杨荣南通过分析城市空间扩展的动力机制而导出四种空间扩展的不同模式⑦;李九全提出中国大都市的空间扩展受生产力发展、工业布局与城市产业发展的制约⑧。这些成果为后续的研究提供了丰富的经验。进入 21 世纪,随着我国社会经济的飞速发展,城镇化进程不断加快,国内对城市空间扩展的研究逐渐具体到方方面面,学者们纷纷以不同城市作为研究对象分析其空间扩

① 王慧芳、周恺:《2003—2013 年中国城市形态研究评述》,《地理科学进展》2014 年第 5 期。

② 杨俊宴、吴浩、金探花:《中国新区规划的空间形态与尺度肌理研究》,《国际城市规划》2017 年第 2 期。

③ 王建国:《世纪之交的中国城市化和城镇建设面临的挑战》,《城市规划汇刊》1994 年第 3 期。

④ 牟凤云、张增祥:《城市空间形态定量化研究进展》,《水土保持研究》2009 年第 5 期。

⑤ 吴启焰、陈辉:《城市空间形态的最低成本—周期扩张规律——以昆明为例》,《地理研究》2012 年第 3 期。

⑥ 翁发春:《交通建设对城市空间扩展的影响》,《城市研究》1996 年第 5 期。

⑦ 杨荣南、张雪莲:《城市空间扩展的动力机制与模式研究》,《地域研究与开发》1997 年第 2 期。

⑧ 李九全、潘秋玲:《中国城市地理学的又一学术新著——简评〈中国大都市的空间扩展〉》,《人文地理》1998 年第 4 期。

展的过程、发展模式和动力机制，并对城市空间扩展方式进行优化调控和模拟预测。如邓智团探讨了上海市的空间扩展历程，认为上海市空间的扩展正从"K"形向"星"形转变[①]；杨立国以作为铁路枢纽城市的怀化为对象，在分析其空间扩展驱动力的基础上总结了其扩张机制[②]；周玉杰运用RS和GIS技术探究了开封城市空间扩展过程及驱动力；此外还有对香港、长沙、赤锡通、重庆等诸多城市为对象的一系列研究[③]。除了对城市自身空间扩展演变的研究，学术界也不乏对城市外界的空间联系，即对城市外接空间或外联空间的研究。许学强在我国城镇化处于刚起步阶段的背景下，认为应重视分析以下几种基于空间的联系：经济联系、技术联系、服务联系、行政联系、人口联系、交通联系、社会联系[④]。这些城市空间方面的研究为下一步进行城市空间拓展问题的探索提供了坚实的理论基础。

（2）元胞自动机在城市空间拓展中的应用

随着我国城镇化水平的不断提高，城市在空间拓展过程中各类用地之间的冲突与矛盾也越来越尖锐，使得城市空间拓展的过程越来越复杂。城镇化过程需要健康地发展，那么就需要科学合理地进行城市土地资源利用和规划建设[⑤]，面对日渐复杂的城市空间拓展系统，一些学者开始利用耦合元胞自动机研究复杂的城镇化过程并加以模拟预测。元胞自动机能够对复杂的地理系统演化进行模拟预测[⑥]，在元胞自动机对城市拓展的模拟过程中，最重要的是获取城市用地的转换规则，而影响这些转换规则的是城市的自然、社会、经济

---

① 邓智团、唐秀敏、但涛波：《城市空间扩展战略研究——以上海市为例》，《城市开发》2004年第5期。

② 杨立国：《怀化城市形态演变特征及影响因素研究》，《湖南师范大学学报》2008年第5期。

③ 胡瀚文、魏本胜、沈兴华：《上海市中心城区城市用地扩展的时空特征》，《应用生态学报》2013年第1期。谭雪兰、欧阳巧玲、江喆：《基于RS/GIS的长沙市城市空间扩展及影响因素》，《经济地理》2017年第3期。梁海山、萨础日拉、张静：《基于RS和GIS的赤锡通地区中心城市空间扩展分析》，《赤峰学院学报（自然科学版）》2018年第2期。黄孝艳、陈阿林、胡晓明：《重庆市城市空间扩展研究及驱动力分析》，《重庆师范大学学报（自然科学版）》2012年第4期。

④ 许学强、叶嘉安：《我国城市化的省际差异》，《地理学报》1986年第1期。

⑤ 王鹤：《城市化进程中体育产业的消费发展研究——以武汉市为例》，《中国商论》2018年第2期。

⑥ 赵莉、杨俊、李闯等：《地理元胞自动机模型研究进展》，《地理科学》2016年第8期。

等变量,这些影响转换规则的变量需要求得对应的参数,由对应的参数决定变量对转换规则的影响程度,也就是说,元胞自动机在模拟过程中重点是求出影响变量的参数①②。因此很多学者采用不同的方法获取元胞自动机模型的转换规则,最先出现的一种方法是利用逻辑斯蒂回归法提取转换规则③,Arsanjani对这种方法进行改进,通过 Logistic 和 Markov Chain 的结合,提高了城市扩展模拟的精度④。这是早先获取 CA 模型转换规则的一些方法,但是由于 Logistic 回归在处理复杂变量关系时无法得出非线性变化,这时有学者针对这个问题引入了神经网络法,人工神经网络适合对复杂的非线性系统进行模拟,它不需要人为定义参数,而是通过神经网络的不断训练来获取转换规则,得出的精度比逻辑斯蒂回归法更高⑤,比如詹云军将神经网络引入元胞自动机,找出在不同时间上义乌市的城市拓展规律,得出的模拟预测结果与义乌市的实际情形误差甚小⑥,还有很多学者也都利用人工神经网络和元胞自动机结合的方法对城市用地变化进行模拟预测⑦,对在利用神经网络获取 CA 模型的转换规则时,学者们又发现这一方法容易出现局部最优解的问题,并且收敛的速度较慢,于是又开发出利用智能算法引入 CA 模型中,这是目前比较热门的研

① 赵晶、陈华根、许惠平:《元胞自动机与神经网络相结合的土地演变模拟》,《同济大学学报(自然科学版)》2007 年第 8 期。

② 刘小平、黎夏:《从高维特征空间中获取元胞自动机的非线性转换规则》,《地理学报》2006 年第 6 期。尹长林、张鸿辉、游胜景:《元胞自动机城市增长模型的空间尺度特征分析》,《测绘科学》2008 年第 5 期。

③ WuF.,"An experiment on the generic polycentricity of urban growth in a cellular automatic city", *Environment & Planning B Planning & Design*, No.3(1998), pp.293-308.

④ Arsanjani.,"Integration of logistic regression, Markov chain and cellular automata; models to simulate urban expansion", *International Journal of Applied Earth Observation & Geoinformation*, No.7(2013), pp.178-192.

⑤ 黎夏、叶嘉安:《基于神经网络的单元自动机 CA 及真实和优化的城市模拟》,《地理学报》2002 年第 2 期。

⑥ 詹云军、黄解军、吴艳艳:《基于神经网络与元胞自动机的城市扩展模拟》,《武汉理工大学学报》2009 年第 1 期。

⑦ 徐昔保、杨桂山、张建明:《基于神经网络 CA 的兰州城市土地利用变化情景模拟》,《地理与地理信息科学》2008 年第 6 期。井长青、张永福、杨晓东:《耦合神经网络与元胞自动机的城市土地利用动态演化模型》,《干旱区研究》2010 年第 6 期。乔纪纲、刘小平、张亦汉:《基于 LiDAR 高度纹理和神经网络的地物分类》,《遥感学报》2011 年第 3 期。

究方法，黎夏教授的团队在此方法的应用上取得了良好的研究成果[①]，智能算法虽然提高了模拟精度，但使得原本以方便快捷为优点的CA模型变得复杂。

（3）城市与外界联系的研究

关于城市空间发展的理论分为两种，一种是城市自身的内部空间范围内的协调发展，另外一种是与其他城市之间的协调发展，国外在研究城市与其他区域的协调发展方面已经取得了非常丰硕的成果和成熟的经验。如Amin A在1994年提出了新区域主义[②]，对于这一观点Ward SV有比较成熟的看法，他认为区域中的各个成员之间进行交流合作有利于区域整体发展水平的提高[③]。新区域主义把城市协调发展的中心放在了城市间的协作上，把若干城市形成的一个区域作为整体，通过区域内各个城市之间相互联系而构建网络，推动整个区域的发展，实现经济增长极的产生。这与本书所提出的“城市外接空间”和“城市外联空间”两种概念所秉持的理念是一致的。早在18世纪末期，西方学者们在解决城市问题时就已经将视角投到城市所在的区域范围内，霍华德在1898年提出的田园城市就能体现出这种思想，该构思对城市与周边空间的关系进行了深入的分析并加以界定，这是对城市与外部空间关系进行思考的雏形。Geddes随后提出了“集合城市”的概念，他认为随着城市经济规模的扩大，部分区域的城市集中发展形成了巨大的城市集聚区和组合城市，从原来的城市规划只考虑城市自身空间的结构优化上升到整个区域内的城市应该协调发展、统筹兼顾的层次。随着工业化和城市化水平的不断提升，西方发达国家早已实现了核心城市与周边小城市之间的一体化发展，比如美国的达拉斯和沃斯堡，旧金山、伯克利和奥克兰，以及明尼阿波利斯和圣保罗等，都是多个城市彼此之间协调发展。

---

① 刘小平、黎夏、叶嘉安：《利用蚁群智能挖掘地理元胞自动机的转换规则》，《中国科学（D辑：地球科学）》2007年第6期。黎夏、杨青生、刘小平：《基于CA的城市演变的知识挖掘及规划情景模拟》，《中国科学（D辑：地球科学）》2007年第9期。

② Amin A., Thrift N., *Globalization, Institutions, and Egional Development in Europe*, Oxford: Oxford University Press, 1994, pp.123-126.

③ Ward S.V., *Planning and Urban Change*. London; Sage Publications, 2004, pp.167-172.

我国由于近代特殊历史的缘故，对城市空间的发展从区域层次来考虑的这种认识发展的较晚，国内学者们通过对国内外已经成熟的城市间协调发展的案例进行研究，试图寻找出城市与外部空间发展的特殊规律，如王莉研究的华盛顿和巴尔的摩构成的区域①，欧阳杰②对京津冀城市群的空间结构演变进行研究，认为我国许多城市也已经从城市自身空间发展演变到区域一体化发展的进程中来。夏保林教授通过对郑州—开封区域空间扩展的实证研究，得出郑州—开封区域的扩展模式为多功能组团网络模式③。还有很多关于城市与毗邻空间的协调发展的研究，如高要市与辅城的空间扩展问题④、沈阳—本溪⑤、广州—佛山同城化发展研究⑥，这些都是从城市与毗邻城市以及与近距离城市所构成区域的视角来分析城市空间的扩展问题。在经济全球化的大潮下，城市不仅要处理好外接空间的合理拓展，更应该与国内其他城市乃至与国际城市形成协调发展。现阶段我国内陆城市已经进入全面深化改革时期，通过航空和铁路平台实现全方位的对外开放格局⑦，学术界目前针对城市与外联空间的联系的研究主要是从城市经济联系度⑧、交通可达性⑨等方面着手，还有结合经济联系度和对外开放度分析内陆城市的对外开放趋势⑩，由此可见，城市在发展过程中积极融入国际经济活动，不仅是现代城市发展的客观

① 王莉、宗跃光、曲秀丽：《大都市双核廊道结构空间增长过程研究——以美国华盛顿—巴尔的摩地区为例》，《人文地理》2006 年第 1 期。

② 欧阳杰、李旭宏：《城域·市域·区域——以京津城市空间结构的演变为例》，《规划师》2007 年第 10 期。

③ 夏保林：《郑汴区域城市空间扩展及调控研究》，河南大学 2010 年博士学位论文。

④ 梁文婷：《同城化毗邻城市中辅城的空间扩展研究》，西北大学 2010 年硕士学位论文。

⑤ 张俊：《沈阳、本溪一体化的思考》，2008 年沈阳市科学技术协会。

⑥ 吴瑞坚：《网络化治理视角下的协调机制研究——以广佛同城化为例》，《城市发展研究》2014 年第 1 期。

⑦ 高国力、张燕：《我国内陆地区对外开放的总体态势及推进思路》，《区域经济评论》2014 年第 4 期。

⑧ 姜博、初楠臣、孙雪晶：《哈大齐城市密集区空间经济联系测度及其动态演进规律》，《干旱区资源与环境》2015 年第 4 期。

⑨ 徐维祥、陈斌、李一曼：《基于陆路交通的浙江省城市可达性及经济联系研究》，《经济地理》2013 年第 12 期。

⑩ 赵娟、石培基、朱国锋：《西部地区对外开放度的测算与比较研究》，《世界地理研究》2016 年第 4 期。

规律,也是城市谋求更高发展平台的必然要求。

2. 城市空间置换与重构相关研究

(1)国外研究综述

产业集聚研究进展。有关产业布局的研究最早可以追溯至杜能(Johann Heinrich von Thünen)的农业区位理论。1826 年,杜能发表了《孤立国同农业和国民经济的关系》一文,系统地论述了农业布局理论。他认为农场的经营方式除了受土地条件等自然因素的影响,也因距离销售市场的远近不同而产生差别①。杜能也因此被认为是西方区位理论和产业布局研究的先行者。1890 年,马歇尔(Alfred Marshall)在《经济学原理》一书中首次提出了“产业区”的概念,产业区内集中了大量相关的中小企业,这些工业企业之所以能够在产业区内集聚最根本的原因在于获取了外部规模经济。即企业的集中能促进专业化供应商队伍的形成、有利于劳动力市场共享和知识外溢②。20 世纪初,第二次工业革命顺利完成,各种新技术、新发明被迅速运用到工业生产领域,推动了工业发展的进程,学术界开始关注工业区位选择的问题。阿尔弗雷德·韦伯(Alfred Weber)1909 年在其著作《论工业区位:区位的纯粹理论》一书中系统论述了工业区位论。韦伯的工业区位论通过对运输费用、劳动力费用和集聚这三个区位因子的相互作用进行分析,找到企业产品的生产成本最低点,作为企业选择地理位置布局的依据③。韦伯工业区位论不仅适用于工业布局,对其他产业布局也有一定的指导意义。

第二次世界大战前,产业的均衡发展是产业布局研究的主要方向。第二次世界大战破坏了城市建设,进入战后快速重建阶段,产业在城市内部和全球均出现了不平衡发展的现象。1950 年,弗朗索瓦·佩鲁(Francois Perroux)提出的增长极理论在这一阶段得到广泛肯定。他认为在产业发展过程中,主导部门和具有创新能力的产业集中于某些地区,形成产业“增长极”。“增长极”

---

① Melamid A., Thunen J.H.V., Wartenberg C.M., et al., “Von Thunen's Isolated State: An English Edition of Der Isolierte Staat”, *Geographical Review*, Vol.57, No.4(1967), p.574.

② 马歇尔:《经济学原理》,中国社会科学出版社 2007 年版,第 615—633 页。

③ 阿尔弗雷德·韦伯:《工业区位论》,商务印书馆 1997 年版,第 115—152 页。

不仅能通过吸引和扩散作用使自身所在的部门和地区快速发展，还对其他部门和周边地区起到发展带动作用①。20 世纪 60 年代，德国经济学家沃纳·松巴特(Werner Sombart)提出了著名的生长轴理论，该理论将交通运输与区域经济发展直接联系在一起，强调交通干线对区域经济的引导和促进作用，其主张随着城市交通重要干线的建设，城市将形成新的有利区位，降低运输成本，从而有利于人口、产业的流动，产生新的工业区和居民区②。

20 世纪 70 年代后，知识经济和信息技术的运用致使产业快速发展，产业呈现集聚发展的趋势，在空间上表现为产业集聚区的产生，这种产业布局方式引起了国外学者的广泛关注。Padmore.T 和 Hervey Gibson 将波特"钻石"竞争力模型纳入分析框架，提出了从区域角度描述和评估产业集群优势和劣势的 GEM 模型③。Britton 分析了加拿大最大的制造中心——多伦多电子产业集群，对该集群进行分层抽样研究以验证外在资源和技术知识对产业集群发展的重要性，同时也论述了产业集聚区距离市场的远近对产业发展的影响④。Niu 搜集 4 个国际产业集群的 188 家企业的生产数据以验证企业参与产业集群所产生的组织适应性结果。结果显示产业集群作为一个组织整体，有助于企业适应快速变化的市场和技术，企业收益的性质在很大程度上取决于参与集群的类型⑤。Almeida 和 Roberta(2018)在克鲁格曼"中心—外围"模型的理论基础上，对 2002—2014 年巴西东北部工业集聚区的公司层面上的微观数据进行回归分析，结果显示，通常情况下工业的集中水平与劳动力集中水平相一致，劳动力在产业集聚区发展过程中起到了重要作用⑥。

---

① Perroux F.,"Economic Space.Theory and Applications", *Quarterly Journal of Economics*, Vol.64, No.1, pp.89-104.

② 张文尝、金凤君、樊杰:《交通经济带》,科学出版社 2002 年版,第 11—12 页。

③ Padmore T., Gibson H.,"Modelling systems of innovation: II. A framework for industrial cluster analysis in regions", *Research Policy*, Vol.26, No.6(1998), pp.625-641.

④ Britton J.N.H.,"Network Structure of an Industrial Cluster: Electronics in Toronto", *Environment & Planning A*, Vol.35, No.6(2003), pp.983-1006.

⑤ Niu K.,"Industrial cluster involvement and organizational adaptation", *Competitiveness Review An International Business Journal Incorporating Journal of Global Competitiveness*, Vol. 20, No. 5 (2010), pp.395-406.

⑥ De Almeida E.T., Roberta D.M.R.,"Labor pooling as an agglomeration factor: Evidence from the Brazilian Northeast in the 2002-2014 period", *Economic*, Vol.19, No.2(2018), pp.236-250.

城市空间结构研究进展。西方早期有关城市空间结构的研究主要侧重于城市体系及其组织结构。1898 年,霍华德(Ebenezer Howard)认为城市无限制发展与城市土地投机是资本主义城市灾难的根源,进而提出“田园城市”理论①。20 世纪初,昂温(Unwin)在霍华德“田园城市”理论的基础上提出规划卫星城镇的设想,即在大城市的外围建立卫星城镇以达到疏散人口、控制城市规模的作用②。1925 年,勒·柯布西耶(Le Corbusier)发表《城市规划设计》,将工业化思想大胆引入城市规划。他认为大城市的主要问题是城市中心人口密度过大,城市中机动交通工具数量的增多影响了城市绿地和基础设施用地,因此主张从规划入手,提高城市中心建筑物高度以提高城市空间利用效率③。

伯吉斯(1925)根据芝加哥土地使用模式总结提出同心圆模式;霍伊特(1939)认为城市住宅区由市中心沿交通线向外作扇形辐射,从而提出了扇形模式;哈里斯和乌尔曼(1945)认为大城市具有两个以上的中心,多核心模式比同心圆模式更适合大城市空间结构的实际情况。同心圆模式、扇形模式和多核心模式被称为城市社会空间结构的“三大经典模型”④。但是“三大模型”侧重于对单个城市内部空间形态的研究,较少考虑到城市之间要素流动对城市空间的作用。

第二次世界大战后,大量欧洲城市受到破坏,西方国家进入了城市快速建设阶段,城市问题随着城市规模的不断扩大而日渐显现。20 世纪 60 年代,城市规划学在西方开始作为一门独立的学科,不同于以往城市地理学侧重于对城市用地结构的研究,城市规划学侧重于对城市空间资源的规划利用,理论来源于社会学、经济学、人口学、地理学等多个学科⑤。Doxiadis 提出了人类城市居住区的五个影响要素,特别强调人类社交网络与城市居住区的互动关系⑥。J.Friedmann 首先肯定了城市空间结构与经济发展存在着相关性,并结合

① 吴志强、李德华:《城市规划原理》,中国建筑工业出版社 2010 年版,第 28—30 页。

② 吴志强、李德华:《城市规划原理》,中国建筑工业出版社 2010 年版,第 28—30 页。

③ 吴志强、李德华:《城市规划原理》,中国建筑工业出版社 2010 年版,第 28—30 页。

④ 徐昀:《城市空间演变与整合》,东南大学出版社 2011 年版,第 10—14 页。

⑤ 周春山、叶昌东:《中国城市空间结构研究评述》,《地理科学进展》2013 年第 7 期。

⑥ Doxiadis C.A.,“Man's movement and his settlements?”, *International Journal of Environmental Studies*, Vol.1, No.1(1970), pp.19-30.

Rostow 的经济发展阶段理论，即在经济发展的不同阶段，财政支出增长的原因有所不同，进而提出经济发展与空间演化的相关模式①。Kevin Lynch 开始从对城市形态的判断标准研究转向关注城市形态所要实现的伦理价值，研究人类价值观与城市物理形态之间的关系，提出了基于人类基本价值观的城市规划理论②。20 世纪 80 年代，Clark（1989）根据美国规划学家 Stone 的研究提出"城市政体模型"，分析城市的政治经济结构变化。该模型认为城市权力分散于政府和私人部门手中，政府和私人部门都没有绝对的政策制定能力和执行能力，他们之间形成了一种非正式但稳定的关系。Stone 认为面对外部压力，利益主体所表现的反应促进了城市发展③。因此，可以认为促进城市空间结构演变的动力并不单一，其动力来源于各个利益主体，这属于城市空间重构的外部动力范畴。

20 世纪 90 年代，随着高新技术和信息技术的运用，高端制造业和第三产业迅速发展，城市建筑物和人口高度密集，城市空间结构的发展显现了新时代特征。Kotus 对城市无序蔓延和建筑物高度密集等问题进行探讨，并对波兰这个后社会主义城市的空间结构的变化及其机制进行研究④。Burger 通过分析 1981—2001 年英国和威尔士地区的就业和通勤模式，认为并非所有的城市地区都在向多中心空间结构转变，大都市空间结构的发展可以表征为一个异构的空间过程⑤。Rosa 和 Riccardo 通过对意大利卡塔尼亚这个高密度城市进行实证分析，认为城市重建可以带来增加绿地、优化交通等积极效应，并且产生的积极效应可以由重建区域扩展到区域相邻空间，为土地管理部门制定有关政策提供了经验借鉴⑥。

---

① Frideman J R., *Urbanization, Planning and National Development*. Sage Publication, 1973, pp.6-7.

② Lynch K., Foster M.S.A., "Theory of Good City Form", *Winterthur Portfolio*, 1983.

③ Clark T. N., "Southerland L. Regime Politics: Governing Atlanta, 1946—1988. by Clarence N. Stone", *American Journal of Sociology*, Vol.84, No.3(1989), p.634.

④ Kotus J., "Changes in the spatialstructure of a large Polish city-The case of Poznań", *Cities*, Vol.23, No.5, pp.364-381.

⑤ Burger M.J., Goei B.D., Laan L.V.D., et al., "Heterogeneous development of metropolitan spatial structure: Evidence from commuting patterns in English and Welsh city-regions, 1981-2001", *Cities*, Vol.28, No.2(2011), pp.160-170.

⑥ Rosa D.L., "Riccardo P, Barbarossa L, et al. Assessing spatial benefits of urban regeneration programs in a highly vulnerable urban context: A case study in Catania, Italy", *Landscape & Urban Planning*, Vol.157(2017), pp.180-192.

(2)国内研究综述

产业外迁研究进展。本书认为城市产业外迁主要包括专业市场外迁与工业企业外迁两个部分。专业市场是一种典型的现货交易有形市场,指将同类商品在特定的区域范围内进行集中交易,能起到提高交易效率、降低交易成本的作用。在国外,专业市场已经逐渐走向消亡,被其他商业形态所代替,因此,国外学界关于专业市场的研究较少。但在国内,专业市场促进了我国商品流通,为改革开放后的市场经济注入活力,在目前市场形态中仍占据重要地位。梳理国内相关文献,发现现阶段关于专业市场的研究主要侧重于专业市场的发展、转型升级及基于互联网和电子商务视角下的发展模式研究,关于专业市场与区域经济发展关系的研究并不多。谢守红、周驾易通过计算不平衡指数和运用空间自相关分析法测算长江三角洲专业市场的空间差异,认为同类专业市场有聚集趋势,但是这种趋势会随着时间推移而逐渐减弱①。衣保中、王志辉等以义乌市为案例,研究专业市场和产业集群联动升级关系,提出专业市场升级带动型、产业集群带动型和二者共生联动型三种模型,并指出,目前我国的专业市场正逐渐完善生产和销售分工体系②。刘增、陈敏生通过应用“钻石”理论分析余姚市塑料产业,认为余姚市塑料产业市场的集中带来了交易成本下降、规模经济、形成竞争优势等效应,为我国其他地区专业市场的发展提供经验借鉴③。综合上述研究,集聚是目前专业市场发展的趋势。

有关工业企业外迁的问题,我国学者早在20世纪90年代就进行了相关研究。朱海光、周舫通过研究南京市市中心工业企业外迁问题,认为工业企业外迁能改善城市环境质量、促进城乡发展、提升居民居住质量和完善城市功能④。

---

① 谢守红、王平、周驾易:《长三角专业市场发展评价与空间差异》,《经济地理》2015年第12期。

② 衣保中、王志辉、李敏:《如何发挥区域产业集群和专业市场的作用——以义乌产业集群与专业市场联动升级为例》,《管理世界》2017年第9期。

③ 刘增、陈敏生、户国栋等:《专业市场主导下的地方产业集群研究——浙江省余姚市塑料产业集群发展路径和竞争优势探析》,《北京大学研究生学志》2017年第2期。

④ 朱海光、周舫:《企业搬迁改造:城市规划建设中的新课题》,《现代城市研究》1995年第1期。

赵弘提出了“总部经济”的概念，即将企业总部设立在战略资源丰富的城市中心，将企业的生产制造环节安排在制造成本较低的城市周边地区，实现企业与两地经济合作共赢的目的①。工业企业外迁的趋势符合“总部经济”的倡导理念，在此之后，出现了大量有关工业企业外迁的研究。余丽生、陈优芳通过分析浙江省工商局企业外迁数据，认为企业外迁是市场经济发展到一定阶段的必然现象，企业外迁是企业综合考虑资源、市场、环境和要素等影响因素后作出的选择②。华金秋、王媛在分析 2006 年深圳市企业外迁现象中，认为中低端制造企业外迁是市场经济发展过程中的必然趋势，迁出地政府的宏观调控和迁入地政府的招商引资加速了企业外迁进度③。余勤飞、侯红等通过对比北京市和重庆市工业企业外迁数据及资料，得出北京市先于重庆市进行企业外迁并且外迁企业的总量大于重庆市的结论。认为企业外迁不仅与政府产业布局的规划和改善城市环境的要求有直接关系，实际上也与城市内在发展相适应，是城市空间结构改进的一种表现④。曹玉红、宋艳卿通过对 2008 年上海市经济普查数据中的工业企业数据进行点状分析，显示工业企业空间分布呈现非均质分异特征，中心城区和近郊区是企业集聚的重点地区。其中，一般工业企业倾向于选择近郊区的产业园区，只有部分都市工业企业存在于城市中心地区⑤。王宏光、杨永春等认为城市职能转换和产业结构调整促使城市空间格局发生变化，在此过程中，第二产业用地被置换出来而改变了城市的空间结构。同时，置换出的土地往往受利益驱使而转变为居住用地或商业用地，城市公共基础设施用地规模变化不大，不利于城市功能的完善⑥。章雨晴、甄峰等通过运用 ArcGIS 工具对张家港规模以上工业企业的土地集约利用数据

① 赵弘：《总部经济新论：城市转型升级的新动力》，东南大学出版社 2014 年版，第 4—5 页。

② 余丽生、陈优芳、冯健：《浙江省企业外迁现象剖析》，《经济研究参考》2006 年第 4 期。

③ 华金秋、王媛：《深圳企业外迁现象透视》，《深圳大学学报（人文社会科学版）》2008 年第 3 期。

④ 余勤飞、侯红、吕亮卿等：《工业企业搬迁及其对污染场地管理的启示——以北京和重庆为例》，《城市发展研究》2020 年第 1 期。

⑤ 曹玉红、宋艳卿、朱胜清等：《基于点状数据的上海都市型工业空间格局研究》，《地理研究》2015 年第 9 期。

⑥ 王宏光、杨永春、刘润等：《城市工业用地置换研究进展》，《现代城市研究》2015 年第 3 期。

进行多目标综合评价，结果显示张家港大部分工业用地还有较大的挖掘潜力①。

城市空间结构研究进展。国内有关城市空间结构的研究相对而言起步较晚，但研究结果较为丰富，一些学者也将国内关于城市空间结构的研究进行了阶段性划分。其中，周春山、叶昌东通过分析 20 世纪 90 年代以来我国有关城市空间结构研究的五千余篇文章，将城市空间结构的研究分为 20 世纪 80—90 年代的西方理论引入期、20 世纪 90 年代到 21 世纪初的实证研究期和 21 世纪初至今的多元化研究期②。通过阅读文献，以下两个阶段的研究对本文具有较大的借鉴意义：(1)20 世纪 90 年代至 21 世纪初有关城市空间结构的实证研究阶段。(2)21 世纪初至今有关城市空间结构模式以及现象的多元化研究阶段。

吴缚龙提出，我国应该开展关于城市空间结构的实证研究，英、美国家的经验虽然对我国城市结构研究有一定的借鉴意义，但并不能完全照搬③。20 世纪 90 年代至 21 世纪初，改革开放的成果逐渐显现，伴随着以大城市为核心的城市经济圈迅速崛起，土地制度和住房制度随之改变，城市空间结构也发生了翻天覆地的变化，国内出现了大批关于城市空间结构的研究。在这一阶段，运用我国人口普查数据和西方城市空间结构理论对中国城市问题进行实证分析是主要的研究方向。胡兆量、福琴对北京市第三次和第四次人口普查数据进行分析，认为由于城市功能定位的调整，内圈层是发展第三产业的理想区位。随着内圈层第二产业用地和居住用地所占比例的逐渐下降，内圈层人口数量呈现绝对减少的趋势④。黎夏、叶嘉安运用基于约束性的 CA 模型以改善 GIS 的空间模型处理能力，并将该模型运用于珠江三角洲，模拟出理想的城市发展形状，提高土地资源利用效率，优化城市空间结构布局，以达到城市持续发展的目的⑤。

① 章雨晴、甄峰、常恩予：《基于企业综合效益评价的城市土地集约利用研究——以张家港市为例》，《人文地理》2016 年第 6 期。

② 周春山、叶昌东：《中国城市空间结构研究评述》，《地理科学进展》2013 年第 7 期。

③ 吴缚龙：《应开展我国城市空间结构的实证研究》，《城市规划》1990 年第 6 期。

④ 胡兆量、福琴：《北京人口的圈层变化》，《城市问题》1994 年第 4 期。

⑤ 黎夏、叶嘉安：《约束性单元自动演化 CA 模型及可持续城市发展形态的模拟》，《地理学报》1999 年第 4 期。

冯健、周一星认为运用第五次人口普查数据对城市内部空间结构进行研究是20世纪初城市问题研究的新机遇,从人口与城市内部空间结构、社会空间结构、经济空间结构和郊区化四个方面对我国城市空间结构的研究成果进行评述,认为我国应努力建立转型期的内部空间重构理论①。

进入21世纪,国内城市空间结构的研究逐渐进入多元化阶段。杨荣南、张雪莲综合分析经济、交通、自然和政策等影响要素,提出城市空间扩展的动力机制以及扩展的主要模式,为城市空间结构的模式研究奠定了理论基础②。之后,关于城市空间结构模式的研究大量涌现。管驰明、崔功豪在分析总结杨荣南、张雪莲的传统城市空间结构模式的基础上,将城市交通融入空间结构演变过程中,构建了公共交通导向的大都市空间结构模式③。冯艳在新时期城市规模扩张、城市边缘蔓延的现实背景下,遵从城市空间发展规律提出大城市簇群式的空间结构模型④。在多元化研究阶段出现了具体到单个城市或地区,或在某种特定现象背景下的城市空间结构研究。李志刚、吴缚龙通过全国第五次人口普查数据分析转型期上海地区社会空间分异问题,认为市场化的推进促进了上海市社会空间分异,但分异的程度远小于西方城市的分异程度。潘海啸、汤諹关注伴随着中国城市化水平迅速发展而产生的生态环境恶化问题,从城市交通与土地使用、密度空间和功能混合方面提出"低碳城市"目标导向下的城市空间结构规划建议⑤。杨显明、焦华富等通过动态追踪对比1960—2010年淮南淮北地区的两类煤炭资源型城市的空间结构变化,认为这类城市空间形态的演化过程和空间扩展阶段存在着相似之处⑥。刘修岩、李松林在提升地区经

---

① 冯健、周一星:《中国城市内部空间结构研究进展与展望》,《地理科学进展》2003年第3期。

② 杨荣南、张雪莲:《城市空间扩展的动力机制与模式研究》,《地域研究与开发》1997年第2期。

③ 管驰明、崔功豪:《公共交通导向的中国大都市空间结构模式探析》,《城市规划》2003年第10期。

④ 冯艳:《大城市都市区簇群式空间成长机理及结构模式研究》,华中科技大学2012年博士学位论文。

⑤ 潘海啸、汤諹、吴锦瑜等:《中国"低碳城市"的空间规划策略》,《城市规划学刊》2008年第6期。

⑥ 杨显明、焦华富、许吉黎:《不同发展阶段煤炭资源型城市空间结构演化的对比研究——以淮南、淮北为例》,《自然资源学报》2015年第1期。

济效率的目标导向下，研究城市、市域及省域在不同地理尺度上空间结构模式的适用情况，为中国城镇化发展道路的选择提供了经验借鉴①。

城市空间重构研究进展。空间重构即调整不合理的建设用地，重新安排或新增建设用地，以达到土地资源的优化配置，空间重构分为城市空间重构和乡村空间重构②。由于乡村空间重构涉及快速城镇化与工业化背景下农村土地利用结构的调整，自 20 世纪 50 年代以来一直是国外学者研究的热点问题③。而目前国内外尚未对城市空间重构达成一致定义，但有关城市空间重构的研究结果较为丰富。

一是城市空间重构动力研究。国内学者认为城市空间重构的动力并不单一，其动力来源于各个利益主体，属于城市空间重构的外部动力范畴，这与国外学者 Stone 的"城市政体理论"研究相一致。张庭伟认为在社会主义市场经济条件下多种因素决定了城市空间布局，来自地方政府、资源掌控者和社会组织的力量共同决定城市空间结构，最终形成政府、市场、社区"三足鼎立"的局面。其中，社区是强有力的重构力量，忽视社区力量是当前城市研究的最大不足④。石崧提出政府、企业、居民是推动城市空间重构的基本力量，共同决定了城市空间结构的基本格局⑤。马学广、王爱民也提出城市空间资源的配置是政府政治设计、企业资本逐利和居民权益抗争三个驱动因素博弈的结果，而产业结构调整促使城市空间结构变化属于内部动力范畴⑥。刘艳军认为产业结构升级是推动城市空间结构形态演变的核心动力，现代城市空间调整的过程是产业结构持续优化与升级的动态过程⑦。房国坤、王咏等认为我国 1990

① 刘修岩、李松林、秦蒙：《城市空间结构与地区经济效率——兼论中国城镇化发展道路的模式选择》，《管理世界》2017 年第 1 期。

② 肖锦成、欧维新：《城乡统筹下的城市与乡村空间重构研究——以宿迁市为例》，《中国土地科学》2013 年第 2 期。

③ 龙花楼：《论土地整治与乡村空间重构》，《地理学报》2013 年第 8 期。

④ 张庭伟：《1990 年代中国城市空间结构的变化及其动力机制》，《城市规划》2001 年第 7 期。

⑤ 石崧：《城市空间结构演变的动力机制分析》，《城市规划汇刊》2004 年第 1 期。

⑥ 马学广、王爱民、闫小培：《城市空间重构进程中的土地利用冲突研究——以广州市为例》，《人文地理》2010 年第 3 期。

⑦ 刘艳军、李诚固、徐一伟：《城市产业结构升级与空间结构形态演变研究——以长春市为例》，《人文地理》2007 年第 4 期。

年以后进入快速城市化阶段，出现了城市规模向外部蔓延扩展及城市内部空间重构的现象。其中，产业结构调整直接导致了城市土地资源利用结构发生变化，城市规划和城市管理是避免城市无序蔓延的方法①。韩锋、张永庆等认为服务经济占国民经济的比重逐渐提升，需要从生产性服务业集聚引起的产业空间布局重构、居住空间布局重构、城市交通规划布局重构和土地利用类型转变四个方面阐述生产性服务业集聚对城市空间结构的作用途径②。

二是城市空间重构效应研究。刁琳琳提出城市空间重构是一个集中与分异并存的过程，集中是指城市内部形成产业集聚带，分异是指城市间分工而形成多样化的城市经济结构，城市空间重构通过这两种方式推动城市经济增长③。刘玲玲认为城市空间重构对经济增长的提升作用是通过调整产业结构、提升城市居民就业水平和居住水平这三方面实现的④。孙斌栋、王旭辉等通过构建 31 个城市的空间结构指数进行经济绩效检验，认为多中心的城市空间结构和规模集聚对城市经济发展产生正向影响⑤。邱小云、彭迪云利用赣州市产业承接地 2000—2016 年的经济数据进行实证检验，结果显示产业外迁能够促进承接地经济增长和产业结构优化升级，特别对第二产业的增长效应最为明显⑥。除了积极效应，城市空间结构演化也会产生一定的消极效应。刘雨平认为在政府目标导向下，出现了城市经济发展以牺牲农村发展为代价、城市空间结构与使用需求不相匹配、工业用地占比过重、过分重视城市形象而忽略城市功能设施的问题⑦。

---

① 房国坤、王咏、姚士谋：《快速城市化时期城市形态及其动力机制研究》，《人文地理》2009 年第 2 期。

② 韩锋、张永庆、田家林：《生产性服务业集聚重构区域空间的驱动因素及作用路径》，《工业技术经济》2015 年第 7 期。

③ 刁琳琳：《中国城市空间重构对经济增长的效应机制分析》，《中国人口 · 资源与环境》2010 年第 5 期。

④ 刘玲玲：《基于城市空间重构对经济增长的效应机制的探讨》，《生产力研究》2012 年第 6 期。

⑤ 孙斌栋、王旭辉、蔡寅寅：《特大城市多中心空间结构的经济绩效——中国实证研究》，《城市规划》2015 年第 8 期。

⑥ 邱小云、彭迪云：《苏区振兴视角下产业转移、产业结构升级和经济增长——来自于赣州市的经验证据》，《福建论坛（人文社会科学版）》2018 年第 2 期。

⑦ 刘雨平：《地方政府行为驱动下的城市空间演化及其效应研究》，南京大学 2013 年博士学位论文。

三是有关中国特色问题的城市空间重构研究。张京祥、吴缚龙等提出随着中国体制转型，政府的企业化倾向、经济结构转型和社会结构的变化都是引导城市空间重构的基本方面[①]。其中，政府的企业化倾向引导城市空间结构的非理性重构，转型期的二元制度导致社会分化，进而表现为城市中出现社区分异，并不能在城市空间重构的过程中体现"社会平等"的价值体系。杨永春认为渐进制改革制度致使中国城市空间组织呈现市场化空间、新单位空间及乡村型空间三种空间混合布局的特征，并伴随着这种空间混合布局的特征出现了具有中国特色的人口分异结构[②]。

3. 研究述评

在深入了解城市空间各方面的研究成果后，发现目前国内对"城市空间"范围的界定往往处于一种狭义范围上的理解，即从城市自身空间角度出发，将城市空间定义为城市人口、产业和基础设施等集中在一起而形成的区域聚落空间集合体，也就是城市自身进行各种社会生产生活活动以及景观的地理区域载体，所强调的是城市建成区自身所占的地理范围。另外，对"城市空间拓展"的定义是城市空间由于内外作用力的影响下所引发的外在与内在的发展演变，外在演变表现在城市规模的扩大、建设区面积的向外水平扩张，内在演变表现为城市内部结构的优化调整，人口、产业、基础设施密度的增加，城市生产生活空间向空中和地下的纵向延伸。因此学术界在"城市空间拓展"方面的研究，也都是基于城市自身所占空间范围的视角，以城市自身的物质空间形态为研究对象，对城市空间拓展的过程、特征、模式、机制、效应进行探究，最终对城市空间拓展进行模拟预测和优化调控。

但本书认为城市除其本身所占据的地理实体空间外，所能影响并作用到的其他空间也应该列入城市空间的范围。因此，本文认为"城市空间"的概念应包含三个层次：第一，城市实体空间。实体空间即为传统意义上的城市空

① 张京祥、吴缚龙、马润潮：《体制转型与中国城市空间重构——建立一种空间演化的制度分析框架》，《城市规划》2008 年第 6 期。

② 杨永春：《中国模式：转型期混合制度"生产"了城市混合空间结构》，《地理研究》2015 年第 11 期。

间，指城市发展建设过程中所占用的地理空间。第二，城市外接空间。城市的外接空间即为毗邻城市，由于地缘相邻，随着城市的发展，毗邻城市之间的相互影响力也日益增大，城市联系越发便捷高效，城市功能逐渐相互兼容，发展诉求愈加趋同，城市外接空间促进了城市经济容量的提升，推动了区域协调发展和城市整体竞争力的提升。当然，毗邻城市仅仅空间上相邻是不够的，需要对原有空间结构进行正向扰动才能促进毗邻城市结构的发育①。第三，城市外联空间。城市外联空间可分为国内和国际两个方面，国内外联城市是城市与国内其他主要城市的空间交互作用，一般通过交通运输网络实现经济社会等资源要素的流动。国际外联空间是城市与国际空间的联系，一般通过海运和航空实现远距离的要素流动，也有通过洲际铁路进行物流运输的（如中欧班列）。

二、本书研究内容

本书以城市增量空间向存量空间转变为线索，兼顾当前城市增量空间拓展和存量空间优化并存的客观现实，以空间为主线，但又不拘泥于实体空间自身，而是从现代都市圈建设、城市群建设、国际合作与交流等社会、经济、生态与文化维度对城市空间的拓展、优化与治理开展综合研究。

研究报告共分三个部分，第一部分主要阐述城市空间的拓展，明确把城市空间划分为实体空间、外联空间和外接空间，探讨了三者之间的关系，提出了在实体空间增量有限的情况下，可以做好外接和外联空间的拓展，以提升城市在整个世界城市体系中的整体竞争力。第二部分主要阐述城市空间的置换与重构，报告以郑州市为例选取企业、市场、学校政府外迁情况以及外迁后原有空间的再开发使用情况以及城中村改造等，说明城市发展过程中存量空间的置换与重构对于城市空间治理与优化的作用机理。第三部分主要探讨城市空

① 邱士可、李世杰、王鑫：《河南省中部城市群空间整合与郑汴许近域城市发展》，《地域研究与开发》2017年第6期。

间的治理与优化路径。分别从城市空间拓展与经济增长质量、低碳出行与城市空间组织、城市就医空间评价与优化、城市居住空间质量评价与优化、城市整体空间拓展、优化的路径与举措等维度揭示城市空间治理、优化的机理与路径。

三、创新点及不足

研究主要创新点：

一是面对我国城市存量空间有限的情况，创新性提出城市空间三重划分方案，即实体空间、外接空间与外联空间。

二是对实体空间、外接空间与外联空间三重空间进行了界定，提出了三种空间扩展的模式和思路。

三是结合我国城市存量空间的实际，从产业外迁与置换、市场外迁与置换、政府与高校外迁与置换、城中村改造等四种类型，阐释了我国城市存量空间置换与重构的机理。

四是从城市空间扩展与经济发展质量的关系、居民低碳出行与城市空间组织、城市就医空间评价与优化、城市居住空间环境评价与优化、城市整体空间优化与治理路径等角度对我国城市空间优化与治理进行了深入探讨。

研究的主要不足和尚待深入探讨的问题有：

一是对城市空间治理与优化机理研究的系统性和完整性还不够。城市空间的治理与优化是一个系统工程，涉及社会、经济、生态、文化等多方面，一个课题的研究只能窥一斑，鉴于课题负责人和课题组成员的学科专业背景和研究问题的视野的局限，整个研究还不够系统和完善。不同部分之间的内在逻辑关系还不够强。

二是实证案例选择的范围不够广。为了保证整个研究的系统性和整体性，整个研究主要以郑州、开封等城市为例，对国内外部分城市也做了调研和资料搜集工作，有些也只是做了一些经验借鉴，并未开展深入研究。

三是研究的前瞻性还需进一步增加。城市空间的治理与优化，特别是存量空间的治理与优化，空间外迁与置换只是城市更新的初级阶段，高级阶段应该是由物质环境更新置换转向注重社会效益的更新，再到多目标导向的城市更新。本书基于我国大部分城市发展的客观实际，重点探讨了现阶段存量空间的置换与重构，对城市空间更新过程中社会效益的关注还较少，对大数据、云计算、人工智能、5G+等新技术对城市空间优化与治理的影响还需进一步深入研究。

第一章　城市三重空间拓展的划分及联系

人类开展各类经济、社会、文化等活动需要一定的空间去承载，而城市为人类开展的活动提供了重要的空间场所。城市的成长必然伴随着空间的拓展，而城市空间的拓展不仅仅是城市建成区在地域空间范围上的扩张，还包括与外界的种种联系，这些联系包含文化、产业、教育、交通、经济等各方面的交流与合作。城市空间拓展是否合理以及与城市内部外部空间的协调直接影响城市的可持续发展能力。因此，随着城市化进程的推进，郑州城市空间的拓展应从三个层次——实体空间、外接空间、外联空间分别进行。世界各国城镇化发展进程表明，大城市在城市建设和发展过程中起着重要作用。各种资源要素先向大城市集聚，当集聚达到一定规模后，又开始不断向外扩散，在大城市的成长发展、集聚扩散的过程中存在着一些共同的规律，这些恰恰是需要我们去深入研究和发掘的。城市三个层次空间的拓展对城市的发展起着不同的作用，只有三重空间共同拓展，城市才能保持旺盛的生命力和可持续发展能力。

一、实体空间

1. 实体空间的内涵

本书所探讨的城市实体空间——也可称为城市本体空间，即中心城区所涵盖的地域空间范围。城市实体空间是地理学在中观尺度上研究城市发展的基本单位,包含内部空间形态、产业布局、人类活动等多方面的内容。城市实体空间作为一个系统,通过各功能区的发展、演变等行为促成了自身范围、结构、规模、形态的变化,因而在实体空间拓展的过程中也不断形成新的空间结构,发展到当今时代,城市实体空间总的来说具有以下特性:

(1)时间的连续性。城市的实体空间是城市居民进行生产和生活的基本场所,在人类文明进步的进程中表现出不同的形式,这种改变在时间上呈现连续性。城市具有自发的拓展能力,通过内部和外部共同作用力实现实体空间的扩张。

(2)对外的开放性。在中国古代,城市有着明确的边界——城墙。由于封建观念和安全意识的影响,人们在城市的四周建立城墙,城市实体空间是一个半封闭的系统。到了近现代,随着交通和信息水平的快速发展,城市渐渐融入区域整体内,也逐渐形成了现代社会这种集产业、人口、交通、教育、物流等于一体的开放性的空间。

(3)内部的分异性。城市实体空间的分异性是指由于不同特性的人在不同的生产生活空间活动所形成的,是城市的一种居住分化的状况。随着城市的扩张和发展的成熟,人口居住结构会趋于一种稳定的状态,依据城市不同的地段、不同租金形成不同生产生活结构。

(4)要素的多样性。构成实体空间的要素有很多,从构成城市实体空间的主客体方面分类,分为主体要素和客体要素。认为实体空间由"人"作为主体,人类是城市实体空间的创造者也是消费者,是人类的活动形成了空间内部一系列的特性。"土地、资源、产业、生态环境"等是实体空间的客体,是城市发展的基本要素。

2. 实体空间的拓展

一般来说,城市实体空间拓展是指城市主城区建设用地由于外界"拉力"和内部"推力"的双重作用向四周延伸的过程。实体空间的拓展方式一般分为外延式拓展和内涵式拓展。外延式拓展是指城区在不断发展的过程中,由于内部空间逐渐无法满足日益增长的发展需求,城市必然会不断地增加建设用地,从而向外延伸产生新的更大的地域范围,这种外延式的拓展如果不加以控制就会表现出一种“摊大饼”的扩张态势。内涵式拓展是指在现有建成区范围内的空白填充和土地再利用。内涵式拓展使得城区的内部空间得到充分的利用，增加城市的紧凑度并提高各功能协调程度，具体表现为同一种用地的再利用和不同用地之间的变换。

这两种拓展方式取决于城市经济发展速度。当经济发展处于高速递增阶段时，城市实体空间拓展主要表现为外延式拓展，这种拓展注重水平方向上面积的增大，此时城市建设用地呈低密度扩张的粗放型扩展，空间结构松散且秩序混乱。当城市的经济发展处于稳定或缓慢增长时，城市空间拓展表现为内涵式拓展，这种拓展形式注重城区内部空白的填充和用地类型的转换。由于城市经济发展的速度呈“周期性”上升，表现出高速和低速交替进行的过程，因此城市实体空间的拓展形式也呈现为“外延式”和“内涵式”的交替进行（图1—1）。

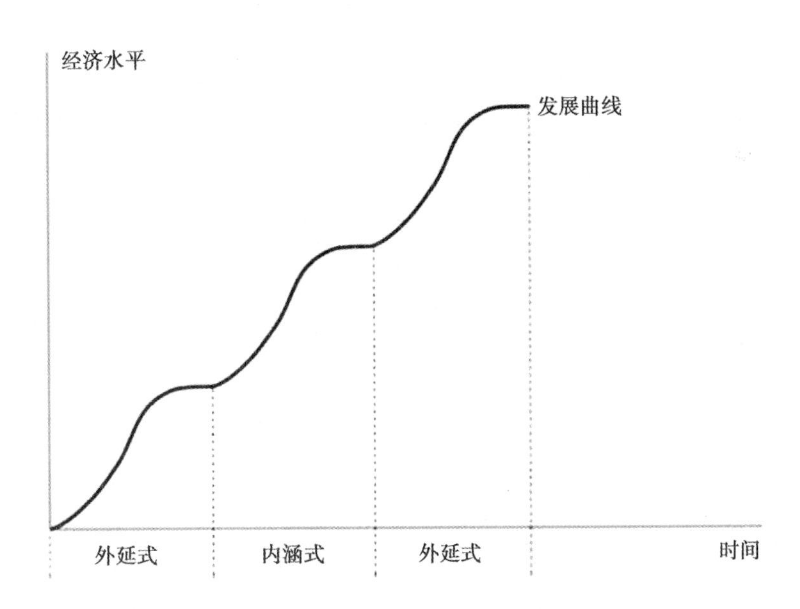

图1—1　城市实体空间“周期性”拓展过程

（1）实体空间的外延式拓展

随着城镇化进程的不断加快，目前我国大多数城市正处于城市经济发展的快速上升阶段，城市实体空间拓展以外延式为主，提升城区空间范围，增加城市的承载力。在我国特殊的城乡二元化结构背景下,大城市的外延拓展一般存在两个过程。首先是城区本体向外部的单向拓展。单向拓展表现在城区在发展过程中人口和产业会向市域范围内的其他地区溢出,从而带动周边下辖区县的发展。随着周边区县不断接收主城区所溢出的人口与产业的转移,实体空间外延式拓展进入第二个过程,即主城区与周边区县进行资源要素交换、产业互补的阶段。在这种发展阶段下,主城区制造业外移的同时服务业增多,而周边区县与主城区进行的经济活动交互增多,这样一来实现了主城区与周边区县资源要素交流的良性循环,使市域的经济发展水平整体上升。

各大城市主城区的基础设施建设经过这些年快速发展已经初显成效,主城区的主要拓展方式是在主城区的周边地区建立城市新区,这些新区的建立是为了转移和集聚主城区有关产业以达到拓展城市空间的目的。改革开放以来,我国许多城市在早期的城市实体空间拓展中都是以建立高新技术开发区、经济技术开发区或者产业园区等来实现产业向主城区周边转移和集聚,但缺点也十分明显,即新建的区域虽然在产业集聚上取得十分明显的效果,但当地的社会服务功能薄弱,这在很大程度上影响人口向新区转移后的生活质量。随着城市化进程的不断进行,许多城市也注意到产业型新区缺乏社会服务功能的问题,于是在规划新区建设时还注重将产业布局与交通、社会服务设施、住房等配套建设。

城市实体空间的拓展不仅表现在中心城区的人口和产业向周边转移和集聚,更高的目标是要实现旧的主城区和城市新区之间的产城融合。但目前我国大城市的实体空间在拓展的过程中,新区面临着大量的农业人口向非农业人口转化、新区社会服务设施建设跟不上产业转移的速度,导致新区入住率低,新老城区的功能衔接不上,从而不能有效地提高产业竞争力。通过总结,发现我国各大城市对城市实体空间的拓展最终目标是实现新区和老区的产城融合,分为三个阶段:首先是选择合适的产业转移到新区,使得转移的产业既能代表该地区的优势产业,又吻合城市未来的发展方向;其次是新区产业发展与新区城市功能的完善同步进行,使拓展后的新区产业与社会服务相匹配;最后是新老城区的融合,一方面缓解老城区发展所面临空间不足的压力,另一方面又能够凸显城市特色,实现新老城区共同发展。

(2)实体空间的内涵式拓展

与粗放型的外延式拓展不同的是,我国目前一些发展已经达到非常成熟阶段的大城市已经开始注重城市内部空间的集约式发展,如北京、上海、广州、深圳等城市。对大多数城市来说,城市除了向外进行外延式拓展外,适当进行城区内部的高密度发展也更有利于提高城市的集聚功能。城市实体空间的内涵式拓展重点是对建成区现有土地进行空白填充和再开发、再利用,充分挖掘每一寸土地的利用价值。存量土地优化是城市内涵式拓展的重要形式。从我国城市空间拓展的规律来看,存量土地的优化比城市空间的增量扩展更重要。存量土地的优化标志着城市实体空间在拓展过程中由外延式的粗放型拓展向内涵式的集约型拓展转变,这种转变体现了城市空间的拓展从"量"的提高向"质"的飞跃。大城市在进行城市空间拓展的过程中,一方面要将城市功能向外延伸以形成新的城市空间;另一方面更要对既有的空间作出合理的改造。城市实体空间的外延式拓展和内涵式拓展相辅相成、缺一不可。

旧城更新改造是城市存量土地优化的重要方式。旧城更新改造的过程中主要将城区内的各个城中村拆除或改造。随着城市实体空间快速的外延式拓展,使得城区内形成了大量的城中村,这些城中村并没有在城市规划的范围内,各种道路、管道、线路、安全设施严重缺乏,建筑混乱、布局不规范,既存在严重的安全隐患,又不利于城市构建合理的空间布局,阻碍了城市整体功能结构的优化。国内许多城市在发展过程中都计划进行城中村改造,将城中村人口发展与土地规划纳入城市发展进程。纵观我国城中村改造历史,随着城中村改造的不断进行,出现了多种改造模式,但其改造模式主要表现在以下三个方面:(1)政府主导模式。该模式是指将政府作为城中村改造的主导力量,从而协调各方力量实现城中村全方面、多方位的改造,该模式的典型案例是杭州模式。但是,该模式的实施具有一定的条件,首先是政府必须具有充裕的资金,能够垫付改造前期的巨额拆迁赔偿款与安置费;其次,政府还需要具有丰富的经验,从而保证改造计划的顺利实施。(2)主导商开发模式,该模式是指开发商通过与村集体协商,申请政府同意改造方案,然后开发商根据自身实力从而推动城中村改造工作的完成,采取该模式的城市主要为珠江与郑州。

(3)村集体主导模式,该模式是指通过政府发挥引导作用,制订改造计划、出台优惠措施,而改造资金由村集体出,且改造工作由村集体完成的模式,采用该模式的典型城市为广州、深圳等。并且,该模式的实施也具有一定的条件,即村集体具有充足的资金、发达的经济以及前卫的发展思路。

二、外接空间

1. 外接空间的内涵

城市的发展在于促进自身空间的拓展与延伸,这种拓展与延伸不仅仅表现在实体空间的内在拓展,更在于使城市发展与所处区域协调化。随着经济全球化和区域经济一体化进程的不断推进,城市间的交流互动程度日益增强,而城市与毗邻城市的协调发展更为重要。在我国城市化进程不断加快的今天,经济地理和区域经济的研究开始关注"城际关系"。在城市空间拓展的延伸中,其中一个重要的部分就是毗邻城市之间的空间联系,也就是城市的外接空间。关于外接空间的概念在上一章的概念辨析中已有阐述,这里主要分析城市外接空间的主要特征。城市的外接空间应具有如下特征。

(1)地理空间最邻近

城市外接空间最明显的特征是"毗邻"。一个城市发展离不开与外界进行交流互动,而毗邻城市是城市与外界交流过程中最为重要的部分。毗邻城市间由于地理空间上最近,从而在经济联系上最紧密,通过便捷的交通和相似的产业结构实现良好的联系和分工协作,形成牢固的城际关系和城市体系,推动了区域整体的发展。

(2)融合发展最便捷

城市外接空间在理论上是最容易被城市的发展所融合的区域。由于各个毗邻城市之间有着相似的资源禀赋和历史背景,无论是经济因素还是人文因素都存在着趋同性,这也就使得毗邻城市之间更容易进行跨区域合作。再加上政府的适当引导,城市与外接空间在产业、交通、发展空间、社会服务、城市管理等各方面实现融合发展。

（3）资源交换最有效

一方面，毗邻城市利用核心城市优良的产业资源、成熟的市场资源、高端的人才资源、丰富的政策资源以及完善的社会服务资源促进自身发展，政府可以通过这些资源改善自身的产业结构、吸收外溢的人才资源、搭乘政策的“顺风车”，城市居民也能享受核心城市优秀的教育、医疗等社会服务资源；另一方面，核心城市通过得到毗邻城市丰富的农副产品资源、廉价的原材料和劳动力资源，降低自身的生产和生活成本。

（4）拓展潜力最大

大城市由于在发展过程中形成各种冗杂的功能区，从而产生了诸如“交通拥堵”“环境污染”等大城市病。缓解这些城市问题需要城市将冗余的非核心功能向外转移，除了将一部分功能转移到实体空间的外围区域外，外接空间是潜力巨大的功能疏散区，成为了城市在发展走向成熟的过程中空间向外拓展潜力最大的区域。

2. 外接空间的拓展

从某种程度来看，城市外接空间的拓展与城市实体空间中外延式拓展的某些特征相似。在实体空间的外延式拓展中，主城区将产业和人口外移至新区，实现缓解主城区的空间压力、优化产业布局、增大实体空间承载量，最终实现提高城市竞争力的目的。在区域经济一体化的影响下，城市之间的产业转移和结构调整活动愈加频繁。城市外接空间拓展的特征是指在整个城市外接空间所构成的区域内部，通过对生产、金融、教育、科技等产业的再分配，重构合理的区域产业结构，城市间进行分工合作，最终实现整体区域的竞争力与影响力的提高。

这样看来，城市外接空间的拓展是对城市实体空间外延式拓展的升级，其拓展方式中最重要的是通过区域产业结构重新布局、各城市职能分工协作以达到城市整体承载力的提高，另外还要从基础设施配置结构的协调构建、着力发展城市间的衔接区域以及共同打造良好的生态环境格局这三个方面进行外接空间的良好拓展。以下是城市外接空间拓展时的主要着力点。

（1）以产业分工和协作为主

毗邻城市之间有着比其他城市更紧密的联系，城市与其外接空间的其他城市由于有着天然的地缘邻近关系，使得同一区域内城市的产业结构具有一定的相似性。然而在历史发展过程中存在的行政阻隔使得城市与其毗邻城市之间缺乏合理的产业分工，往往造成同一产业门类发生生产要素争夺、人才争夺以及市场争夺，一方的争夺成功必然造成另一方的失利，使得毗邻城市彼此之间的空间对接产生了莫大的阻力。由于缺乏对产业培植方面的管理和调控，导致城市间空间结构雷同、城市空间职能趋同、城市产业结构相似等问题出现。这些问题在城市进行外接空间拓展的过程中都是需要着重解决的。城市在外接空间拓展的过程中虽有合作，但城市间的空间协调性依然欠缺，这种协调性的欠缺最终将会导致生产成本提高和恶性竞争，从而带来经济损失，长此以往将对整个区域内的城市竞争力提高产生不利影响。

（2）对基础设施建设的合理配置

在我国实行市场经济以前，各个城市的基础设施按照各自的规划体系来建设，基础设施的建设只是单纯地考虑城市自身发展的需求，并没有考虑到与其他城市交流和联系中所形成的对基础设施的需求。而随着市场经济的实行，各个城市的城市化水平不断提高，原来建造的基础设施已经无法满足区域内各城市经济高速增长的需求，所以基础设施的需求与供给存在着不协调。以前，政府长期重点关注的是城市实体空间内的结构优化，经常性地忽略了城际间的联系，导致许多规划建设没有从区域整体的角度来考虑，这样使得基础设施建设的整体效益以及其产生的规模效应较低，城市间的重复建设在所难免。当区域内的核心城市造成了过高强度的集聚效应，就使得城市自身空间的基础设施供给不足。如道路设施不完善造成的交通堵塞问题，排污管道设施的不完善造成的环境污染问题等。当核心城市对周边城市造成过高的扩散效应时，又使得其他城市的基础设施供给不足。以上两种现象可能同时存在，究其原因还是由于城市间的基础设施配置结构不协调所导致。

（3）对衔接区域的着重发展

根据“距离衰减定律”，距离城市中心区越远的地区所受到的中心辐射力越弱，故而两城市之间的交接地带往往在城市空间发展过程中被忽略掉，产生城市间交流对接的沟壑,阻碍了城市外接空间的拓展。各城市的发展阶段不同导致各个城市对空间拓展的规划也不同,则城市之间所夹地带受到的来自两方的辐射力不同。弱势城市往往担忧强势城市的过度集聚抢占了自身外围空间的资源而采取一些“保护”措施,这样一来就更加使得城市外接空间的拓展受到阻碍。对单一城市来说,一般只会注重实体空间的建设而忽略城市外围空间的发展,城市间的衔接地区发展得不到城市双方任何一方的重视,使得衔接地带的空间结构杂乱无章,阻碍了城市间资源和要素的流动,也成为区域整体经济发展的“盲肠区”。

(4)对生态格局的合理布局

城市在发展的初期阶段由于环境承载力还比较大,对城市生态问题关注度不够,导致城市生态设施布局混乱。到了城市发展后期,城市环境压力增大且生态设施增多,急需协调构建生态设施布局。由于城市之间缺乏区域观念,往往在发展过程中只考虑到自身的生态保护而忽略了对周边城市的影响。例如两个毗邻城市在同一流域内,处在河流上游地段的城市在排污过程中没有考虑到下游城市的生态保护,抑或处在上风口的城市在工业选址中往往使得工业废气转移到下风口的城市,这些缺乏区域观念的生态布局极有可能造成毗邻城市的生态破坏。生态环境是一个循环系统,往往需要区域内各个城市之间共同努力打造优良的生态环境格局,共同缓解城市发展的环境压力。

三、外联空间

1. 外联空间的内涵

城市的发展离不开与外界进行资源要素的交流互动,城市空间的拓展也终将向外界延伸,城市外联空间就是城市空间拓展的一种延伸,体现为城市的发展全面融入全国各大城市乃至全世界各主要城市的经济活动中,是城市空间拓展的最大程度和最高阶段。城市外联空间拓展的内涵在于城市在对外开放中要具有全方位、深层次、多领域的特征。全方位指的是在拓展外联空间的过程中，既对发达国家保持全面开放的态度，也重视与发展中国家的联系与合作；深层次指的是根据不同地区或城市的实际情况，制定不同的对外开放政策，采取合适的开放形式；多领域是指外联空间拓展不仅仅是经济与外界往来，还包括科技、文化、教育、环保、服务等各个领域的对外开放与交流合作。当今世界的发展趋势与潮流是开放与包容，城市本身是一个开放型系统，内部的各种资源要素需要不断地与外界交换以达到自身经济的增长，而经济的增长又必然导致城市空间的向外拓展，在这种循环下城市的生命力才能更加旺盛，城市才能朝着国际性大都市的方向发展。

2. 外联空间的拓展

（1）转变传统观念。全面深化对外开放是城市拓展外联空间的基本要求，增强自身的投资吸引力、创新能力和竞争力是根本保障，构建互利共赢和高质高效的开放型经济体系是核心任务。现如今我国经济发展进入新常态，经济由高速发展转变为高质量发展，城市拓展外联空间要转变“对外开放就是扩大出口量和增加外资吸引力”这种传统观念。建立新常态背景下拓展外联空间的新观念，即积极主动地融入全球经济活动关键应该是找准城市自身的区域特色产业在世界产业分工中的定位，发现自身价值和挖掘内在潜力，以创新驱动为引领，通过产业转移和分工实现自身的产业结构升级和优化。

（2）构建外联平台。城市实现良好的对外联系就必须构建适合的平台作为支撑。在我国东部地区一些对外联系程度较高的城市中，建立对外开放经济园区是构建外联平台的重要手段，通过对外开放经济园区汇集全国乃至全世界范围内的资金、人才和技术。随着经济园区规模的不断扩大，其内部的产业结构和生产规模也会不断改善，最终以经济园区作为城市的经济核心，带动辐射城市的经济发展。由此可见，合适的外联平台是吸引外资和扩大外贸的重要支撑，也是承接国内外产业分工转移的基本保障。

（3）汇集人才资源。内陆城市要保持外联空间拓展的动力就必须有大量优秀尖端的管理型、技术型、创新型人才储备。人才资源是劳动力资源中最有价值的部分，充分发挥人才优势，以人才资源作为创新驱动的源泉，提升城市的国内和国际影响力。在汇集人才的过程中不能只以物质金钱作为吸引力，还要注重人文情感方面的需求，让汇集而来的人才能够在所提供的工作环境中实现自我价值的同时又对城市有归属感，让人才真心实意地为城市的发展做贡献，而不是仅仅受物质的吸引，良好的人居环境和工作环境是汇集人才的关键，为人才进行工作创新提供支持。

四、城市三重空间的内在联系

城市三重空间都是城市发展的载体，城市的发展离不开城市空间的拓展。城市空间的拓展不仅仅是简单的向外扩张，而是包含“从内而外”和“由外而内”两个方面自始至终贯穿三重空间的同时拓展。城市实体空间是城市发展的母体和支撑，城市外接空间是城市实体空间直接的辖区或延伸地，呈放射状向实体空间外围扩展，城市外联空间是城市实体空间的末梢，也是实体空间向外延伸的一部分，呈发射状向外接空间以外点状分布（如图1—2）。

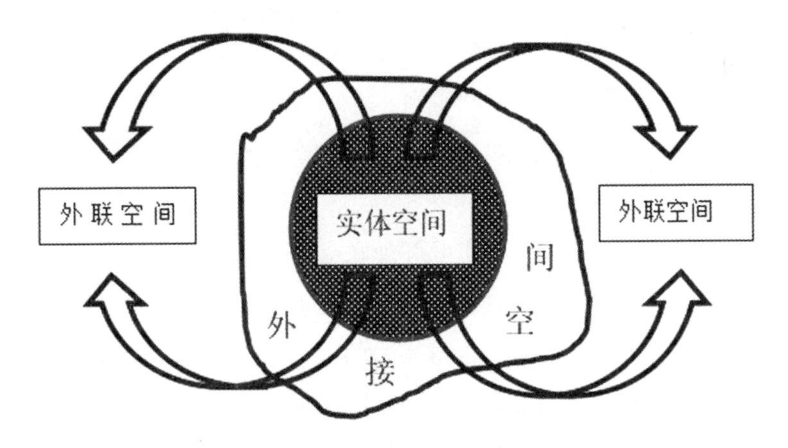

图1—2　城市三重空间关系示意

城市的空间拓展过程中，实体、外接、外联空间拓展同时进行，三重空间拓展是相辅相成、缺一不可的。城市三重空间内在的联系如图1—3所示，三重空间组成了一个呈同心圆圈层结构的空间系统。其中，城市实体空间是系统的核心层，外接空间作为系统的紧密层，系统的外围层则是城市外联空间。在图 1—3 中,外接空间作为城市空间系统的紧密层,与城市实体空间向外拓展联系最密切。在区域经济一体化达到高度成熟阶段时,毗邻城市间完全实现融合发展,则紧密层也能转化为核心层,城市外接空间最终也转变为城市实体空间,因此外接空间圈层用实线表示。由于城市外联空间没有固定的区域,是城市与外界进行各种交互作用所产生的联系,因此外围层用虚线表示。

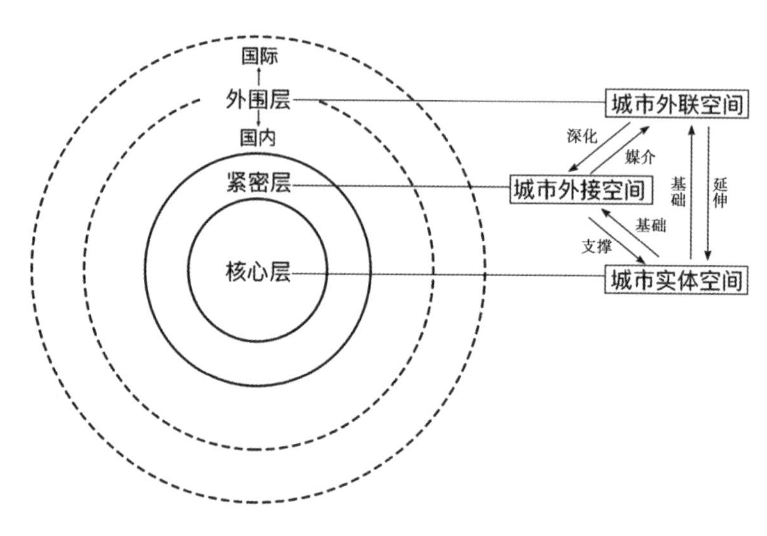

图 1—3　三种城市空间的内在联系

首先,实体空间是拓展外接空间和外联空间的基础,实体空间的合理规划和有序拓展有利于城市产业结构合理化,更好地对外接空间和外联空间产生资源要素的集聚效应,增强城市自身实力的同时又能反过来对外接空间产生扩散效应,形成良好的协同发展模式,促进由两种空间相结合所构成区域的整体发展,同时有利于实体空间和外联空间实力的提升;其次,外接空间可看作是实体空间与外联空间的媒介,在城市与外联空间交流互动时产生连接和放大作用。拓展外接空间意味着与周边毗邻城市的融合发展和协调发展,同时打造“区域命运共同体”,向内能够促进城市自身竞争力的提高,加快城市成熟发展的进程,向外能够有效促进外联空间的拓展速度和拓展范围,使城市更能全方位地与国际接轨,从而融入经济全球化的浪潮中。从更长远的角度看,随着城市间关系的不断加强以及区域一体化进程的推进，城市外接空间未来也会演变成为实体空间；最后，外联空间的全面拓展既是城市“由内而外”发展的最终追求，又是郑州“由外而内”发展的先决条件。拓展更大范围、更高水平的外联空间就能集聚更多、更优质的资源要素反馈给实体空间和外接空间。在外联空间的拓展过程中又分为国内外联空间的拓展和国际外联空间的拓展，国际外联空间的拓展建立在高质量的国内外联空间基础上，是城市国内外联空间的延伸与深化。

第二章　城市实体空间的拓展

据统计,2017 年郑州中心城区建设用地面积达到 500. 8 平方公里,经过近 30 年的发展,郑州市中心城区的建成区面积增长 5 倍多。但与其他中心城市如武汉、成都、重庆等相比,郑州作为国家中心城市表现出明显的规模小的劣势,郑州要建设国家中心城市,未来实体空间的拓展还需要认真谋划。

一、研究区域的选取与数据来源

1. 研究区域的选取

本文选取的研究区域为河南省省会郑州市,位于东经 112°42′—114°14′、北纬 34°16′—34°58′。郑州地处中华腹地,史谓“天地之中”,古称商都。九州之中,十省通衢,北临黄河,西依嵩山,东南接黄淮平原,是欧亚大陆桥的中枢。1928 年 3 月建市,现辖 6 区 5 市 1 县(其中,巩义为河南省直管县行政体制改革试点市)。全市总面积 7446 平方公里,市区面积 1010 平方公里,中心城区建成区面积 549. 33 平方公里(含航空港经济综合实验区),城镇化率 72. 2%。

2. 数据来源

研究郑州实体空间所需的数据主要为郑州市城市空间数据与属性数据。城市的空间数据是在地理空间云数据网站下载 Landsat 8 的 30 m×30 m 的 2013 年 6 月和 2018 年 7 月的遥感影像,另外在水经注 5. 1(万能地图下载器)

软件中下载郑州市1987年12月、1997年12月、2007年12月及2017年12月的四期历史卫星影像图。研究郑州外接空间和外联空间的数据主要为城市属性数据和公路里程数据，属性数据来源于《中国城市统计年鉴》《中国贸易外经统计年鉴》以及各市历年统计公报，公路里程数据来源于谷歌地图。

二、郑州城市实体空间拓展历程

1. 现阶段土地利用概况

截至2016年底，郑州市农用地面积471521.13公顷、建设用地面积208252.72公顷、其他土地面积76943.87公顷，占土地总面积的比重分别为62.31%、27.52%和10.17%（见表2—1）。农用地中，耕地323478.58公顷，占土地总面积的42.75%；园地10315.74公顷，占1.35%；林地89963.39公顷，占11.89%；牧草地46.34公顷，占0.01%；其他农用地47717.78公顷，占6.31%。建设用地中，城乡建设用地179951.05公顷，占23.78%；交通水利及其他建设用地28301.67公顷，占3.74%。城乡建设用地中城镇工矿用地和农村居民点用地分别为92637.42公顷和87313.63公顷，占土地总面积比重分别为12.24%和11.54%。其他土地中，水域26650.49公顷，占土地总面积的3.52%；自然保留地50293.38公顷，占6.65%。

表2—1　郑州市土地利用结构

名　称		郑州市	
		面积（公顷）	比重（%）
农用地	耕地	323478.58	42.75
	园地	10315.74	1.35
	林地	89963.39	11.89
	牧草地	46.34	0.01
	其他农用地	47717.78	6.31
	小计	471521.13	62.31

续表

名　称		郑州市	
		面积(公顷)	比重(%)
建设用地	城镇工矿用地	92637.42	12.24
	农村居民点用地	87313.63	11.54
	交通水利及其他建设用地	28301.67	3.74
	小计	208252.72	27.52
其他用地	水域	26650.49	3.52
	自然保留地	50293.38	6.65
	小计	76943.87	10.17
	合计	756718.42	100.00

资料来源:《郑州市土地利用总体规划(2006—2020)》。

2. 郑州城市实体空间拓展分析

20 世纪 80 年代末期以来,郑州市的空间扩张主要是以旧城为中心,不断向外扩张。通过对 1987 年、1997 年、2007 年及 2017 年的郑州历史遥感影像进行处理,得出的郑州主城区空间拓展变化如图 2—1 所示。

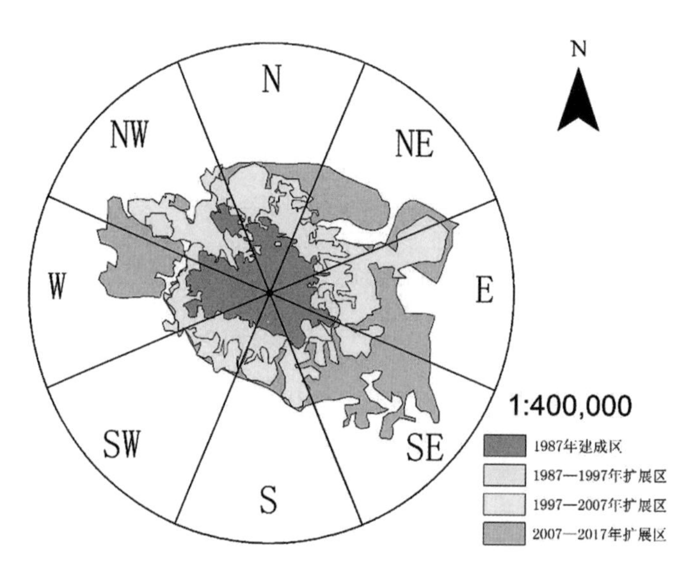

图 2—1　1987—2017 年郑州市城市拓展象限分析

提取四个年份的城市建成区面积，计算每个时期郑州市的拓展强度，空间拓展强度指数用以研究城市在整个拓展时期内，不同阶段的拓展强度以反映城市空间拓展的总体趋势，其计算公式为：

$$UII = \frac{(U_a - U_b)}{TLA \times T} \times 100\% \tag{1}$$

其中，Ua、Ub 为起、止时城市建设用地面积，T 为研究时段的时间跨度，TLA 为起始年城区总面积，得到结果如表 2—2 所示。

表 2—2　历年郑州市区建成区面积变化情况

年份	城市建成区面积（km^2）	空间扩展强度（%）	扩展速度（km^2/年）
1987	94	—	—
1997	116.2	2.33	4.40
2007	302.0	15.99	37.16
2017	500.8	6.58	39.76

从图 2—1 和表 2—2 可以看出，1987—2017 年，郑州城市实体空间拓展从简单的“摊大饼”模式逐渐到“星状+组团”式有序发展，各个阶段显示不同的特点。1987—1997 年郑州建成区面积扩展速度为 4.40km^2/年，城市空间拓展方式主要沿原建成区外围向外扩张，并在西北方向伴随有“星状”拓展，这是由于 1991 年开始，由国务院将郑州市城区西北部批准为国家级高新区，由此建立郑州市高新技术开发区，郑州市的西北方城区得到了重点建设；1997—2007 年郑州市建成区面积扩展速度为 37.16km^2/年，这个时期郑州空间拓展速度相比之前的阶段有大幅度的提升，在继续发展高新区的同时，东南和正东方向的经济技术开发区与郑东新区建设也拉开序幕，郑州城市空间建设开始进入全面高速的拓展时期；2007—2017 年郑州市城市拓展延续了之前的高速状态，达到了 39.76km^2/年，这个时期在东西部继续扩大发展的同时，由于郑州航空港区的建立，城市建成区往新郑机场所在的东南方向也大幅度扩张。另外，由于北部区域按照惠济“一核一带、三大组团、五旅融合”的创新发展思路，其建成区也有相当程度的拓展。

三、郑州城市实体空间拓展模拟预测

1. 城市实体空间拓展模拟预测的方法选取

本书对郑州城市实体空间拓展模拟预测采取目前学术界使用较多的耦合元胞自动机和人工神经网络模型（ANN-CA），此模型由简单的网络组成，包含两大相对独立模块：模型纠正（训练）和模型模拟，这两个模块使用同一个神经网络。在模型纠正模块中，利用训练数据自动获取模型的参数，然后把该参数输入模拟模块进行模拟运算。整个模型的结构十分简单，用户不用自己定义转换规则及参数，适合用于模拟非线性的和复杂的土地利用系统。该模型包含三层，第一层是数据输入层，其各个神经元分别对应影响土地利用变化的各个变量；第二层是隐藏层；第三层是输出层，它由 N 个神经元组成，输出土地利用类型直接转换的概率。

ANN—CA 的特点是无须人为地确定模型的结构、转换规则及模型参数，利用神经网络即可获取转换规则①。模型通过对神经网络进行训练可自动获取模型转换规则和参数，并且能够有效地反映空间变量之间的复杂关系。对于城镇这样的复杂非线性系统，其扩展过程受到自然、经济和社会等多重因素影响，普通系统动力学模型和方法对其并不适用，而神经网络的优点使它比一般的线性回归方法能更好地模拟复杂的曲面，能很好地从不准确或带有噪音的训练数据中将冗余数据清除，从而获取较高的模拟精度，是一种定量研究城镇扩展问题的有效方法。

ANN—CA 首先要确定神经网络的输入。每一个模拟单元包含会影响土地利用变化的 n 个变量，并与数据输入层的 n 个神经元相对应，这些变量决定了土地的转换概率，可表示为如下：

---

① WuF.，"An experiment on the generic polycentricity of urban growth in a cellular automatic city"，*Environment & Planning B Planning & Design*，No.3（1998），pp.293-308.

$$X(k,t) = [x_1(k,t), x_2(k,t) \cdots x_n(k,t)]^T \tag{1}$$

式中，$x_i(k,t)$ 为单元 k 在模拟时间 t 时的第 i 个变量，T 为转置。

神经网络的输入一般都先对空间变量进行标准化处理，使它们的值落入[0,1]的范围内。可以利用最大值（max）和最小值（min）进行标准化，有

$$x_i(k,t) = \frac{(x_i(k,t) - min)}{(max - min)} \tag{2}$$

将空间变量进行标准化处理后输入隐藏层，隐藏层的 j 神经元收到的信号表示为 net_j：

$$net_j(k,t) = \sum_i W_{i,j} x_i(k,t) \tag{3}$$

其中，$w_{i,j}$ 是参数，为输入层和隐藏层之间的权重。随后，隐藏层对所有的 net_j 产生响应，并将响应值传入输出层（Sigmodi 函数形式）：

$$\mathrm{f}(net_j) = \frac{1}{1 + e^{-net_j(k,t)}} \tag{4}$$

最终，由输出层输出转换概率为：

$$P(k,t,l) = \sum_j W_{j,l} \frac{1}{1 + e^{-net_j(k,t)}} \tag{5}$$

其中，$P(k,t,l)$ 即为 k 单元在 t 时间上转换成 l 类别土地的转换概率，参数 $w_{j,l}$ 为隐藏层和输出层之间的权重。

接下来将随机变量引进 CA 中，使模拟结果更接近实际，随机项为：

$$R = 1 + (-\ln\gamma)^\alpha \tag{6}$$

其中，参数 α 控制随机变量大小，而 γ 为落在[0,1]范围内的随机数。

将公式（5）和（6）结合则最终转换概率为：

$$P(k,t,l) = (1 + (-\ln\gamma)^\alpha) \times \sum_j W_{j,l} \frac{1}{1 + e^{-net_j(k.t)}} \tag{7}$$

神经网络在若干次循环运算中，计算出所转换到对应不同土地利用类型的转换概率。转换概率较大者即确定为土地利用所转换的类型。考虑到每次循环时土地利用的变化所占比例较小，因此引进转换阈值来控制变化的规模。阈值在[0,1]范围内，其值越大，则每次循环运算中转变的单元数越少。

（1）模拟流程

本书借助由黎夏教授与其团队研发的地理模拟与优化系统（GeoSOS）来实现模型对研究区域城镇用地扩展的模拟。该系统由三个模块组成，分别是地理元胞自动机模块、多智能体系统模块和生物智能模块。ANN-CA模型对城镇用地扩展的模拟分为两步，第一步是进行模型的训练与纠正，利用已有的历史数据对模型的转换规则进行获取，并通过不断地训练获得最佳模拟精度；第二步是利用已获取的转换规则对城镇用地布局进行模拟。在系统运行过程中，需要对训练过程和模拟过程中的控制参数进行设定。所需图件包括研究区两个时间点的土地利用现状图和对其演变过程有影响的因子图层。

（2）模型训练参数设置

①起始年份和终止年份土地利用分类图。系统所使用的遥感图像必须经过土地利用分类解译，分类序号从1开始，顺序编排。由于模拟数据格式只支持由ArcGIS导出的txt文本格式，因此需要将起始年份和终止年份的土地利用现状图在ArcGIS中转换为txt文本格式。

②影响因子图层。影响因子图层是对研究区域城镇用地扩展产生影响的因素经过定量化、空间化处理后的数据图层，同样，这些图层需要在ArcGIS中转换为文本格式才可以应用。为保证模拟效果不发生偏差，需要先将影响因子图层中每个栅格的数值进行标准化处理。

③土地利用类型。将土地利用现状图中各种土地利用类型的类型值、类型说明、类型性质和显示颜色进行设置。土地利用类型值和类型说明是用户在解译遥感图像时自定义的类型代码和类型名称，要求单一设置，类型值和类型说明要一一对应。显示颜色可以按照用户对图像显示的要求自行显示。

类型性质包括四种，分别是：数据空值、城市用地、可转换为城市用地、不可转换为城市用地。①数据空值：说明该数值代表影像中的空白部分，该数值的栅格将不参与训练和模拟。②城市用地：城市中的居住用地、商业用地、工业用地均属于这一类型。因为开发后的城市用地难以转换为农田、果园、基塘等用地，所以在模拟时这类用地类型的转变被设置为不可逆。③可转换为城市用地:各种用地类型中,农田、果园、基塘等用地类型可以转换为城市用地,也可相互转换,这类用地类型一般设置为可转换。④不可转换为城市用地:有些用地类型,如水域、山体等,转换为其他类型用地的成本非常高,所以认为是不可转换的。

④训练参数。利用训练数据对神经网络进行训练,可以获取模型的参数,使得模拟的结果更能接近现实。训练数据采用随机抽样的方法获取。首先在遥感分类图像上随机产生训练点,获取它们相应的坐标,以进行训练和验证。整个训练过程通过软件所提供的向后传递算法来自动完成,在训练的开始阶段,误差收敛十分明显,但误差减少曲线很快趋于平缓,在迭代次数达到要求次数或预定期望值时,停止训练。

训练参数设置包括设置邻域范围、学习速率、训练样本栅格数、训练终止条件。该系统采用的邻域形式为扩展摩尔型,因此邻域范围是正方形元胞的边长;学习速率是一个常数,在整个训练的过程中保持不变,学习速率过大,算法可能振荡而导致不稳定,学习速率过小,则收敛速度慢,训练的时间长;训练样本栅格数是选择的训练样本数量;训练终止条件可以在训练一定次数后终止,也可在达到期望误差后终止,但如果误差期望太小,可能永远无法终止。

训练数据和参数设置完成后便可进行模拟数据和参数设置。

(3)模型模拟参数设置

①模拟数据。设置模拟起始年份数据、对照数据和输出结果的路径。模拟数据的格式与训练数据相同,而且其土地利用类型值需要一一对应。对照数据也可以不选择。

②模拟参数。模拟参数包括模拟终止控制、转变概率阈值和随机干扰强度。模拟终止控制包括模拟参考类型设置和模拟参考类型栅格数设置,当参考用地类型发展到指定数目后,模拟即被终止,栅格数目的确定可以通过城镇用地总量预测确定;转变概率阈值是元胞土地利用类型转变的临界条件,阈值设置越大,元胞变化越慢;随机干扰强度是设置模拟过程中土地利用类型转变可能产生的随机概率,强度值越大,土地类型的发展随机性越大。

模拟数据和参数设置完成后，便可开始训练和模拟。训练的参数和模拟的参数可以在模拟过程中进行调整，以期模拟精度能达到最佳效果。

2. 城市实体空间拓展的影响因素分析

（1）自然因素

城市的发展都是基于当地的自然因素进行，同时自然条件又会对其起促进或者抑制的作用。自然因素主要包括地形、水文、土壤、矿产资源等因素。但是影响郑州城市实体空间拓展的自然因素主要体现在地形上。地形因素，主要包括海拔、坡度和坡向因素。海拔对城市的布局和扩张有着重要影响，研究表明城市建成区有向低海拔地区扩张的趋势。郑州地势西高东低，相对高度和缓，地形以平原为主，兼有山地丘陵等地貌形态，土地类型丰富，适宜性广泛，土地生产水平高，但郑州北面与新乡划黄河而分，并不具备向北继续发展的条件，城市空间形态一定程度上受到天然区位因素的影响。坡度的大小直接影响着城市用地布局和建筑物的布置，《城市用地竖向规划规范（CJJ83—89）》规定城市各类建设用地最大坡度不超过25°。城市的扩张更倾向于利用自然条件好、开发成本低的土地，其次才是自然条件不好的土地。在划定城市增长边界时，要考虑自然条件的空间差异性，尽可能地选择低成本方式进行城市开发建设。

（2）区位因素

区位因素在城市空间拓展过程中的影响主要表现在自然、社会和经济三个方面。自然因素上面已经提及，这里不再赘述，重点阐述区位因素对社会和经济的影响。社会区位指的是城市已经建设完善的社会服务设施位置会影响到城市未来空间的拓展，这些社会服务设施如行政机构、金融机构、住宿场所、科研教育机构、休闲娱乐场所、交通节点等都属于城市用地，城市在开发建设时要方便居民的生产生活，因此越靠近已有的城市建设用地的区域越容易转换为城市建设用地。区位因素影响城市空间的拓展是因为靠近社会经济活动中心的区域未来的发展潜力大且发展基础好，可以通过百度POI数据的核密度反映出城市的发展趋势和城市居民出行倾向，越靠近各类POI点的用地越容易转化被开发为城市建设用地。

(3)交通因素

城市交通基础设施的建设可加快城市物资交换的速度、提高资源配置的效率。[①] 城市交通运输对城市建设活动有一定的吸引力,人类利用道路进行一系列的生产、生活活动,为了方便,更喜欢居住在道路两旁。人口的增多,各种设施会逐步完善,离道路越近的区域更有可能被开发,从而被吸收为城市单元。因此,交通的发展在很大程度上能促进城镇用地扩展并有可能改变其外部形态,是城镇用地扩展的重要推动力,对城镇用地扩展具有指向性作用。地区交通的发展状况和发展水平将会直接影响城镇用地扩展的方向和规模,地区交通条件越好,其相邻土地单元越容易转变为城镇用地,因为不论是住宅商服务用地或是工矿用地,交通条件越好,意味着生活成本或运输成本越低。

郑州市区的对外交通主要有公路、铁路、航空等方式。郑州市区已实现环城贯通高速公路,包括连霍高速、京港澳高速、西南绕城高速,此外,地下部分建立四通八达的地铁网,目前地铁一号线、二号线、五号线、十四号线已经运行,其他线路正在施工或规划中。城市内部的交通极大地得到了改善,中州大道、京沙快速路使南北之间来往的时间距离大大缩短。三环快速路和四环高架路的开通更是方便了市民出行,东西方面陇海高架路、农业路高架路横贯东西。高速方面,京港澳高速和连霍高速在郑州十字大交叉。绕城高速环绕周围,郑云高速、郑卢高速、郑尧高速、郑民高速等 26 个高速出站口从绕城高速进市区,经 310 国道、107 国道穿郑州而过。

本书中选取的交通因素对城市扩展的影响因子包括土地单元与省道的距离、与国道的距离、与高速公路出入口的距离。距离主要公路越近,人们的出行越方便,因此开发成城市建设用地的概率相对较大;由于高速公路的特殊性,出于安全的考虑,整个路段是封闭的,因此除了高速公路的出入口能够为周边土地单元的开发带来便利外,封闭路段对周边土地单元开发成为城镇用地的影响很小。

---

① 王厚军、李小玉、张祖陆:《1979—2006 年沈阳市城市空间扩展过程分析》,《应用生态学报》2008 年第 12 期。

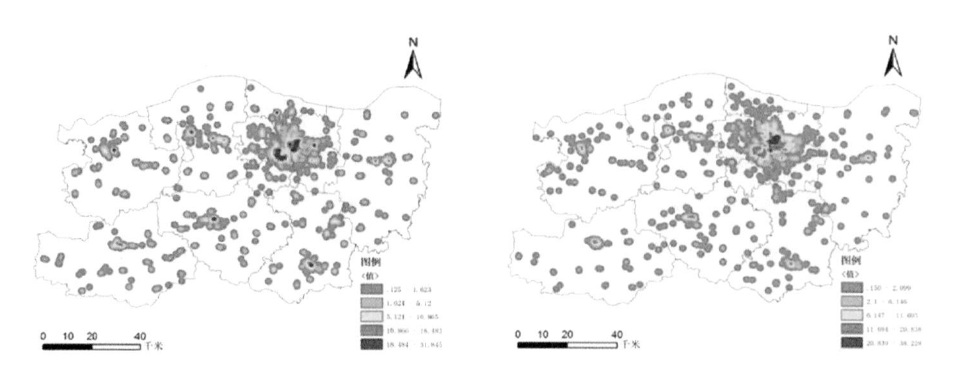

图 2—2　行政机构与金融机构核密度

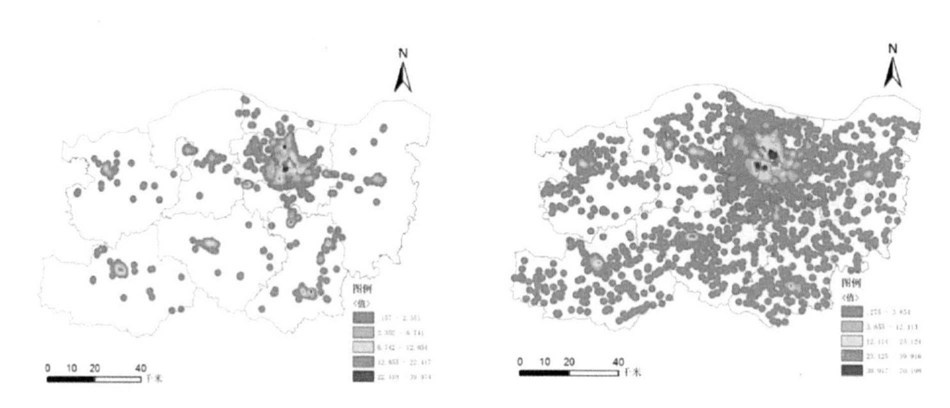

图 2—3　酒店宾馆与科研教育机构核密度

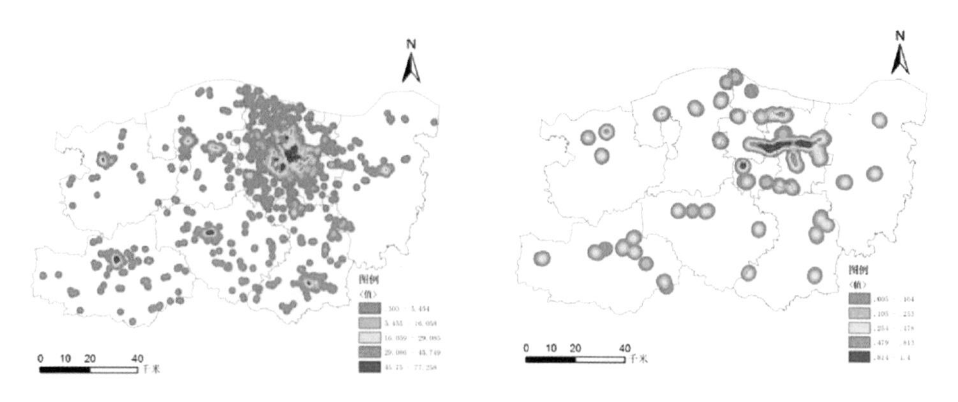

图 2—4　休闲娱乐场所与交通节点核密度

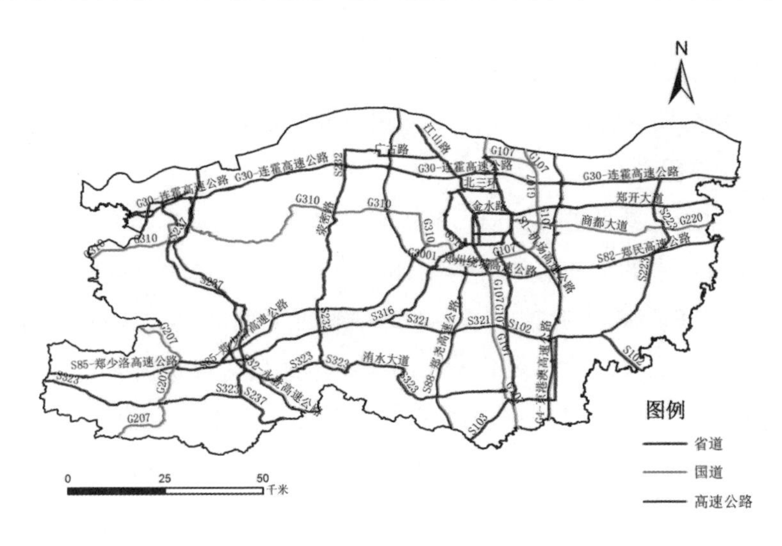

图 2—5　郑州市路网状况

(4)规划因素

政策规划会对城市的扩张产生很大影响,合理的政策规划能引导城市健康的发展。规划作为具有空间属性的公共政策,在某种水平上会对城市的扩展轨迹、利益分配和形态有所作用。规划政策因素在城市扩展因素中属于外在的人为控制因素,与自然地理因素无关,其对城市用地扩展的影响具有一定的导向性,在未来一定时期内,一些特殊项目的选址会按照规划政策进行安排。例如政府办公驻地往往集中布局在城市的中心,这里是政府政策干预较多的地区;产业园区往往布局在城市的周边,靠近原料产地或者方便交通运输,这在一定程度上会决定城镇用地的扩展方向;出于城市环境保护的目的,污染较严重的工厂、企业会选择布局在城市的下风口或者下水口,这些都将由规划政策所决定。因为每个地区规划政策都是根据当地发展状况制定的,因此,规划因素对城市用地扩展的影响会具有特殊性。1987 年城市土地有偿使用制度实施,征收城市土地使用税和土地使用费,使得中心区域开发建设成本高,许多工业企业都向郊区搬迁。

城市规划对郑州城市的扩展起到了直接导向作用,在最新的城市规划中,郑州由原来的以“二七广场”为主中心的城市结构,变为以“二七广场”“郑东新区”为双中心的空间结构,主中心开始向东偏移。目前郑州将依托交通干线及沿线城镇,构建“一主一城两轴多心”的城市空间布局结构,逐步形成以主城区、航空城和新城区为主体，外围组团为支撑、新市镇为节点、其他小城镇拱卫的层级分明、结构合理、互动发展的网络化城镇体系。

(5)生态因素

生态因素主要是指在城镇用地扩展过程中，要注重生态环境的保护，避免占用具有生态调节功能的各类用地。随着中国城镇化进程的快速推进，城镇规模不断扩张，由此带来了一系列的环境问题，如生态用地的减少、城市环境质量下降等。将一部分重要的生态用地划入保护区，可以减少城镇化所带来的不良影响，起到维护城市环境的作用。生态保护区具有多种用途，包括保护物种和保持生态多样性，进行旅游和休闲活动，开展科学研究等。生态因素多属于绝对限制因素，由于这类用地具有难恢复性特点，因此在进行城市建设的时候，应尽量避免占用。本书中生态用地是根据《郑州城市总体规划(2010—2020)》所规定的防护绿地、生态绿地以及风景名胜区范围来划定，在生态环境保护的前提下，这些生态用地是禁止建设成为城市用地的。

3. 模拟预测过程

从地理空间数据云下载 2013 年和 2018 年两期郑州市 Landsat 8 遥感影像，分辨率为 30 m×30 m，并在利用 ENVI 软件对其进行简单的大气和几何校正之后，从而得到郑州市的遥感影像图，对得到的遥感影像数据进行土地利用分类，根据本书需要，在结合《全国土地分类》的基础上，将现状土地利用类型根据模拟目标分为城市建设用地、水域、其他用地，其中水域不能转换为城市建设用地，其他用地可以转换为城市建设用地，具体类型见表 2—3。

表 2—3　郑州市土地利用类型分类

土地类型	具体类别
城市建设用地	已建成的城市用地、建制镇用地、公共设施用地、工矿仓储用地、道路广场用地、公园绿地、城市内部交通用地
水域	水库水面、河流、湖泊等
其他用地	上述类别以外的其他用地，如农用地、农村居民点、水利用地、未利用土地

分类方法采取的是 ENVI 中的监督分类，主要是为每种地类选定样本，建立分类标准，监督分类方法则选择最大似然法。最终在分类以后，选择混合矩阵法进行精度检验，结果为 0.97，分类效果较好。分类结果见图 2—6 和图 2—7。

从图中可以看出，郑州市区在五年内的建设用地得到了很大的扩张，虽然航空港区其他用地转变为建设用地的潜力还很大，但明显可以看出主城区的城市建设用地已经占了非常大的比例，如果在市区尺度上对郑州市的实体空间进行模拟预测的话，未来城市建设用地能够在市区内部增长的空间非常之小，建设用地变化甚微，在市区尺度上预测未来的城市实体空间拓展的意义不大，再加上未来郑州将会突破自身划定的六个行政区范围转而向其他区（县）扩张，例如荥阳和中牟未来的撤县改区等，因此还是需要把郑州未来的城市实体空间预测模拟放在市域的尺度上进行分析，这样能更直观地表现出城市实体空间的发展潜力和未来的拓展方向。下面对 2013 年和 2018 年郑州市域范围内的用地进行分类，如图 2—8 和图 2—9 所示。从图中可以看出郑州五年来城镇用地面积在各个方向上均有大幅度增加，增加特别明显的是东南方向的航空港区和新郑市以及正东方向上的中牟县。

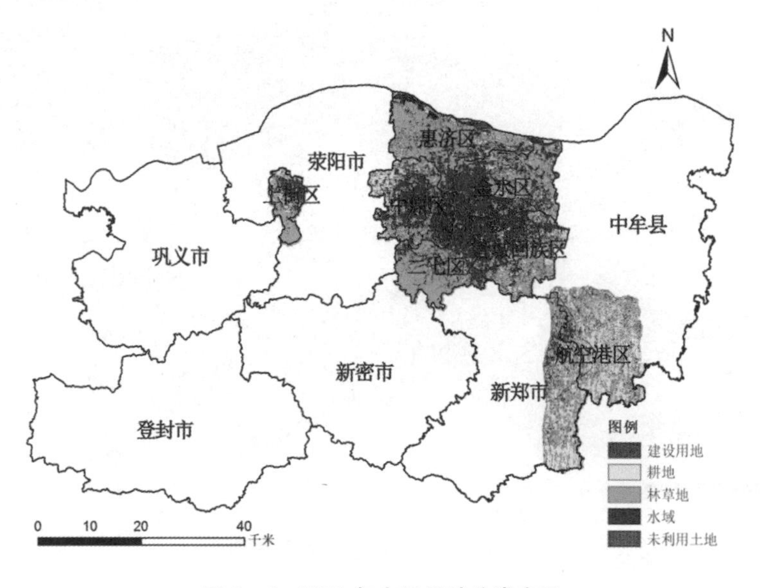

图 2—6　2013 年市区用地分类布局

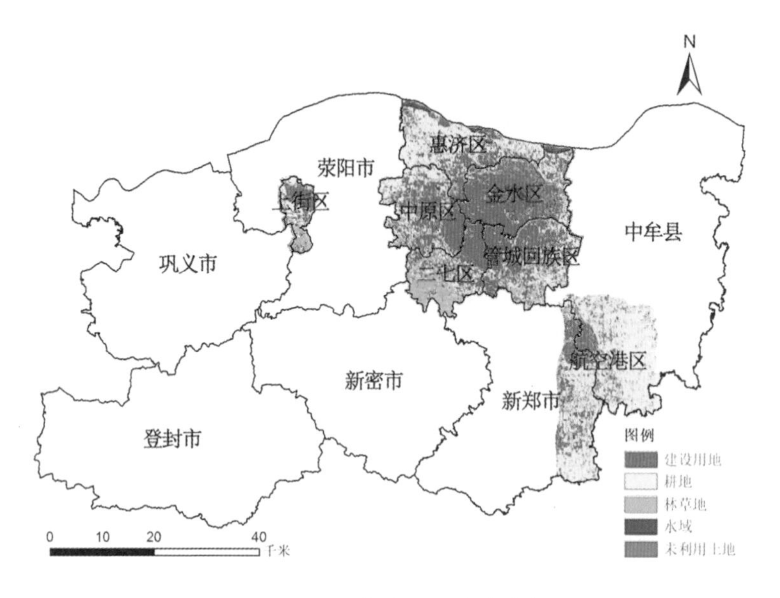

图 2—7　2018 年市区用地分类布局

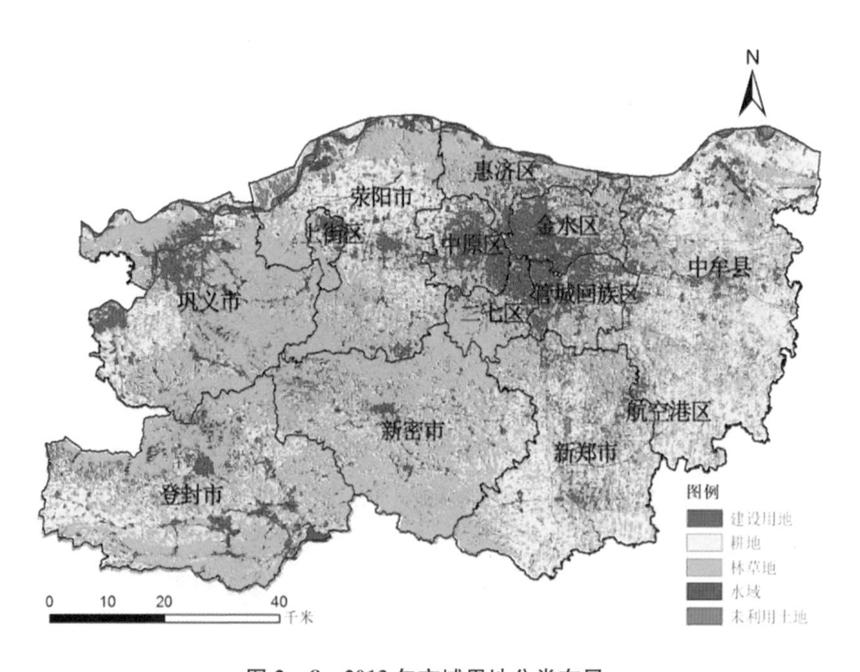

图 2—8　2013 年市域用地分类布局

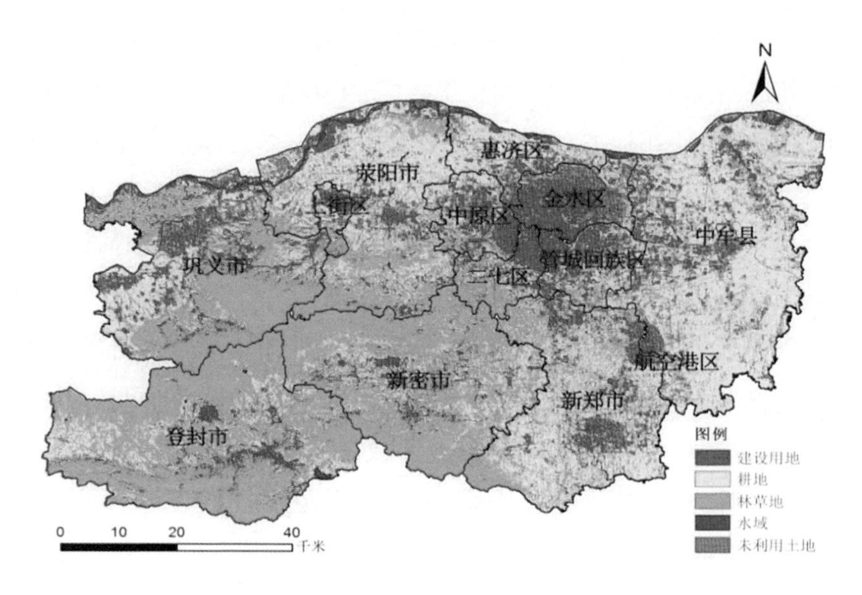

图 2—9　2018 年市域用地分类布局

根据上一节,影响郑州市城市空间扩展有五大因素,每一种因素包括的影响因子如表 2—4 所示:

表 2—4　影响因子层

城市扩展影响因素	因子类别
自然因素	高程
	坡度
区位因素	到城镇用地的距离
	到生态保护区的距离
	到水域的距离
交通因素	到省道的距离
	到国道的距离
	到高速公路出入口的距离
规划因素	规划用地
生态因素	到生态绿地的距离
	到风景名胜区的距离

在 Geo SOS 平台中运行人工神经网络—元胞自动机模型（ANN—CA）自定义模块后，根据模型设置向导对训练数据进行加载，为使得规划模拟效果能更加接近城镇建设用地扩张的近期历史轨迹，分别导入起始和终止年份，为 2013 年和 2018 年 ASCⅡ格式的遥感影像数据，随后导入各类影响因素。

土地利用类型性质设置具体为：城市建设用地设置为城市用地，即建设后难以转为研究中的其他用地，这也是根据 Geo SOS 平台现有设置字段限制以及研究需要而进行的特殊设定；其他用地包括耕地、林草地和未利用土地，设置为可转换为城市用地，即可变为城市建设用地；水域设置为不可转为城市用地，如河流、湖泊，“不可转为城市用地”不仅表示不能转为城市建设用地，而且表示该类用地转为其他用地的成本非常高；其他用地以及 ASCⅡ文件中郑州市以外部分土地利用类型值根据 Geo SOS 平台默认值为“-9999”，使用颜色设为空，对应元胞不参加数据的训练和模拟。

遵循 Geo SOS 平台 ANN—CA 模型自定义设置流程，需对训练的元胞邻域范围、神经元的学习（自适应获取）效率、神经元从元胞中训练样本数以及训练终止的条件等训练参数进行设定，这个环节需要不断尝试不同参数的组合效果。通过对郑州市 2013 年和 2018 年的遥感影像数据不断模拟训练，比对模型迭代次数和误差值后，最终确定较为理想的训练参数。元胞邻域范围设为 7×7，神经元的学习效率设定为 0.20（学习效率越小使得学习的准确率收敛得越快），样本训练的栅格数为 180053，迭代 540159 次后停止训练。

最后进行模拟参数设置，将 2018 年的遥感影像数据作为模拟的起始数据，对 2025 年的土地利用类型进行模拟预测。按照 2013 年至 2018 年扩张速度的 80%，设定模型模拟终止的条件为一般适宜建设用地类型栅格数减少到 918262 时（郑州市总面积的 25.2%，合计 1906.93 km^2），模拟终止；土地利用类型模拟转换概率的阈值达到 0.8 时，土地利用类型才会发生相应转变，而土地利用类型受到随机干扰的强度设置为 1，即土地利用类型转变的随机性较小。然后指定模拟起始年份 2018 年的数据存放路径，最后系统将显示 ANN—CA 模型的模拟设置摘要信息。至此，在 Geo SOS 平台上完成 ANN—CA 模型训练和模拟参数的设定。

4. 模拟预测结果与分析

在 Geo SOS 平台进行训练的过程中，通过反复试验将神经网络误差率降到 10%以下，在这种误差率下得出的结果可以接受，最终得出 2025 年的模拟预测结果如图 2—10 所示：

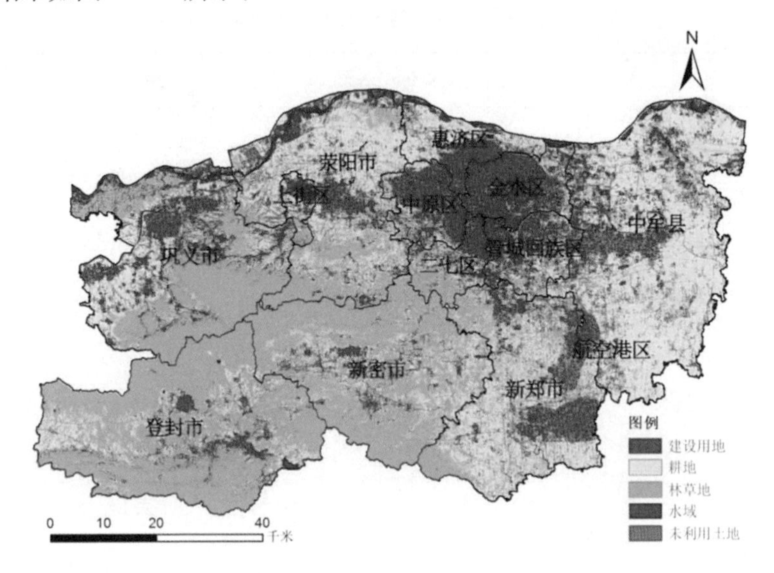

图 2—10　模拟预测郑州 2025 年土地利用结果

可以看出郑州市建设用地除了在本身下辖的六个行政区内有扩张，扩展范围涉及荥阳和中牟，还包括新划的航空港综合试验区。郑州市的城市扩张区域从中心区域向每个方向都有一定的扩张，但在正北方向和西南方向上城市扩张的相对较少，这是因为北部存在着黄河天堑，自然因素限制了城市继续向北扩张的能力，而西南方向上扩张较少是因为新密和郑州市区中间有着划定的生态绿地，因此扩展范围有限。另外登封、巩义由于距离郑州市区太远也使得郑州中心城区未能与这两个市形成连片。可以看出，在东南方向上向航空港区扩张最多，东西两方向分别向荥阳和中牟扩张较多。这是由于在《郑州建设国家中心城市行动纲要（2017—2035）》中提及将荥阳、中牟、新密撤县改区，而由于郑州市区与新密之间存在着规划生态绿地，因此无法在建成区上连片，但荥阳和中牟不存在这种障碍，建成区将与郑州市区形成连片状态。另外图中的建成区面积向南方向与龙湖镇已经形成连片，相对2018年扩张了很多，这主要是因为2018年的主城区城镇用地还未和龙湖镇的城镇用地连接在一块，到2025年时随着主城区的城镇用地和龙湖镇的城镇用地都在扩张，因此便连接起来了。

表2—5　郑州市城市建成区扩张各区面积变化

	2018年(km^2)	2025年(km^2)
惠济区	53.81	60.35
二七区	86.03	98.78
中原区	91.09	113.59
管城区	114.20	142.58
金水区	113.45	127.31
上街区	31.46	44.82
航空港区	87.30	118.87
荥阳	—	56.5
中牟	—	54.52

2018年郑州市市区城市建成区面积合计为577.34平方公里，且郑州城市建成区范围并未包含上街区、荥阳市和中牟县。对该预测结果内的各区面积与2018年实际的边界内各区面积进行对比，结果见表2—5。可以从表中看出，预测结果内的航空港区、荥阳市和中牟县三个区域内的城市建设用地面积与2018年相比变化较大，分别增加31.57km^2、56.5km^2、54.52km^2，就建设用地转换潜力来看，这三个区（县）提供的城市空间扩展潜力还是比较大的。今后应加快推动郑州主城区与市域内其市（县）的融合发展，研究适时撤销荥阳市、中牟县、新郑市、新密市建制，改设为区，进一步拓展郑州实体空间。实体空间发展的最终目标是全域城区化，全域城区化有利于城市的整体规划发展，中心城区空间规模将扩大。北上广等城市早已实现“无县化”，市域内全部是区，并且目前很多城市都在加紧撤县改区，例如同为中部核心城市的武汉

也早已没有下辖县,目前下辖 13 个行政区和 5 个功能区。

本书通过对郑州实体空间的历史遥感影像处理,通过采用耦合元胞自动机和人工神经网络的方法在 Geo SOS 平台上,对郑州 2025 年的实体空间拓展进行模拟,通过模拟来预测未来郑州实体空间拓展的方向,模拟结果更加直观地揭示出未来郑州应该着重优先向哪些方向拓展,对推动郑州主城区与市域内其他下辖市(县)的融合发展,最终实现全域城区化有着重要意义。通过分析影响城市实体空间拓展的各个因素,模拟了在这些因素的影响下目标年份的城市实体空间拓展情况。下面根据实体空间拓展历程的分析和未来实体空间拓展的模拟,对郑州实体空间拓展的路径进行相应的思考和探讨。

四、郑州实体空间拓展的路径

郑州实体空间拓展总体上应按照《郑州建设国家中心城市行动纲要(2017—2035 年)》(以下简称《纲要》)提出的"东扩西拓南延北联"发展模式,在全市范围内实施组团式发展,根据不同区域的产业特色,发展优势产业,彰显城市特色,同时要以便利的交通为依托,以天然的生态或大型绿地为阻隔,进一步推动城市的组团式发展。对目前的中心城区功能进行疏解,优化中心城区城市布局,解决"大城市病",推动批发市场和制造业外迁,医疗和教育资源向新城组团转移,以产业转移带动人口转移,实现新城组团与中心城区均等化发展。实体空间在按照《纲要》所提出的建议向市域各个方向拓展时,也需要分清主次,找准方向,才能达到事半功倍的效果。

(1)以东和南方向为主,西和北方向为辅进行拓展。北区因为有黄河天堑的阻隔,发展空间受限,西区多丘陵,地质条件差,不利于城市建设和发展,而南区建设正处于起步阶段,基础设施建设相对而言较差,于是在地理条件上赢得先机的东区理所应当成为实体空间拓展的必选之地,同时随着位于郑州南部的航空港区被国务院批复为国家级新区,航空港区成为推动郑州国家中心城市建设的重要助力,目前正在发挥产业优势,弥补自身短板,力争在"十三五”末，切实奠定郑州国家中心城市地位，使郑州成为具有一定国际影响力的现代化国际大都市。郑州要实现外联空间的有效拓展也必须要依托这条“空中丝绸之路”，因此往南方向拓展也是未来城市实体空间拓展的必由之路。

（2）牢牢把握东区发展机遇，加快实体空间与东部外接空间的良好对接。在郑汴融城的背景下，郑州和开封两个城市的空间相向拓展使得二者之间的衔接地带将成为最大的受益者。从郑州东四环到开封金明大道之间的距离仅仅只有40公里，在这短短的衔接地带内规划了白沙、绿博、运粮河以及汴西四个组团。在郑汴融合的强力带动下，郑州和开封之间的各个组团都得到了前所未有的发展机遇。同时，在郑汴一体化的大势下，预示的是海量城市资源又一次的整合和集聚，在这样的背景下，站在发展前沿的东区成为城市实体空间拓展中不容忽视的角色，更是实体空间与东部外接空间实现快速对接的媒介和平台。

（3）着重发展航空港区，实现实体空间与南部的外接空间快速联通。航空港区整体定位是国际航空物流中心，拥有众多集聚特色的头衔，如内陆地区对外开放重要门户、以临空经济为引领的现代产业基地、高端的航空型都市、中原城市群经济发展的核心引擎等。航空港区的产业基础非常坚实，特别是近几年，航空港区围绕国家对其的三大定位，结合当时的实际情况重点发展八大产业集群，使航空港区的经济得到了快速发展。从历史发展上看，郑州市的城市发展水平在2016年和2017年迎来了新的飞跃，其主要的贡献者是郑州航空港经济综合实验区。因此，未来的郑州要成为中原经济区的核心，乃至建成国家级中心城市，肩负“一带一路”的重要使命，航空港区必然是引擎所在。将实体空间拓展的重心放在航空港区发展的方向上，其一，可以借助政策倾斜快速实现部分市域的城区化，其二，为向南拓展外接空间提供扎实的产业基础和良好的发展条件；其三，立足航空港为郑州进一步拓展外联空间提供了平台和机遇。

第三章　城市外接空间的拓展

城市实体空间是城市发展的基础，而外接空间则是城市朝更高水平发展的支撑。俗话说："单丝不成线，孤木不成林。"随着信息化和工业化的发展，以大城市为核心组成的都市圈逐渐成为区域间交流与合作的新单位。都市圈区域内的各城市个体之间组成了具有强作用力和高度紧密联系的城市空间布局，城市空间的拓展已开始需要重视外接空间的拓展，这是城市发展过程中的必经之路，也是城市化发展到成熟阶段的产物。城市外接空间的拓展是市场经济条件下人口和产业重新优化布局的必然使命，对提升区域竞争力和保持城市可持续发展具有至关重要的意义。

郑州市外接空间的范围划定为郑州 6 个毗邻城市所构成的空间（图 3—1）。之所以将毗邻城市划定为城市的外接空间，是因为毗邻城市在地缘经济中相互联系，在空间活动中相互依赖，在城市边界处相互衔接，是城市在发展过程中不可忽视的一部分，也是促进城市发展的邻居和伙伴。毗邻城市空间是实现区域内部的城市间融合发展和网络化发展的载体，是城市与外联空间相联系的媒介，是城市实现区域内城市资源整合、产业分工协作的重要支撑。城市外接空间拓展的表象体现在加强与毗邻城市交通运输的联系，而本质是通过发达的交通运输业加强与毗邻城市物流、资金流的联系，因此外接空间拓展的基础是经济联系。城市间的经济联系和地缘经济关系决定了城市外接空间拓展的战略方向，通过对郑州与其外接空间的经济联系度和地缘经济关系的测度，试图探明郑州与各毗邻城市的发展关系，从而思考郑州外接空间拓展的思路与提升路径。

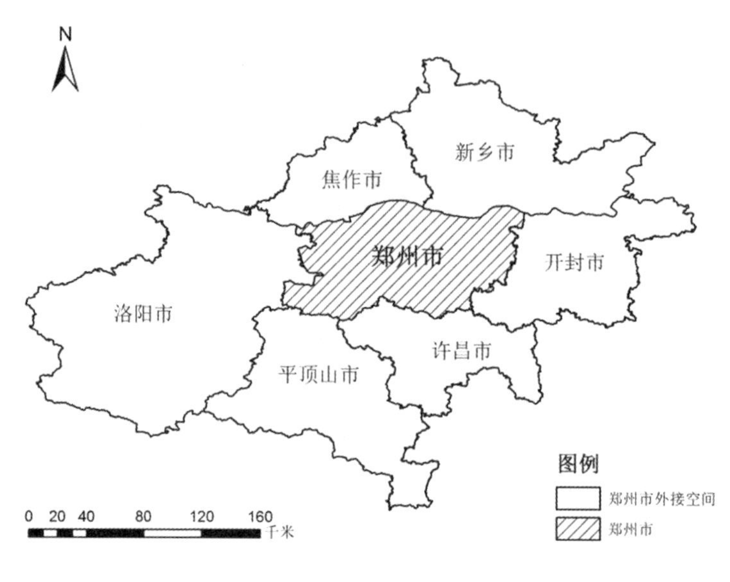

图 3—1 郑州市外接空间

一、郑州与其外接空间的经济联系测度

1. 经济联系测算方法的选取

可以用引力模型来测算城市间的经济联系强度①,但当今区域联系更加复杂,城市之间的区域分工合作越来越普遍,传统的引力模型不能真实地反映出当前快速发展的社会环境②,因此这里引入克鲁格曼指数与信息化指数对引力模型进行修正,克鲁格曼指数反映区域分工和专业化程度呈正相关关系。采用潜力模型③反映城市的集聚能力,最终通过计算经济隶属度④来反映郑

① 孟德友、陆玉麒:《基于引力模型的江苏区域经济联系强度与方向》,《地理科学进展》2009 年第 5 期。

② 田红兰、郑林、匡伟:《南昌市对外经济联系量与地缘经济关系匹配动态演进研究》,《江西科学》2017 年第 5 期。

③ 秦玉:《基于 GIS 的空间相互作用理论与模型研究》,同济大学 2008 年硕士学位论文。

④ 刘承良、熊剑平、张红:《武汉都市圈城镇体系空间分形与组织》,《城市发展研究》2007 年第 1 期。

州与毗邻城市的联系强度。

（1）对引力模型的改进

传统的引力模型为 $R=\frac{\sqrt{P_iV_i\times PV}}{D_i^b}$，引入克鲁格曼指数和信息化指数后改进为：

$$R_i=\frac{K_i\sqrt{H_iP_iV_i}\times\sqrt{HPV}}{D_i^2}$$

其中，Ki 为克鲁格曼指数，Hi、H 为信息化指数，P、V 分别为郑州市区总人口（万人）、市区的国内生产总值（亿元），P_i、V_i 分别为 i 城市的市区总人口（万人）、市区的国内生产总值（亿元），D_i 为 i 市到郑州市中心的公路里程。b 为距离摩擦系数，b 值分别取 1 和 2 时可以近似地揭示国家尺度和省域尺度的城市体系空间联系状态①，这里 b 值取 2。克鲁格曼指数计算公式为：

$$K_i=\sum_{i=1}^{n}\left|\frac{q_{it}}{q_i}-\frac{q_t}{q}\right|$$

其中，n 为产业数，t 为产业，q_{it} 为 i 城市的 t 产业从业人口数，q_i 为 i 市所有产业从业人口数，q_t 为郑州市 t 产业从业人口数，q 为郑州市所有产业从业人口数。

信息化指数计算公式为：

$$H=\sum_{i=1}^{n}P'_i\cdot W_i$$

其中，P'_i 为 i 指标的无量纲化值，无量纲化方法是取某城市 i 指标与所有地区 i 指标之和的比值。W_i 为 i 指标的权重，n 为指标个数。选取的 3 个指标为固定电话用户量、移动电话用户量、互联网用户量分别占总人口的比重和反映城市的信息化程度，3 个指标的权重分别为 0.2、0.4、0.4②。

① 顾朝林、庞海峰：《基于重力模型的中国城市体系空间联系与层域划分》，《地理研究》2008 年第 1 期。

② 谢波、颜亚如：《昆明对周边城市外联经济量与地缘经济关系匹配研究》，《人文地理》2016 年第 2 期。

(2)潜力模型

$$E = \sum_{i=1}^{n} R_i$$

其中,E 为郑州市的潜能,反映了郑州在城市体系内的集聚能力,n 为城市个数。

(3)经济隶属度

$$F_i = \frac{R_i}{E}$$

F_i 为 i 城市与郑州市经济联系层次,R_i 为郑州与 i 城市的经济联系量,E 为郑州市的潜能。

2. 经济联系强度测算结果与分析

选取 2000 年、2005 年、2011 年、2016 年郑州和与其毗邻的 6 个地级市的相关属性数据,计算郑州与其毗邻城市的经济联系强度,并根据数值分成 5 类(表 3—1),并通过 ArcGIS 进行可视化,如图 3—2 和图 3—3 所示。

表 3—1　2000—2016 年郑州与 6 个毗邻城市的经济联系强度

城市	经济联系量(R)				经济联系强度			
	2000	2005	2011	2016	2000	2005	2011	2016
开封市	0.0118	0.0330	0.1413	0.1168	较弱	较强	强	强
新乡市	0.0167	0.0248	0.0299	0.0869	一般	一般	一般	较强
焦作市	0.0308	0.1256	0.0849	0.0140	强	强	较强	弱
洛阳市	0.0206	0.0188	0.0020	0.0394	较强	较弱	弱	较弱
平顶山市	0.0132	0.0368	0.0563	0.0489	较弱	较强	一般	一般
许昌市	0.0037	0.0094	0.0039	0.0943	弱	弱	较弱	较强

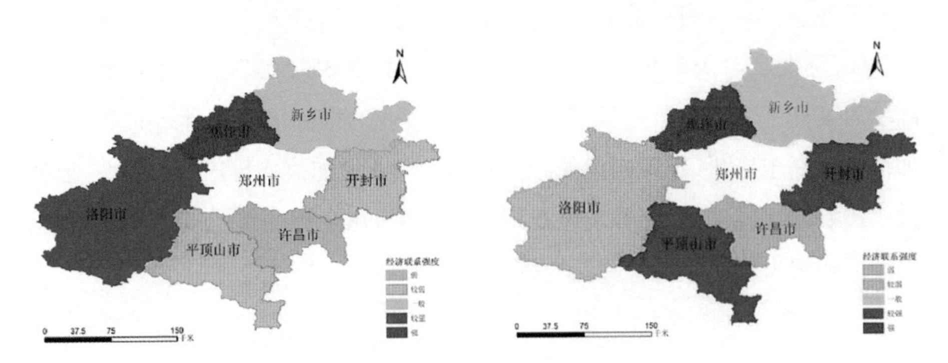

图 3—2　2000 年和 2005 年郑州市与毗邻各市的经济联系强度

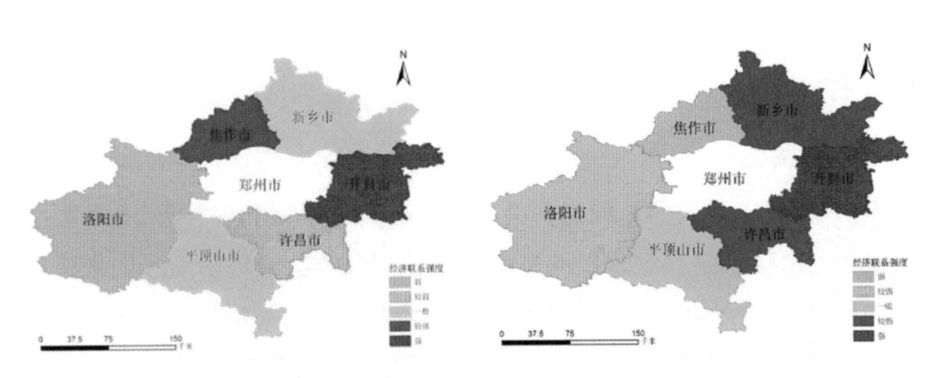

图 3—3　2011 年和 2016 年郑州市与毗邻各市经济联系强度

核心城市与周边城市的经济联系强度反映了核心城市的发展水平和活力。经测算,从经济联系量的变化来看,郑州与开封和新乡的联系较强,与焦作的联系量从强到弱逐渐减小,与洛阳、平顶山的联系变化幅度不大,维持在一般水平,与许昌的联系随时间增强。郑州与其毗邻的 6 个城市的经济联系强度以一般和较强为主,因此郑州外接空间的拓展还有很大的提升潜力。这也反映了郑州作为区域核心城市其首位度较低的原因。

城市首位度是反映城市经济实力、城市影响力的重要指标,城市首位度越高表明城市的区域影响力越强。郑州作为河南省的中心城市,虽然城市首位度在近些年一直稳步提高,但与其他国家中心城市相比仍然偏低,其对区域的影响力和辐射力与其他国家中心城市存在较大差距。据统计,郑州与国家中心城市里的其他四个省会城市——广州、成都、武汉、西安相比,省份首位度处于较低地位。2017 年,郑州 GDP 占全省比重为 20.3%,比最高的西安低了 17.3%,总人口为 988.1 万人,占全省的比重为 10.3%,在 5 个城市最低,比最高的西安低了 13.3%。在第一、第二、第三产业的增加值方面,除第二产业增加值占比高于广州,排第四位外,第一、第三产业增加值均排末位。因此,还要进一步发挥比较优势、弥补发展短板,提升郑州在全省的首位度,加大对外接空间的拓展力度。

二、郑州与其外接空间的地缘经济关系测度

1. 地缘经济关系测算方法的选取

地缘经济指的是国家或地区之间基于各种要素形成的合作或竞争关系①。两个地区之间的地缘经济关系一般分为竞争型和互补型,竞争型关系是由于两者之间有着相似的自然资源、产业结构、经济活动等因素造成的,互补型关系是由于这些因素具有较大的差异性而形成的。评价两个地区的地缘经济关系究竟是互补型关系还是竞争型关系,有利于为城市外接空间的拓展制定相应的战略措施。这里借鉴张学波教授在研究地缘经济关系测度中采用的欧氏距离法②,对郑州与周边 6 个城市的地缘经济关系进行测算。

在测算地区间的地缘经济关系所选取的指标上,首先遵从这样一个原则,即资源是从相对丰富的地区向相对贫乏的地区流动,从生产效率低的地区向高的地区流动。因此所选取的指标要反映资源与要素在区域间的流动性,这里选取地区资本形成总额与地区当年 GDP 的比值来表示城市资金雄厚的程度,用字母 A 表示;地区职工工资总额与地区当年 GDP 的比值表示城市的生产效率,用字母 B 表示;地区第二产业总值与第三产业总值的比值

① 陆大道:《关于加强地缘政治地缘经济研究的思考》,《地理学报》2013 年第 6 期。

② 张学波、武友德:《地缘经济关系测度与分析的理论方法探讨》,《地域研究与开发》2006 年第 4 期。

表示城市的发展水平,用字母 C 表示。根据统计年鉴数据可以算出 2017 年郑州与 6 个毗邻城市的 A、B、C 的值,并对其进行标准化处理,标准化处理方式为:

$$a = \frac{A - E(A)}{S(A)}$$

其中 a 为标准化之后的值, A 为指标值, $E(A)$ 为各城市指标的平均值, $S(A)$ 为各城市指标的标准差,B 与 C 同样做此处理。接下来根据 A、B、C 三个指标标准化之后的值可计算郑州与 6 个毗邻城市之间的欧氏距离,计算公式为:

$$ED_i = [(a_i - a_1)^2 + (b_i - b_1)^2 + (c_i - c_1)^2]^{1/2}$$

$$ED_{ai} = |a_i - a_1|, ED_{bi} = |b_i - b_1|, ED_{ci} = |c_i - c_1|$$

以上的公式中, ED_i 表示第 i 个城市与郑州的综合欧氏距离, ED_{ai} 、 ED_{bi} 、 ED_{ci} 表示第 i 个城市与郑州的 A、B、C 指标的欧氏距离,得出欧氏距离值之后依然按照前述方法标准化处理。

2. 地缘经济关系测算结果与分析

最终得出的结果如表 3—2 所示,其中 ed_i 、 ed_{ai} 、 ed_{bi} 、 ed_{ci} 分别为综合欧氏距离和各指标欧氏距离标准化之后的值。

表 3—2　郑州与各市欧氏距离值及无量纲化值

城市	ed_i	ed_{ai}	ed_{bi}	ed_{ci}
郑州	0	0	0	0
开封	-0. 7786	0. 7658	-0. 8332	-1. 3019
新乡	0. 7237	2. 6781	-1. 2527	-0. 6383
平顶山	0. 4313	0. 9010	1. 4637	0. 1998
焦作	-0. 1858	-0. 4745	0. 1381	0. 4230
许昌	1. 7619	-0. 1383	1. 8026	1. 0427
洛阳	-1. 4138	-0. 8359	0. 7648	-0. 7451

依据表3—2中的结果,按照标准化之后的欧氏距离分布的特点对城市间的地缘经济关系进行分类,如表3—3所示。

表3—3 郑州与各市地缘经济关系一览

类别	ed_i	城市
强竞争关系	$ed_i \leqslant -1$	洛阳
弱竞争关系	$-1< ed_i \leqslant -0.5$	开封、新乡
关系不明显	$-0.5< ed_i \leqslant 0.5$	焦作
弱互补关系	$0.5< ed_i \leqslant 1$	平顶山
强互补关系	$ed_i \geqslant 1$	许昌

从表3—2和表3—3可以看出虽然洛阳在生产效率方面与郑州的欧氏距离为0.7648,表现出与郑州有弱的互补型关系,但其经济发展水平和资本转化水平与郑州的欧氏距离分别为-0.7451和-0.8359,对郑州来说有着很强的竞争关系,从而使得最终的地缘经济关系表现出强竞争关系,这是因为洛阳是河南省第二大城市,同时也是河南省的副中心城市,与郑州产生强竞争关系也就不足为奇。与郑州有弱竞争关系的城市为开封和新乡。开封与新乡皆在经济发展水平和生产效率水平上与郑州的欧式距离为-1.3019、-0.8332和-0.6383、-1.2527,与郑州有较强的竞争关系,仅在资本转化方面与郑州存在互补性,与郑州的欧氏距离为0.7658和2.6781。由此可见两市在城市发展过程中都存在着资本不足的状况,在未来郑州拓展外接空间时,需要增多与新乡和开封两市企业间的业务活动,以加强资金流和物流的流动性。与郑州竞争或互补关系皆不明显的城市为焦作,与郑州的综合地缘经济关系为-0.1858,其资本转化水平、生产效率和经济发展水平三个方面都平淡无奇,没有表现出与郑州明显的竞争或互补关系。平顶山与郑州的综合地缘经济关系为弱互补型,其中资本转化水平为0.9010,生产效率为1.4637,二者都表现出竞争型关系,只有经济发展水平方面没有明显关系,说明平顶山市的总体经济发展水平较低,具体来说该市以第二产业为主,第三产业发展水平低,这与平顶山市历来以煤矿产业为主的资源型城市定位有关。郑州未来在拓展外接空间时应该把握平顶山市在第二产业的生产效率和资本转换方面具有的优

势,加强第二产业的分工协作和资源配置。在郑州的6个毗邻城市中,许昌具有与郑州强互补型的关系,由此看来郑州应加大与许昌的经济合作力度,与许昌形成合理的产业结构和产业分工。

三、郑州外接空间拓展的路径

郑州市的外接空间面积超过3万平方公里,人口超过2700万人,GDP超过1.6万亿元,是河南省发展的核心区域。郑州与开封距离最近,两市边界距离不足30公里,两市的联系也最为紧密,"郑汴一体化"达成共识已久。2011年,《国务院关于支持河南省加快建设中原经济区的指导意见》首次在国家层面明确提出"推进郑汴一体化发展"。郑新融合发展自2003年最早由时任河南省委书记的李克强提出。2011年10月,国务院印发《关于支持河南省加快建设中原经济区的指导意见》,提出"加强郑州与洛阳、新乡、许昌、焦作等毗邻城市的高效联系,实现融合发展",至此"郑新融合"首次被写入政府正式文件。毗邻郑州西侧的洛阳在省内综合实力仅次于省会郑州,定位为河南副中心城市。郑州尽管已经是区域性的中心城市,但与周边省会城市相比,郑州首位度偏低,还不足以全面带动河南乃至中原地区的发展,完成现代化建设的目标。通过加强与洛阳的联系实现"一正一副"双中心,提高辐射和带动能力。2016年3月,国务院常务会议正式批准建设河南郑洛新自主创新示范区,同年8月,国务院又决定设立中国(河南)自由贸易试验区,涵盖郑州片区、开封片区、洛阳片区。同年12月,国家发改委印发的《中原城市群发展规划》中提出建设"郑州大都市区",推动郑州与开封、新乡、焦作、许昌四市深度融合,建设现代化国际大都市区,进一步深化与洛阳、平顶山、漯河、济源等城市联动发展。一系列的战略规划和发展平台的获批,使得郑州市外接空间的拓展得到前所未有的提升机会。

本章测算了郑州市与毗邻城市的经济联系强度和地缘经济关系,从经济关系强度来看,郑州自2000年以来联系最紧密的城市是开封,其次是新乡,但总体上来看与周边城市的经济联系不强,这说明郑州在外接空间层次上的拓展还没有达到良好水平，与毗邻城市的协调发展还有待努力。在地缘经济关系上，与郑州形成强竞争力的城市为洛阳，弱竞争力的城市为开封和新乡，没有明显关系的城市为焦作，弱互补性的城市为平顶山，强互补性的城市为许昌。郑州应与外接空间区域内的各个成员加强联系，不断地进行融合发展，形成以郑州为核心的组合城市。但目前郑州与周边城市相互之间缺乏分工协作，协调发展较为困难，整合发展程度较低，未来郑州市外接空间的拓展还需要完善，应与周边城市建立良好的合作关系。

第一，郑、汴、许三个城市围绕于郑州航空港，因此这三个城市在经济联系、交通运输和产业分工方面有着很好的组合基础。航空港作为郑州经济的核心引擎，未来必然会对整个中原经济区产生辐射，其他城市与航空港对接则必然要经过郑、汴、许 3 市的联动协调，因此，郑州可以借助航空港区的经济枢纽作用，加强与开封和许昌的联系以提高郑州大都市区的发展效率和整体竞争力。

第二，郑、汴、洛三市通过铁路连接成线，是河南省内重要的工业基地所在地。郑州、洛阳、开封在产业结构上存在一定的互补性，地理位置上郑州又居洛阳、开封之中，资历和影响力方面，洛阳和开封都是有名的文化古城，郑州连同二城共建“郑、汴、洛”经济带成为一定程度上的政治必然。

第三，近些年，郑州快速发展，现有的地域面积已经难以承载当前的经济总量，为此可加快郑州与新乡平原新区的融合进程，促进“一河两岸”的协同发展，在未来的郑新融合中，实现交通连接、生态对接和产业承接，因此首先完善郑新之间的交通纽带很关键，要加快郑济高铁新乡段建设和郑新快速路建设。

第四，焦作是郑州米字型高铁通往太原、银川方向的重要节点，是郑州实施“跨黄河”战略向北发展的重要合作伙伴，与焦作融合发展，能够使航空港向北的经济辐射效应最大化。焦作还是传统的工业城市，具有较强的工业基础和研发能力，这很好地满足了郑州的产业转移需求，有利于对郑州进行产业承接。

第四章　城市外联空间的拓展

城市外联空间拓展可分解为两个部分。第一部分是对国内外联空间的拓展。在这一阶段,城市在国内各城市间的经济活动起到至关重要的作用,例如作为国内重要城市群的核心城市、重要交通网络的节点城市或重要的港口城市,在陆海空的其中某一方面或多个方面作为国家对外开放的重要门户城市。第二部分是对国际外联空间的拓展。这一阶段是在国内外联空间发展到一定程度后,通过成熟的对外开放体制与制度,借助与国际其他主要城市已经形成的交通运输网、互联网等平台,积极地参与到世界性的经济活动中去,并在其中扮演着不可或缺的角色。

以上所述的城市外联空间拓展的两个部分,第二部分不一定必须发生在第一部分完全成熟后,两个部分完全可以同时进行,也就是说城市在进行国内外联空间拓展的同时,可以适当地拓展国际外联空间,这样一方面有利于城市快速地积累与外界交流互动的经验,以便能够更高效地参与到国内经济事务中去;另一方面通过与国际上其他重要城市的往来,促进城市的经济发展水平与世界发达城市接轨。

从另一个角度来看,只有当国内外联空间拓展达到了一定程度,城市才能拥有足够的经济实力和雄厚的资本,才能够拥有参与国际交流合作的资格,例如自身在国内外联空间拓展过程中打造的优势产业、优势文化,或者具备了成熟的交通运输体系,可作为连接世界其他重要城市间进行经济活动的纽带。反过来,在拓展国际外联空间的过程中,能够吸收和学习世界优秀城市成熟的发展经验、先进的生产技术、高效的管理手段、优良的城市文化等,这些难得的财富可以结合自身实际情况加以利用,以便更好地提高国内外联空间的发展质量，提高城市的国内竞争力，从而更好地带动城市所在区域的整体发展。

本章将通过经济联系量、地缘经济关系和对外开放度等指标分别对郑州的国内外联空间和国际外联空间现状进行深入探究，通过测算结果分析郑州外联空间拓展过程中未来面临的困境并思考合适的拓展路径。

一、城市国内外联空间

国内外联空间的拓展既建立在城市实体空间拓展的基础上，也需要以外接空间作为媒介来实现。它是城市实体空间拓展的一种延伸，也是对城市外接空间拓展的深化。既然是城市外接空间拓展的深化，则与城市外接空间有一定的相似之处，亦采用经济联系度和地缘经济关系来测度郑州与国内其他主要城市的发展联系程度，从而明确未来郑州拓展国内外联空间的方向与路径选择。近几年来，郑州经济持续高速增长，城市竞争力也不断提高，目前正在进行国家中心城市建设，但郑州在全国 9 个国家中心城市中实力排在最后一名，距离其他中心城市存在着相当大的差距。现阶段郑州在国内外联空间拓展过程中，必须要找准自己的定位，弄清与国内其他城市的经济联系和差距，在与国内其他城市进行交流互动时要做到有的放矢、分清主次，使城市外联空间拓展高质量、高效率进行。

一般情况下，省会城市的发展集聚了全省的资源要素，省会城市的经济实力在一定程度上能够代表所在省份的经济水平，与各省会城市的经济联系很大程度上能够代表郑州所面临的国内外联空间现状，于是本节测算的是郑州与国内其他省会城市（直辖市）的经济联系度和地缘经济关系。

1. 与国内主要城市的经济联系测度

采用前文中所提到的修正后的引力模型来进行测算，但这里由于处于国家尺度上的测算，因此 b 值取为 1。选取 2000 年、2005 年、2011 年、2016 年全国 30 个省会城市（直辖市）的相关属性数据，由于西藏地区数据不全且指标不明显，台湾省、香港和澳门特别行政区的发展模式与内陆不一样，以上几个地区的数据没有参考价值，故在统计中没有将这几个地区列入分析列表。计算郑州与其他29个省会城市（直辖市）的经济联系强度和经济隶属度，根据经济联系量进行排序并对联系强度进行类型划分（表4—1—表4—4）。

表4—1　2000年郑州与全国29个城市经济联系量、经济隶属度及联系强度

排序	城市	经济联系量	隶属度	联系强度	排序	城市	经济联系量	隶属度	联系强度
1	北京	1.254	0.4384	强	16	银川	0.053	0.0187	较弱
2	上海	0.696	0.2433	较强	17	合肥	0.050	0.0173	较弱
3	武汉	0.412	0.1441	较强	18	南宁	0.047	0.0165	较弱
4	广州	0.241	0.0841	一般	19	昆明	0.045	0.0158	较弱
5	天津	0.229	0.0801	一般	20	石家庄	0.042	0.0148	较弱
6	济南	0.167	0.0584	一般	21	南昌	0.038	0.0133	较弱
7	太原	0.142	0.0496	一般	22	贵阳	0.029	0.0101	弱
8	长沙	0.125	0.0437	一般	23	长春	0.029	0.0100	弱
9	杭州	0.103	0.0361	较弱	24	西宁	0.016	0.0055	弱
10	重庆	0.061	0.0213	较弱	25	福州	0.015	0.0051	弱
11	海口	0.058	0.0204	较弱	26	沈阳	0.012	0.0041	弱
12	呼和浩特	0.057	0.0199	较弱	27	南京	0.011	0.0038	弱
13	西安	0.056	0.0136	较弱	28	乌鲁木齐	0.010	0.0036	弱
14	兰州	0.056	0.0135	较弱	29	成都	0.006	0.0021	弱
15	哈尔滨	0.055	0.0134	较弱					

表4—2　2005年郑州与全国29个城市经济联系量、经济隶属度及联系强度

排序	城市	经济联系量	隶属度	联系强度	排序	城市	经济联系量	隶属度	联系强度
1	北京	28.938	0.3774	强	16	重庆	0.767	0.0100	弱
2	上海	16.056	0.2094	较强	17	石家庄	0.765	0.0100	弱
3	武汉	5.699	0.0743	一般	18	成都	0.545	0.0071	弱
4	广州	3.358	0.0438	一般	19	哈尔滨	0.541	0.0071	弱
5	南京	2.490	0.0325	一般	20	海口	0.520	0.0068	弱
6	济南	2.455	0.0320	一般	21	昆明	0.468	0.0061	弱

续表

排序	城市	经济联系量	隶属度	联系强度	排序	城市	经济联系量	隶属度	联系强度
7	长沙	2.009	0.0262	较弱	22	西宁	0.367	0.0048	弱
8	西安	1.595	0.0208	较弱	23	太原	0.347	0.0045	弱
9	合肥	1.570	0.0205	较弱	24	乌鲁木齐	0.302	0.0039	弱
10	杭州	1.542	0.0201	较弱	25	银川	0.266	0.0035	弱
11	呼和浩特	1.289	0.0168	较弱	26	福州	0.141	0.0018	弱
12	沈阳	1.275	0.0166	较弱	27	贵阳	0.056	0.0007	弱
13	天津	1.161	0.0151	较弱	28	兰州	0.051	0.0007	弱
14	南昌	1.074	0.0140	较弱	29	长春	0.042	0.0005	弱
15	南宁	0.992	0.0129	较弱					

表4—3　2011年郑州与全国29个城市经济联系量、经济隶属度及联系强度

排序	城市	经济联系量	隶属度	联系强度	排序	城市	经济联系量	隶属度	联系强度
1	北京	115.132	0.3998	强	16	海口	3.047	0.0106	较弱
2	上海	20.531	0.0713	较强	17	长春	2.482	0.0086	较弱
3	西安	19.576	0.0680	较强	18	成都	2.467	0.0086	较弱
4	济南	16.188	0.0562	较强	19	南昌	2.227	0.0077	较弱
5	天津	12.899	0.0448	一般	20	乌鲁木齐	2.185	0.0076	较弱
6	广州	12.548	0.0436	一般	21	昆明	2.145	0.0074	较弱
7	长沙	11.105	0.0386	一般	22	杭州	2.137	0.0074	较弱
8	石家庄	10.007	0.0347	一般	23	西宁	0.905	0.0031	弱
9	呼和浩特	9.175	0.0319	一般	24	福州	0.838	0.0029	弱
10	武汉	9.028	0.0313	一般	25	兰州	0.673	0.0023	弱
11	沈阳	8.911	0.0309	一般	26	银川	0.669	0.0023	弱
12	南京	6.645	0.0231	较弱	27	太原	0.596	0.0021	弱
13	南宁	5.844	0.0203	较弱	28	合肥	0.176	0.0006	弱
14	哈尔滨	4.914	0.0171	较弱	29	贵阳	0.136	0.0005	弱
15	重庆	4.808	0.0167	较弱					

表 4—4　2016 年郑州与全国 29 个主要城市经济联系量、经济隶属度及联系强度

排序	城市	经济联系量	隶属度	联系强度	排序	城市	经济联系量	隶属度	联系强度
1	北京	259.156	0.3344	强	16	太原	8.127	0.0104	弱
2	上海	96.490	0.1245	较强	17	昆明	6.991	0.0090	弱
3	广州	51.437	0.0663	一般	18	沈阳	6.960	0.0089	弱
4	石家庄	48.513	0.0626	一般	19	海口	5.884	0.0075	弱
5	成都	44.293	0.0571	一般	20	银川	4.759	0.0061	弱
6	西安	43.228	0.0557	一般	21	乌鲁木齐	3.604	0.0046	弱
7	武汉	39.619	0.0511	一般	22	兰州	3.533	0.0045	弱
8	济南	30.989	0.0399	一般	23	南宁	3.108	0.0040	弱
9	长沙	25.515	0.0329	较弱	24	西宁	2.963	0.0038	弱
10	南京	20.910	0.0269	较弱	25	福州	2.274	0.0029	弱
11	合肥	17.896	0.0230	较弱	26	重庆	1.923	0.0024	弱
12	呼和浩特	13.108	0.0167	较弱	27	杭州	1.087	0.0014	弱
13	哈尔滨	11.500	0.0148	较弱	28	贵阳	0.758	0.0009	弱
14	天津	10.061	0.0129	弱	29	长春	0.553	0.0007	弱
15	南昌	9.563	0.0123	弱					

可以看出，郑州对外的经济联系总体而言处于弱联系状态，整体形势不容乐观。与郑州成强联系关系的城市数量非常少，仅仅有北京、上海、武汉、广州、西安 5 个城市与郑州联系强度保持较强的状态，表明郑州与京津冀城市群、长三角城市群以及长江中游城市群联系最为紧密，其次是珠三角城市群和关中城市群。郑州是十大国家级城市群里中原城市群的核心城市，应强化与其他城市群的核心城市的联系，而不仅仅着重于京津冀、长三角和珠三角这三大城市群。

绝大多数城市与郑州的联系强度成弱联系状态，并且从表 4—4 中可以看出，与郑州经济联系弱的城市有两种，一种是与郑州距离较远，如海口、哈尔滨、乌鲁木齐、长春等；另一种是经济发展水平低的城市，导致其对外联系程度较弱，如贵阳、西宁、银川等。从时间尺度上来看，2000 年到 2016 年与其他省会城市的经济联系量大幅度增加，得益于郑州优越的区位交通优势，近年来通过航空港、铁路、公路等建立起了以郑州为核心的现代综合交通枢纽体系，贯穿华东、长三角、华北、西北乃至环渤海、西南地区，但仅与北、上、广等一线城

市和距离较近的武汉和西安联系强度高，与其他大部分的省会城市联系强度较弱，因为郑州建设国家现代综合交通枢纽时间还短，与国内其他城市进行经济活动联系取得的成效还没有显现出来，郑州发挥交通枢纽优势需要足够的时间才能逐渐走向成熟。

2. 与国内主要城市的地缘经济关系测度

一般情况下，欧氏距离能够判定两城市之间的竞争或互补关系，但是在实际情形中，城市之间的客流、物流、信息流、资金流等受到自身地理位置、交通运输、基础设施等种种因素的影响，两城市在空间上的距离也会极大地影响城市之间的竞争或互补的关系。在郑州与毗邻城市的地缘经济关系测算中，由于各毗邻城市都与郑州相连接，空间距离相差不大，故而欧氏距离可直观地反映郑州与毗邻城市之间的地缘经济关系，但当研究的尺度放大到全国范围时，就不能忽视空间距离的重要性，单一通过欧氏距离不能准确地测算出地缘经济关系，为了使测算结果更符合实际情况，这里将两城市间的最短公路距离作为权重引入欧氏距离。一般来说，两城市空间距离越远则所产生的相互影响力越小，因此将权重设为距离的倒数①，最终计算公式为：$AD = ed_i \times W_i$，其中 ed_i 为欧氏距离的标准化值，W_i 为权重，即空间距离的倒数，计算公式为：

$$W_t = \frac{1}{D_t} \times 10^3$$

以此方法计算出郑州与其他城市的地缘经济关系见表4—5。

表4—5　郑州市与国内其他主要城市的地缘经济关系

城市	A_i	B_i	C_i	a_i	b_i	c_i	ED_i	ed_i	W_i	ed_{wi}
郑州	0. 829	0. 153	0. 823	0. 449	−0. 261	0. 458	—	—	—	—
北京	0. 319	0. 363	0. 236	−1. 421	3. 019	−1. 845	4. 422	2. 970	1. 441	4. 281
天津	0. 608	0. 125	0. 704	−0. 364	−0. 695	−0. 009	1. 033	−0. 664	1. 431	−0. 950
石家庄	0. 922	0. 089	0. 979	0. 788	−1. 257	1. 068	1. 216	−0. 468	2. 388	−1. 117

① 李明鸿、程华靖、张华友：《重庆市对外经济联系与地缘经济关系匹配分析》，《商业时代》2012年第8期。

续表

城市	A_i	B_i	C_i	a_i	b_i	c_i	ED_i	ed_i	W_i	ed_{wi}
太原	0.285	0.215	0.615	-1.546	0.706	-0.360	2.363	0.762	2.230	1.699
呼和浩特	0.543	0.092	0.402	-0.600	-1.203	-1.194	2.172	0.557	1.114	0.620
沈阳	0.253	0.131	0.657	-1.664	-0.607	-0.195	2.238	0.628	0.737	0.463
长春	0.796	0.140	1.041	0.324	-0.453	1.312	0.884	-0.824	0.612	-0.504
哈尔滨	0.849	0.127	0.474	0.520	-0.655	-0.912	1.428	-0.241	0.525	-0.126
上海	0.237	0.328	0.440	-1.724	2.466	-1.044	3.796	2.299	1.062	2.443
南京	0.531	0.162	0.637	-0.647	-0.118	-0.273	1.325	-0.351	1.508	-0.529
杭州	0.465	0.202	0.550	-0.888	0.506	-0.613	1.877	0.241	1.074	0.259
合肥	0.880	0.142	1.041	0.636	-0.423	1.312	0.889	-0.818	1.767	-1.446
福州	0.820	0.144	0.785	0.413	-0.396	0.309	0.205	-1.552	0.726	-1.127
南昌	0.915	0.139	1.207	0.761	-0.480	1.965	1.554	-0.105	1.166	-0.123
济南	0.606	0.140	0.595	-0.371	-0.453	-0.435	1.227	-0.456	2.240	-1.021
武汉	0.587	0.117	0.821	-0.440	-0.820	0.449	1.050	-0.646	1.958	-1.265
长沙	0.718	0.092	0.919	0.041	-1.212	0.834	1.100	-0.592	1.243	-0.736
广州	0.275	0.144	0.394	-1.582	-0.393	-1.227	2.642	1.062	0.691	0.733
南宁	1.046	0.140	0.756	1.242	-0.461	0.195	0.859	-0.850	0.604	-0.513
海口	1.018	0.240	0.234	1.139	1.098	-1.851	2.767	1.195	0.508	0.607
重庆	0.898	0.137	0.899	0.699	-0.501	0.755	0.457	-1.282	0.866	-1.111
成都	0.677	0.132	1.150	-0.110	-0.580	1.739	1.433	-0.235	0.841	-0.198
贵阳	1.088	0.202	0.682	1.397	0.506	-0.094	1.339	-0.336	0.710	-0.238
昆明	0.868	0.179	0.692	0.591	0.145	-0.058	0.672	-1.051	0.519	-0.546
西安	1.012	0.199	0.565	1.116	0.463	-0.554	1.412	-0.258	2.066	-0.532
兰州	0.521	0.292	0.558	-0.681	1.902	-0.582	2.653	1.073	0.916	0.983
西宁	1.245	0.191	0.811	1.972	0.329	0.410	1.635	-0.019	0.764	-0.014
银川	0.953	0.146	1.091	0.902	-0.360	1.507	1.147	-0.542	0.963	-0.522
乌鲁木齐	0.447	0.182	0.434	-0.954	0.189	-1.067	2.120	0.502	0.332	0.167

为了对郑州市与国内主要城市的地缘经济关系有更加清晰的认识，根据计算得出的加权欧氏距离的特点，将地缘经济关系分为六类：强竞争关系、一般竞争关系、弱竞争关系、弱互补关系、一般互补关系、强互补关系，分类如表4—6所示。

表 4—6　郑州与全国其他主要城市地缘经济关系分类

类别	ed_i	城市
强竞争关系	$ed_i \leq -1$	石家庄、合肥、福州、济南、武汉、重庆
一般竞争关系	$-1 < ed_i \leq -0.5$	天津、长春、南京、长沙、南宁、昆明、西安、银川
弱竞争关系	$-0.5 < ed_i \leq 0$	哈尔滨、南昌、成都、贵阳、西宁
弱互补关系	$0 < ed_i \leq 0.5$	沈阳、杭州、乌鲁木齐
一般互补关系	$0.5 < ed_i \leq 1$	广州、呼和浩特、兰州、海口
强互补关系	$ed_i \geq 1$	北京、上海、太原

从表 4—6 中的分类结果可以看出,郑州与国内其他主要城市的地缘经济关系不容乐观,与郑州呈强互补型关系的城市仅仅只有北京、上海、太原三个。呈强竞争型关系的城市为石家庄、合肥、福州、济南、武汉、重庆 6 个,可以看出这些城市除了福州之外,其他几个城市都与郑州的空间距离较近,且综合实力和郑州相当甚至强于郑州,它们成为未来郑州在国内外联空间的拓展中面临的重难点。应多向强竞争型关系的城市学习,吸收和引进它们在发展过程中的长处,并结合自身实际,找到与竞争型城市能够形成合作的渠道,将竞争型城市转变为互补型城市。分类结果还显示,与郑州有竞争型关系的城市多达 19 个,而互补型城市仅有 10 个,强竞争关系的城市远远多于强互补型城市的数量,可以想象得到,郑州在国内外联空间的拓展道路上需要拓宽思路,应在与互补型城市现有的基础上深化合作,同时通过实体空间和外接空间的拓展增强自身的综合实力,形成属于郑州独有的区域特色和产业优势,与此同时,与竞争对手主动加强联合,逐渐减少强竞争型城市的数量,为国内外联空间的高效优质拓展奠定良好基础。

二、城市国际外联空间

在全国经济发展进入新常态的阶段,城市对外开放面临着新一轮的考验,尤其是内陆城市空间向国际外联空间拓展的道路更是充满着崎岖。郑州作为国家在中部崛起战略中重点扶持的对象,通过加快互通互联和国际物流大通道建设,可以增多内陆地区和国际接轨的机会,积极融入国际市场,参与到全球经济活动中,主动适应经济新常态。“十三五”规划中强调我国要继续深化改革,实行互利共赢的战略措施,各城市和区域要积极参与到全球经济治理和区域合作中去。自2013年“一带一路”战略构想提出至今,“一带一路”建设从当初的蓝图构想已进入当前区域间的务实合作阶段。丝绸之路经济带的建设为郑州的对外开放带来了莫大的机遇。郑州作为内陆城市,通过融入“一带一路”战略积极拓展国际外联空间,形成具有内陆地区特色的对外开放新格局。经济对外开放度在很大程度上能够衡量一个地区外联空间拓展的情况,郑州近几年来作为我国中部地区重点发展的城市,又肩负着建设国家中心城市的重任,在这个过程中经济开放水平也发生了一些变化。本章通过测算2007—2017年郑州的经济对外开放度,对郑州国际外联空间拓展的情况进行刻画,试图找出郑州在拓展国际外联空间过程中所面临的问题和困难,并根据这些问题探讨出有效的解决方案。

1. 郑州经济对外开放度测算

对外开放度是反映一个地区与其他地区联系状况的指标,对外开放度越高,代表该地区与世界其他国家的经济交往越频繁,其国际外联空间的范围就越广。本书采用外贸依存度与外资依存度的和来衡量郑州市的对外开放度。其中,外贸依存度为进出口总额与地区生产总值的比值,外资依存度为实际利用外资与地区生产总值的比值。

选取郑州市2007—2017年的GDP与进出口总额数据计算出郑州市各年份的外贸依存度,如表4—7所示,并将历年数据绘制成折线图以便清晰明了地显示十年来郑州对外开放的变化情况。

表4—7　2007—2017年郑州市进出口总额和外贸依存度

年份	GDP(亿元)	进出口总额(亿元)	外贸依存度(%)
2007	2486.7	230.9	1.27
2008	3012.9	292.4	1.42
2009	3305.9	245.8	1.09

续表

年份	GDP(亿元)	进出口总额(亿元)	外贸依存度(%)
2010	4029.3	341.6	1.28
2011	4954.1	1007.9	3.23
2012	5517.1	2252.2	6.49
2013	6197.4	2606.3	6.90
2014	6777.0	2841.1	6.85
2015	7311.5	3703.1	7.80
2016	8114.0	3817.3	6.78
2017	9130.2	3880.0	6.53

注:数据来源于历年《郑州统计年鉴》,进出口总额按照当年末人民币对美元汇率换算成人民币。

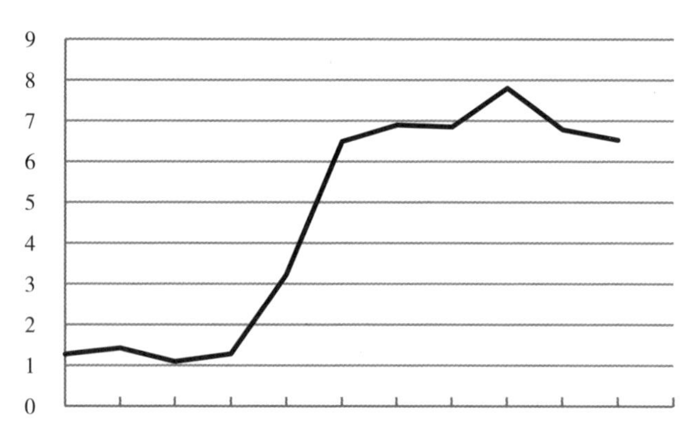

图 4—1 郑州历年外贸依存度变化

选取郑州市 2007—2017 年的 GDP 与实际利用外资数据计算出郑州市各年份的外资依存度,如表 4—8 所示。

表 4—8 2007—2017 年郑州市实际利用外资和外资依存度

年份	GDP(亿元)	实际利用外资(亿元)	外资依存度(%)
2007	2486.7	73.1	2.94
2008	3012.9	95.7	3.18
2009	3305.9	110.9	3.35

续表

年份	GDP(亿元)	实际利用外资(亿元)	外资依存度(%)
2010	4029. 3	125. 8	3. 12
2011	4954. 1	195. 3	3. 94
2012	5517. 1	215. 5	3. 91
2013	6197. 4	202. 5	3. 27
2014	6777. 0	222. 1	3. 28
2015	7311. 5	248. 5	3. 40
2016	8114. 0	279. 8	3. 45
2017	9130. 2	263. 5	2. 89

注:数据来源于历年《郑州统计年鉴》,实际利用外资按照当年末人民币对美元汇率换算成人民币。

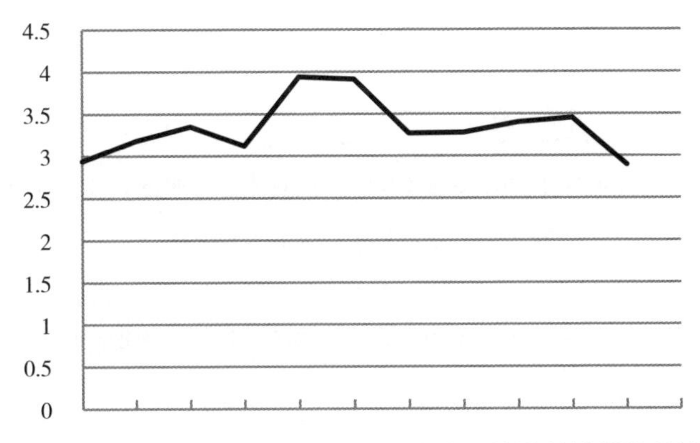

图 4—2　郑州历年外资依存度变化

由外贸依存度和外资依存度的计算结果可计算出郑州市 2007—2017 年的经济对外开放度,如表 4—9 所示。

表 4—9　2007—2017 年郑州市经济对外开放度

年份	对外开放度(%)	年份	对外开放度(%)
2007	4. 21	2013	10. 17
2008	4. 60	2014	10. 13
2009	4. 44	2015	11. 20

续表

年份	对外开放度(%)	年份	对外开放度(%)
2010	4.40	2016	10.23
2011	7.17	2017	9.42
2012	10.40		

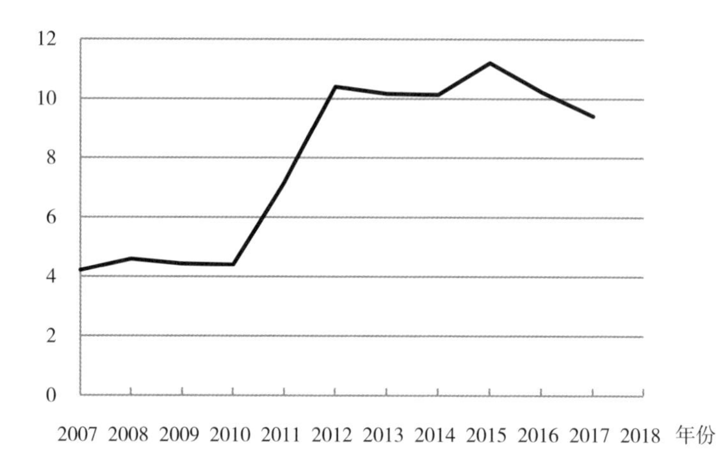

图 4—3　郑州历年对外开放度变化

以对外开放度为解释变量,以 *GDP* 为被解释变量,建立郑州市对外开放度对 *GDP* 的线性回归方程:

$$GDP = \alpha + bX + \mu$$

其中 a 为常数项, b 为回归系数, μ 为随机扰动项。为消除存在的异方差,分别对各变量取对数,构建模型为:

$$\ln(GDP) = a + b\ln(X) + \mu$$

利用 Eviews 软件对 *GDP* 和对外开放度进行 OLS 估计得到方程如下:

$$\ln(GDP) = 6.672081 + 0.939124\ln(X)$$

$$(22.65763)(6.464202)$$

由上述方程可知,对外开放度每提高一个单位, *GDP* 就增加 0.939124 个单位,根据 t 检验临界值分布表查询得到当 $\alpha = 0.05$ 时,临界值 $t0.05(10) = 1.8125$,所以 $\ln(X)$ 对 $\ln(GDP)$ 有显著影响。

2. 结果和原因分析

拓展国际外联空间的过程是城市参与国际分工与合作的过程，是指城市在全球范围内运用和配置各种资源，这是城市适应全球竞争的战略选择。根据测算结果，我们可以发现郑州外贸依存度上升速度很快，但外资依存度变化不大，反映了郑州在与外联空间进行互动时，作为经济活动的主体具有较强的主动性，展现出郑州愿意积极与国际接轨的决心和行动，而作为经济活动的客体却难以吸引国外其他地区或城市的注意，根本原因还是由于目前郑州存在一系列的发展障碍，如经济首位度不高、科技创新能力不足、高端资源集聚力缺乏，使得郑州难以对世界其他城市产生较高的吸引力，亦难以吸引国外企业来郑州投资。从郑州的对外开放度来看，2012 年以前一直处于低值，2012 年是一个突变点，达到了 10%以上，但之后又处于一个平稳状态，并没有表现出逐步上升的趋势，这说明郑州在与国际接轨强度的提升上遇到了瓶颈，源于城市的产业结构不合理，第三产业占比太低，产品层次低使得商品的附加值低，限制了郑州对外开放水平的提升。具体从两个方面对结果和原因进行分析。

第一，郑州的外贸依存度提速快，但外资依存度变化不大。郑州的外贸依存度从 2007 年的 1. 27%到 2017 年的 6. 53%，增长了 5 倍有余，而外资依存度 10 年内一直维持在 3%左右，没有太大改变。导致这种现象存在的原因是郑州近几年航空港区的建立、郑欧班列的开通以及河南自贸区的成立，提供了更多的商品进出口贸易通道和更广阔的外贸交易平台，因此外贸依存度大幅度提高，而郑州的外资依存度变化甚微是由于郑州作为内陆城市，投资潜力不如沿海城市，且一直以来丰富的劳动力资源也由于劳动力成本的不断提高而逐渐失去优势，同时缺乏具有特色的优势产业和合理的产业结构，因此对外商投资的吸引力也始终得不到提高。第二，郑州整体对外开放程度水平较低。虽然近年来郑州对外贸易规模逐步扩大，但与经济总量相比并不相称，2017 年郑州进出口总额仅占 GDP 的 6. 53%。2016 年外商投资仅占全市社会固定资产投资的 3. 6%，究其原因，首先是产业结构不合理。发达国家城市第三产业处于主导地位，一般第三产业占比在 70%以上。2016 年郑州第一、第二、第三产业占比分别为 1.9%、46.8%、51.3%，第三产业远远达不到主导产业的地位；其次，新型工业化水平低，产业链延伸较短。近年来，电子产品、新型材料、生物工程等新兴工业地位日益提高，郑州比较具有优势的产业中，传统工业占比很大，如纺织、机械、建材等。传统工业虽然仍能提供较大产出和带动效应，但同时造成出口商品层次低，商品附加值小，严重影响了郑州的出口商品在国际市场上的竞争力，而产业链延伸较短也制约了郑州对外贸易结构的改善。

三、外联空间拓展的路径

本章将郑州市外联空间分为国内外联空间和国际外联空间，对国内外联空间通过结合引力模型和潜力模型引出经济隶属度，对郑州和其他省会城市的经济隶属度和经济联系强度与地缘经济关系进行测算，发现郑州目前除了与北、上、广等一线城市有较强的联系外，与国内其他省会城市联系不够紧密，这说明郑州还没有完全成为全国的核心城市，虽然郑州借助“米”字形高铁网络、中欧班列、航空港、跨境电子商务等因素形成了具有内陆城市特色的外联空间，但在国内外联空间的竞争中，与国内其他中心城市相比，郑州市的综合实力相对较弱，辐射带动能力明显不足。在国际外联空间的分析中发现，郑州对外开放的主动性虽强但客观实力较弱。

郑州地处中原腹地，是典型的内陆城市，在拓展其国际外联空间过程中亟须解决位于内陆的区位劣势问题，加快融入全球经济活动的循环中去。现阶段我国大多数城市的发展依然在以拓展建设为主，城市的管理相对来说被忽略。郑州目前的城市发展也正处于大规模的建设阶段，通过积极融入“一带一路”战略来进行国际外联空间的拓展，可以引进国际先进的城市治理经验，逐步实现以建设为主向以建管并重，再到实现城市发展以管理为主的转变，进而实现管理方式的国际化，提高城市整体的运营效率。将城市的发展从量的增加转变到质的飞跃，提高城市的舒适度，提升居民的生活水平。郑州作为“一带一路”的重要节点，有更多的机会吸引国内外的知名企业到郑州投资，在经济活动量扩张的同时,促进经济质量的大幅提升。

1. 国内外联空间的拓展路径

国内外联空间的拓展依托公路、铁路枢纽和米字型高铁以及航空港为平台,完善连接国内主要城市的综合运输通道,构建全面开放的经济通道。首先要推进自身产业融合发展,壮大先进制造业和新兴产业,成为全国重要的商贸中心。围绕郑州建设国家中心城市过程中所面临的优势和劣势,强化自身的综合经济实力,提升郑州基础设施档次和综合承载能力,彰显城市特色和区位优势以提高高端要素资源的集聚能力,首先提高自身实力,这是拓展国内外联空间的基础。其次实施开放带动战略,加强与"一带一路"国内沿线城市的经济交流,借助优越的铁路交通优势加强和沿线城市的合作互动,强化郑州交通枢纽的对外开放功能,打造对内对外开放平台。郑州作为中部重要的经济中心,也是中原城市群的核心城市,同时还是我国重要的交通枢纽城市,对中部其他城市具有很强的辐射作用。自国家支持郑州建设为国家中心城市后,郑州就朝着全国乃至全球城市体系中的高等级城市迈进,建设国家中心城市是一项艰辛复杂的工程,更需要郑州加大深化改革开放的力度,大力拓展外联空间,而首要任务是拓展郑州的国内外联空间。具体来说,郑州拓展国内外联空间应考虑以下几个方面的内容。

(1)提高实体空间规模

现阶段,由于郑州存在经济总量较小、人口规模不大以及城市首位度低的问题,因此郑州与国家中心城市的标准具有较大的差距。目前,国家明确支持9个国家中心城市,与郑州具有可比性的为成都、广州、西安与武汉。2017年,郑州人口首位度为10.2%,经济首位度刚刚达到20%,而成都、广州、西安与武汉的人口首位度分别为19.3%、12.1%、23.2%、18.2%,经济首位度分别为37.6%、23.9%、34.1%、36.7%,都远大于郑州。因此,从以上分析可知,郑州在发展成为国家中心城市过程中最大的阻碍因素为首位度过低。于是,在发展过程中必须聚集大规模人口,尤其是高素质人口,同时也要扩张经济发展规模,扩大经济总量,从而提高郑州的人口首位度与经济首位度,以此增强郑州的聚集效益与扩散能力。

因此,首先要充分利用郑州的区位优势,大力发展物流产业,不断提升技术发展水平,积极学习、引进世界先进信息技术,从而推动其物流产业的优化升级,并随着郑州航空港经济综合实验区的建立,要明确其在国际航空物流中的中心定位。同时,郑州也要基于自贸区的建立,积极发展跨境 E 贸易,从而吸引国外顶级物流的聚集发展,此外也要与公路、铁路物流运输密切衔接,从而完善物流产业布局,将其做大做强。其次要促进产业结构的优化升级。郑州传统工业基础较为薄弱,因此要充分发挥其后发优势,积极发展先进制造业与服务业,推动制造业向服务化发展,促进产业链的延伸,同时也要促进城市地区第二、第三产业的融合发展。接下来,还要立足国家战略,借鉴国内外发展经验,推进机制体制改革,从而培育出新型产业、新型模式与新技术。最后,要积极应对我国社会主要矛盾的变化,满足消费结构优化升级的要求,从而提高居民服务产业发展水平与社会服务水平。

(2)充分发掘自身的比较优势

在拓展外联空间的过程中固然需要补足自身的劣势,但更重要的一点是注重发挥比较优势,将比较优势进行组合叠加,形成优势最大化,并把发展潜力转变为实在的生产力。首先发挥区位优势。郑州是我国综合性的交通枢纽中心,为各个方向的交通运输提供中转服务支撑,在国内城市的资金流、物流、信息流和客流的流动中凸显连接纽带和桥梁的作用。紧紧把握物流产业的优势,打造国家物流中心,以物流业作为拓展国内外联空间的渠道,通过物流产业的发展促进郑州产业结构变迁。其次牢牢把握国家战略支持机遇。河南是我国战略规划最多的省份之一,郑州更是成为一大批国家战略的实施要地。拓展外联空间就必须要将国家战略付诸到实际行动,将国家战略转化为实实在在的生产力。这就要求郑州结合自身发展的实际情况,在充分利用国家战略的基础上,有效进行空间拓展,促进郑州国家中心城市的建立。

(3)以创新驱动作为发展的动力源泉

在全国经济发展由高速增长转向为高质量发展的当前时期,经济发展的动力以创新驱动为主,创新是转变经济发展方式,建设现代化经济体系的重要战略支撑。但目前郑州创新资源相对匮乏,缺乏一流大学和科研院所,整体创新能力不足。在九个国家中心城市中,郑州的创新排行位居全国第二十一名,而其余八个城市的排名都集中在前十二名内。创新能力的提高不是一朝一夕能够完成的,它取决于城市科教资源的长期积累、城市的教育体制机制的调控和良好人文环境的长期保持。为此,借助郑、洛、新国家资助创新示范区和河南自贸区,推动跨城市产学研深度合作,多与其他城市进行科学技术的交流,并与国际知名科研机构进行项目合作。结合城市的产业特色和优势,建立属于自己的智库机构,在推进城市外联空间拓展的进程中,通过产业存量和增量吸纳更多的高端型人才,以引进高层次人才来推动创新驱动发展。

(4)注重外接空间优质拓展和协调发展

拓展国内外联空间的前提是提高在外接空间上的拓展量,大量优质的外接空间有助于郑州在建设国家中心城市中的进一步扩容,将郑州市的产业向外接空间发展,和周边的新乡、焦作、洛阳、平顶山、许昌、开封实现双向对接和一体化融合发展,疏解郑州实体空间功能是一种城市空间拓展的体现。今后一个时期内与毗邻城市之间建设相应的交通运输通道,打破"以邻为壑"的壁垒,突破传统地域保护观念,大规模建设交通基础设施,将外接空间打造为一个整体来对接外联空间。

2. 国际外联空间的拓展路径

郑州向国际外联空间的拓展具备几大优越条件,这些条件为郑州全面拓展外联空间打下了坚实的基础。第一,航空港区。航空港区是郑州拓展外联空间的最重要的平台,航空物流使得郑州作为内陆城市也能与国际全面接轨,同时使得郑州全面拓展国际外联空间成为可能。第二,"米"字形高铁枢纽。航空运输一般用于具有较远距离的空间来往,必然不能满足城市与外界的经济活动往来的所有需求,这方面,高铁弥补了郑州在国内外联空间拓展过程的中短途空隙。在我国,高铁的发展潜力巨大,高铁将成为经济活动交流在空间上的主要方式。第三,郑欧班列。航空运输虽然在速度和可达距离上占有优势,但运货量少、成本高是缺陷,而高铁目前只能局限在国内范围内,郑欧班列的开通极大地弥补了前两者的缺点,通过构建亚欧大陆通道,郑州制造将走出国门,走向世界,拓展了对外开放的渠道,同时又将其他国家的商品运回来,提高了城市居民的生活品质。郑欧班列成为郑州拓展国际外联空间的重要平台。第四,海铁联运班列。海上运输比火车运输更节省成本,且货运量更大。郑州到天津、连云港、青岛等港口的海铁联运班列已经开始运营,这表明郑州不仅能融入“丝绸之路经济带”,还联通了“21 世纪海上丝绸之路”,标志着郑州已全面对接国家的“一带一路”战略。通过海运使郑州能够在拓展国际外联空间过程中与世界其他城市进行大宗的商品交易,有助于提高郑州的对外经济活动量,从而加快国际外联空间的拓展速度。第五,跨境 E 贸易。郑州的跨境 E 贸易是河南省在创新驱动方面和外贸转型升级方面所产生的优秀成果,通过建设跨境电商领域独特的“郑州模式”,即电子商务、行邮监督、保税中心一条龙的通关监管模式,实现一秒快速通关、贸易单一窗口,使得郑州真正实现了“买全球,卖全球”。第六,河南自贸区。河南自贸区运营时间已近三年,在这段时间内自贸区大胆尝试融资租赁、跨境电商、航空维修等新兴产业的发展,目前发展势头迅猛,新兴产业不断聚集,通过现代交通物流体系和国际综合交通枢纽集聚了国内外大量的资源要素,积累、丰富了产业基础,是郑州拓展国际外联空间的坚强后盾,为郑州的对外开放创造了优越的条件。

具体来说,郑州进行国际外联空间的拓展主要是依托四条丝绸之路与国际接轨。四条丝绸之路分别是:陆上丝绸之路——郑欧班列、空中丝绸之路——航空港、网上丝绸之路——跨境 E 贸易、海上丝绸之路——“中原号”铁海联运班列。

第一,陆上丝绸之路——郑欧班列。以国际铁路班列为带动的内陆轴带辐射发展模式将内陆腹地推向外贸前沿,郑州作为“一带一路”重要的节点城市,依托国际大通道,通过“联通境内外,辐射东中西”的郑欧班列融入“一带一路”战略,还要继续解决中欧班列运行中存在的若干问题,仍需整合资源,强化市场主导和运营管理,推动中欧班列发展,做好“一带一路”的桥梁和纽带。除此之外,郑欧班列也能利用内地的高速铁路网,对接京广铁路和陇海铁路,完善国内的集散网络。

第二,空中丝绸之路——航空港。航空物流是临空经济发展的重要基础,郑州只有大力发展国际航空物流业,将“交通枢纽”转变为“物流枢纽”,才能借助临空经济弥补其不临海、不沿边的劣势。对郑州航空港经济综合实验区的发展统一规划,科学编制专业园区土地利用规划,吸引航空产业的入驻,加

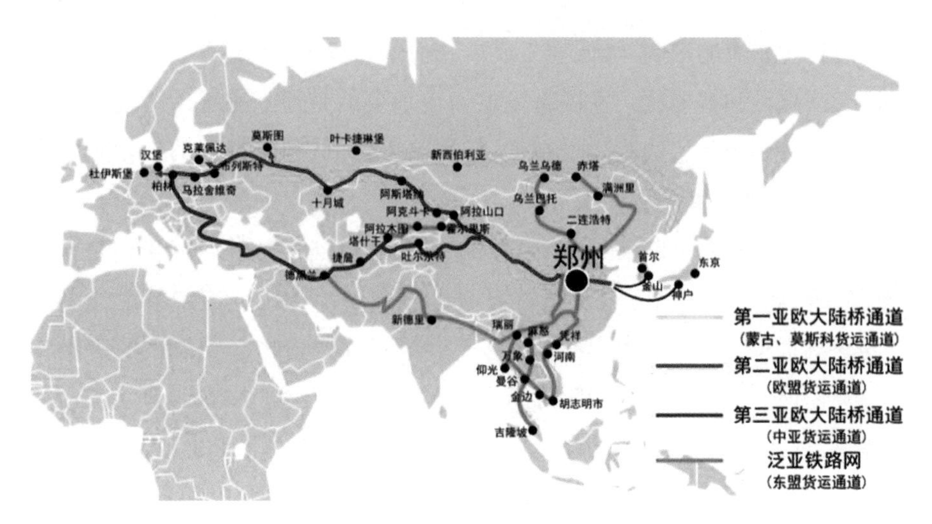

图 4—4　郑欧班列路线示意

强原有航空产业发展，形成航空产业集群，借助发达的铁路、公路交通实现与空港无缝对接的空陆一体化，促进内陆经济发展，实现全球资源配置。

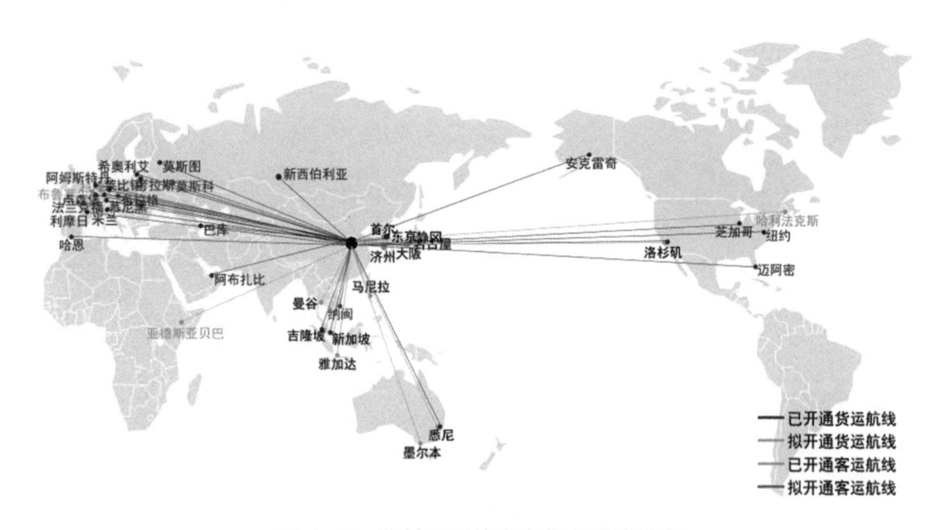

图 4—5　郑州国际航空客货运航线示意

第三，网上丝绸之路——跨境 E 贸易。随着信息时代的到来，互联网推动内陆地区与世界接轨，内陆的区位条件已打破传统的“地理区位决定论”。郑州航空港跨境电子商务可以借助一些知名度高的电商平台，利用其庞大的用户群提升自身知名度，打造自身品牌形象。跨境电商企业可在海外建立仓库,突破跨境物流的限制,降低物流成本,提升物流效率,推进跨境电商物流的标准化、信息化和智能化。发展跨境电商更重要的是建立完善的跨境电商信用平台,同时健全相关法律法规制度,信用是电商的保障,良好的信用和健全的法律保证跨境电商的稳固发展。

第四,海上丝绸之路——“中原号”铁海联运班列。“中原号”班列是豫北乃至豫、鲁、冀三省交会区域首条铁海联运班列,为河南省连通“海上丝绸之路”再添新通道,这将对豫、鲁、冀三省交会地区外贸货物起到强大的吸纳集聚效应,使该地区加快融入国际货运支撑体系。郑州位处中部,地理上与沿海港口较接近,距离最近的东部江苏连云港只有500多公里。因此,郑州发展的多式联运模型可充分利用其地理优势,除了中欧跨境和内地的集散网络,也应着重发展郑欧班列对接东部沿海港口,包括青岛港、连云港、天津港等。通过多式联运,郑、日、韩班列来往于郑州与韩国釜山和仁川、日本东京和大阪之间,可以开拓欧洲以外的日韩市场。

第五章　城市空间置换的理论与经验借鉴

一、城市空间置换的理论基础

1. 产业布局相关理论

（1）工业区位论

20世纪初，伴随着第二次工业革命的顺利完成，各种新技术、新发明被迅速运用到工业生产领域，工业得到快速发展，产业与人口向大城市集中的现象极为显著。在这一阶段，学术界开始关注工业区位选择的问题。韦伯（Alfred Weber）的工业区位论建立在费用最小原则的基础上，将特定的地点或者同类地点上进行生产活动所产生的利益称为区位因子，认为区位因子决定了生产场所[①]。运输成本、劳动费用和集聚（分散）三个因子是韦伯工业区位论的核心区位因子。在第一阶段，假设不存在除运费以外的区域成本差异，企业将会选择运费最小的区位。在第二阶段，加入劳动费用作为考察因素，企业将会选择运费和劳动费合计费用最小的区位。在第三阶段，在集聚和分散的获利要大于工业企业迁移产生运费的前提下，集聚和分散这两种相反的作用因子分别将工业企业吸引至集聚地区和分散地区[②]。集聚因子为企业带来了经济利润，通过企业在空间上的集聚，获取到企业间协作、分工和基础设施共建产生的经济利润，在这一阶段企业往往会选择迁移至集聚地区。分散因子是集聚

① 阿尔弗雷德·韦伯：《工业区位论》，商务印书馆1997年版，第115—152页。
② 阿尔弗雷德·韦伯：《工业区位论》，商务印书馆1997年版，第115—152页。

的相反作用，在产业集聚到一定规模后，会产生地价、劳动费上升等不利因素，企业在这一阶段会选择分散至生产成本较低的区位。

韦伯的工业区位论建立在追求经济利益的基础上，区位选择的目的是实现利润最大化，并且在第三阶段，企业通常会选择迁移以实现最大获利。值得注意的是，韦伯的工业区位论不仅仅适用于工业企业，对其他一般产业也具备指导意义。

（2）集聚经济理论

集聚经济理论解释了企业为什么能在集聚区获得更多的经济利润。19世纪末，马歇尔（Alfred Marshall）对英国一些传统工业的企业集群现象进行考察，发现企业集群与外部规模经济之间存在着密切关系。企业集群是基于外部规模经济而形成的，许多性质相似的小型企业集中在特定的地方，通过大批量的运输降低运输成本，通过信息共享降低了劳动力搜寻成本，协同创新的环境也能促进企业发展，因此，企业在产业区内的集中分布会获得外部规模经济收益①。

20世纪80年代，具有“竞争战略之父”之称的哈佛商学院教授麦克尔·波特（Michael E.Porter）从竞争力的视角分析产业集群的现象。他认为企业在特定区域或者特殊区域内，通过关联企业、供应商、专门化的制度、协会在地理上的集聚能达到提高市场竞争力的目的。这一过程通过集聚专业化生产要素、企业间共同享有生产设施和公共设施、生产分工、降低交易成本和信息交流成本等方式实现。

经济学家巴顿（K.J.Button）将产业集群理论进一步延伸，提出了企业集群理论。企业集群理论的研究重点放在企业创新上，认为企业集群是培养企业学习和创新的温床。一方面，企业通过知识外溢效应获得合作收益；另一方面，集群内企业彼此接近，增大了竞争压力，迫使企业不断改革创新，进行生产技术创新和管理创新以保持企业经济利润的稳定。

综合上述理论观点，在企业追求市场利润的前提下，无论是从获取外部规模经济的角度、提升竞争力的角度，还是从企业创新的角度，企业在地理位置

---

① 马歇尔：《经济学原理》，中国社会科学出版社2007年版，第615—633页。

上的集聚都能获得集聚经济收益。

2. 城市空间相关理论

（1）圈层结构理论

18 世纪就有学者对城市空间形态作出了研究。德国经济地理学家冯·杜能（Johann Heinrich von Thünen）认为城市空间应呈现圈层布局的结构。杜能在《孤立国同农业和国民经济之关系》一书中，构建了一个完全孤立的大型城市，假设城市以发展农业为主，充分讨论了农业、林业和牧业的布局，是最早研究产业区位论的著作。以孤立国为研究对象，以农场主追求土地收益最大的目标导向选择农作物进行生产，城市布局由内至外依次是自由式农业圈、林业圈、轮作式农业圈、谷草式农业圈、三圃式农业圈和畜牧业圈六个同心圆圈层①。虽然圈层结构理论与现代城市的研究背景不同，但它总结了城市发展与扩张的一般规律，为之后的城市空间结构研究奠定了理论基础。

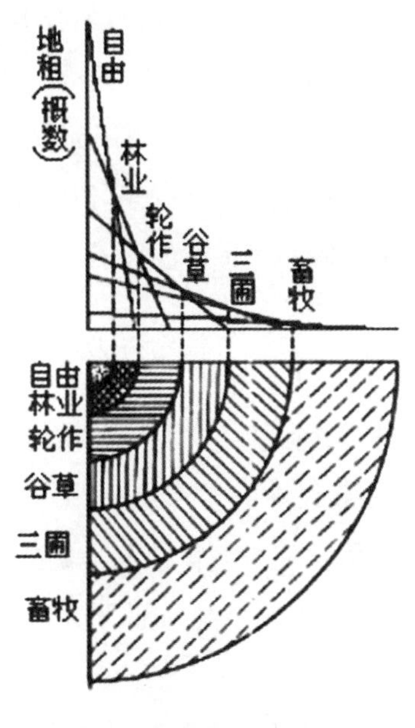

图 5—1　杜能圈层结构示意

① Melamid A., Thunen J.H.V., Wartenberg C.M., et al., "Von Thunen's Isolated State: An English Edition of Der Isolierte Staat", *Geographical Review*, Vol.57., No.4(1967), p.574.

（2）“田园城市”与“卫星城”

田园城市：霍华德（Ebenezer Howard）认为应该建立一种兼有城市和乡村优点的理想城市，城市无限制的发展与城市土地投机是资本主义城市灾难的根源。他建议将城市土地收归统一管理，以此限制城市的自发膨胀，以健康、生活和产业为考虑提出了新型城市方案——田园城市。田园城市的中心思想即疏散过度集中的城市人口，使居民返回乡村。

田园城市的城市人口有30000人，占地6000英亩，城市由一系列同心圆组成，同心圆中心是一个面积约145英亩的公园，6条宽约36米的林荫大道由同心圆中心放射出去，将整个田园城市分成了6个部门。沿中心公园规划建设图书馆、医院、博物馆、市政厅等公共建筑，公共建筑外围环绕一圈水晶宫供居民游憩休闲。环绕水晶宫外围的分别是居民区、学校运动场、工厂等，城市外围有仅供农牧业使用的永久性绿地①。

田园城市不同于一般意义上的花园城市。花园城市中的绿化用地是为了提升城市生态水平，田园城市是通过农田和园地在城市外围的分布限制城市用地的无限扩张。当城市人口超过了规定数量，就应建设另一个新的城市。

卫星城：1922年，昂温（Unwin）以霍华德田园城市为理论基础，在为英国伦敦制定咨询性规划时，提出要把伦敦的人口和就业岗位分散到附近的卫星城镇，以起到控制城市规模，疏解城市中心密集人口的作用，由此提出了卫星城的城市空间结构。

卫星城就是大城市外围应建立若干个卫星城镇，卫星城镇与母体保持着一定的距离，由农业或绿地进行隔离②。卫星城镇能提供就业岗位，又有住宅区和公共服务设施，因此具备独立的生产和生活功能。同时在行政管理、经济、文化及生活上又与其所依托的母城保留着一定的联系，并可通过交通通道进行联系。卫星城可以分担中心城市的一部分功能，是中心城市职能的延伸。

（3）三大古典模式

随着工业和现代服务业的发展，城市空间结构的呈现不能仅考虑农业产

① 吴志强、李德华：《城市规划原理》，中国建筑工业出版社2010年版，第28—30页。

② 吴志强、李德华：《城市规划原理》，中国建筑工业出版社2010年版，第28—30页。

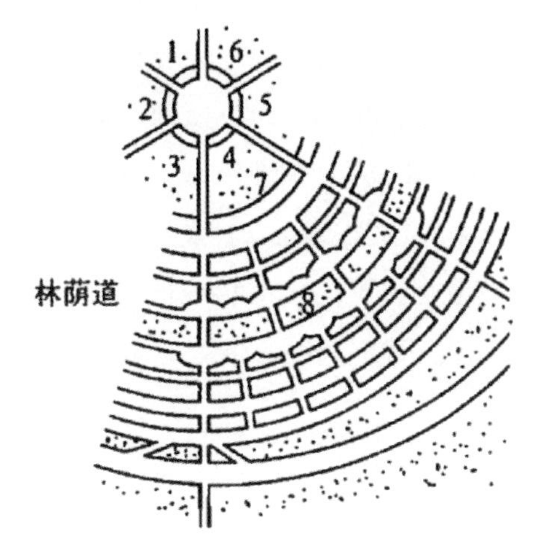

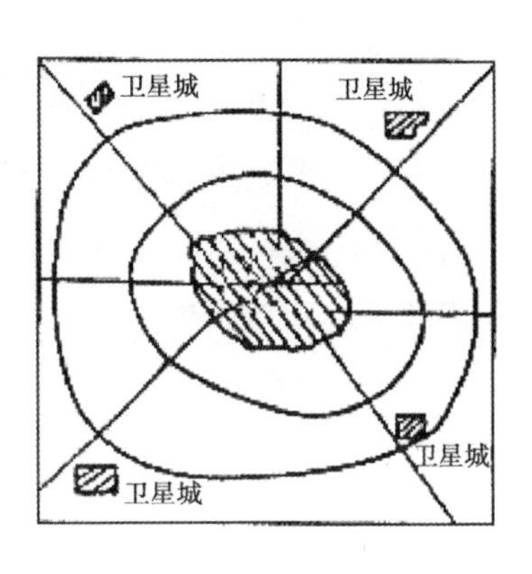

注：1 图书馆；2 医院；3 博物馆；4 市政厅；5 音乐厅；6 剧院；7 水晶宫；8 学校运动场

图 5—2　霍华德"田园城市"理论与昂温"卫星城"理论

资料来源：《城市规划原理（第四版）》，吴志强、李德华主编。

业的影响，工业及商业的发展、城市交通体系的逐渐完善都对城市空间结构产生了影响。1923 年，伯吉斯（Ernest Watson Burgess）通过对芝加哥城市空间发展现状进行研究，提出城市应呈现圈层结构布局的特征。伯吉斯假设城市土地是均质的，城市中心地价竞争最激烈，越远离城市中心的地价越低，将城市空间结构概念化为同心圆模式（如图 5—3 所示），由内到外依次为中央商务区、贫民集聚区、工人阶级住宅、中产阶级住宅和通勤区（郊区）①。同心圆模式揭示了土地利用的价值分布，越靠近中心城区，土地集约利用水平越高，中心商务区的土地集约利用水平最高，越靠近城市外围，土地集约利用水平就越低。

1939 年经济学家霍伊特（Hoyt）通过对美国城市的住房数据分析，租金除了受到距离城市中心远近的影响外，还因交通条件的不同而产生差异。以租金高低的空间分布为基础抽象得出城市空间结构的"扇形模型"。从空间格局上看，扇形模型的中心仍是中央商务区，考虑到放射性的城市交通线路的影

① 徐昀：《城市空间演变与整合》，东南大学出版社 2011 年版，第 10—14 页。

响,城市外围形成了面积不等的扇形结构①。区别于同心圆模型土地均质的前提假设,扇形模型“破碎的马赛克”结构更符合现代城市的实际情况。

1945 年,哈里斯(C.D.Harris)和乌尔曼(E.L.Ullman)两位地理学家认为同心圆模型与扇形模型过分强调了城市的单一中心,根据美国城市发展的现状,随着城市郊区化进程的加快和新型工业区的产生,城市在扩展过程中已经逐渐摆脱了对城市中心的依赖,开始呈现多个具备不同城市功能且具有一定独立性的“核心”,发展为“多核心”模式②。

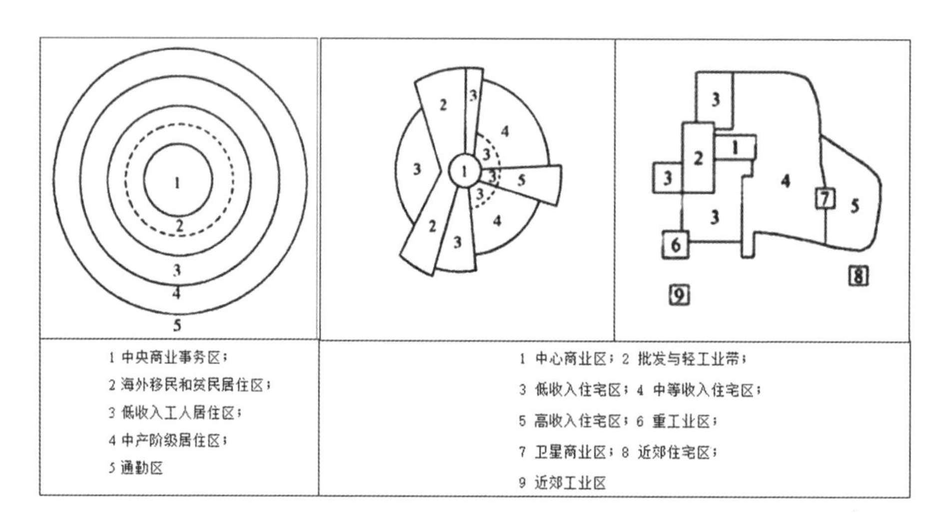

图 5—3 同心圆模型、扇形模型与多核心模型示意

资料来源:徐昀:《城市空间演变与整合》。

(4)城市更新与旧城改造

城市更新是指将不适应现代化城市发展的地区作出有计划的改造。1958 年 8 月,荷兰第一次召开城市更新研讨会,并对城市更新的内涵做了较为详细的说明:随着经济的发展与社会的进步,城市中的人们对住所、生活环境、出行方式、娱乐设施以及购物场所的种类有了新的期望与要求,对现存的设施存在一定的不满。于是,居民将对自己的住所进行修缮与改造,要求对街道、公园

① 徐昀:《城市空间演变与整合》,东南大学出版社 2011 年版,第 10—14 页。
② 徐昀:《城市空间演变与整合》,东南大学出版社 2011 年版,第 10—14 页。

和条件较差的住宅进行改善并早实施,从而形成更优雅的生活环境。而包括以上行为的城市建设活动可以称为城市更新。

其中,城市更新是为了让城市以新兴的功能代替衰败的空间,从而使城市重新焕发发展活力,其更新途径为将衰落区域进行拆迁、改造、建设。而城市更新的对象主要包括两个方面:一方面是对城市中存在的实体建筑进行改造(例如居住房屋、交通道路等);另一方面是对生存环境的改造与延续,其中包括文化环境、生态环境、视觉环境与空间环境等。在欧美国家,城市更新开始于第二次世界大战后,该地区的城市更新最初表现为不良住宅的改造,其后逐渐发展为对城市其他功能的改造,并将土地使用功能需要转换的地区视为改造重点,将城市更新的目标视为解决影响或阻碍城市发展的问题,例如交通堵塞、环境污染以及人口拥挤等,因此该城市问题的产生既包括环境方面,又包括经济方面与社会方面。

城市更新的方式主要包括以下几种:(1)再开发(redevelopment)。再开发对象主要是指与城市人口生活相关的要素,例如建筑物、基础设施以及公共服务等发生恶化的地区。并且这些要素已不能通过再开发以外的其他方式满足城市居民生活需要。这种难以满足的生活需要将会降低城市居民的生活质量,甚至阻碍城市的经济社会发展。于是,必须对整个地区设计全新的、合理的使用方案,并拆除原有的建筑物。并且,在旧城区改造过程中要综合考虑多种因素,统筹规划,例如不仅要考虑建筑物的规模与公共活动空间的设置,还要考虑街道是新建还是仅拓宽以及城市空间景观等。因此,在再开发前应该对区域发展现状、建筑物布局以及相邻区域的状况做充分的调查。而重建是一种改造程度更大的更新方式,但是这种更新方式产生的后果具有两面性,它既可能对城市空间环境与社会结构等方面产生有利影响,但是也可能产生不利影响。同时,重建过程的投资也具有一定的风险性,因此城市更新实施者不会轻易选择重建的更新方式,除非是没有其他可行的方案时才会选用该方法。(2)整治改善。整治改善的目标对象为由于缺乏定期维护而导致的设施陈旧老化、建筑物破坏以及环境质量较低的尚可以使用的设施。与重建相比,整治改善所需要的周期较短,并且能够降低由于安置居民而产生的压力以及前期资金投入压力。这种城市更新方式适合设备陈旧但无须重建的需要更新的地区。其中，整治改善的目的不仅是防止设备继续损坏，更是为了提升待更新地区居民的生活质量。(3)保护。保护作为城市更新的方式之一，适用于历史古迹保存状态较为完好的历史城市及城区。并且，保护所引发的社会结构变化最小，同时环境资源消耗也最小，保护也可以称为是一种预防性的措施。对于历史城区的保护，更加注重对外部环境的保护，突出强调保护地区居民的生活质量。因此，在保护历史城区时要保护好历史传统与环境，保护好留存下来的历史遗迹。同时，要加强社区群众保护历史古迹的思想教育，引导群众积极参与到保护历史城区的活动中来，同时也要保障与完善现代居民的生活需要，提升基础设施建设水平，改善居民居住条件。保护除了改善物质形态环境，还应该对建筑用途、建筑密度以及人口密度等作出明确的规定。在以上的分析中，我们虽然把城市更新明确地分为三类，但是在实施过程中，常常将这几种方式混合使用。

旧城改造是指将特定区域或整个地区，有顺序的改造及更新老城区的物质环境，从而从根本上优化劳动、休息等环境。该方式既能表现城市的发展过程、城市空间结构优化以及基础设施完善的过程，又能显示物质成果，反映出当时城区的建筑物及基础设施建设情况。旧城改造过程是持续不断的，它是由城市的发展速度与方向决定的。其内容主要包括：(1)优化城市规划结构，在行政区划范围内，实施合理、高效的土地分区与城市用地规划；(2)净化城市环境，采取多种形式的措施减少工业三废的排放，并通过增加绿化面积的方式提升空气质量，开阔空间利用状况；(3)优化城市工业产业布局与结构调整；(4)建立完善的城市交通体系；(5)完善城市基础设施建设，改善居民生活环境，将旧街道改造升级为功能健全的现代化居住区。

城市更新与旧城改造的不同主要体现在以下几个方面：(1)改造项目不同。城市更新主要是为了健全城市功能，提升土地利用效率，引导城市产业向集约化与高级化发展，促进产业链的延伸，现阶段主要以城中村、旧工业园区以及旧商业区为城市更新重点。而旧城改造则是为了改善居民的生活环境、完善基础设施建设与提升公共服务水平，从而消灭危旧住房，保障人们基本生活质量。(2)改造运作模式不同。在城市更新过程中，政府、市场与开发商等多种主体共同发挥作用，其中政府发挥引导作用，市场发挥主导作用，而开发商则是根据市场规则，通过商品开发而实现盈利的目的；而旧城改造过程中政府发挥着决定性作用，该活动的实施方式由政府决定，并且政府为其提供资金支持，并且政府在此活动中发挥着主导作用。同时，在此过程中国企为改造主体提供服务并获取相关的服务费用。（3）改造政策不同。两者的改造行为虽然都属于旧城改造，但是却执行不同的法规政策。（4）赔偿标准不同。由于市场在城市更新过程中发挥主导作用，因此城市更新属于市场行为，所以权利人得到的赔偿以“拆迁赔偿”为标准；而旧城改造则是由政府主张，其依据为政府颁布的棚改征收政策，因此权利人得到的补偿以“拆除补偿”为标准。

综上所述，随着城市化进程的不断推进，城市空间布局优化及城市质量提高都需要进行旧改，虽然城市更新与旧城改造具有一定的差异，具有不同的适用范围，但是在城市不断地发展与改造中，二者是相互作用的关系，共同推动城市改造的进程。

（5）腾笼换鸟理论

腾笼换鸟策略是一种产业结构调整和产业升级策略。最早由广东省作为转变经济发展方式，加快经济结构调整的战略举措而提出。“笼”是对区域空间的形象化表达，“鸟”指的是产业。“腾笼换鸟”即由于土地资源、环境资源及其他资源的限制，该区域迁出或淘汰区域内低端产业，引入并发展高端产业，从而完成区域内的产业置换、产业结构调整和产业升级。

“腾笼换鸟”在世界经济发展史上相当普遍，一个区域或经济体的产业升级必然是一个“腾笼换鸟”的过程。目前，以珠三角和长三角为典型的东部沿海发达地区正在经历“腾笼换鸟”的过程。

“腾笼换鸟”是经济发展到一定阶段而自然发生的产业转移现象，政府在这一过程中可以起到一定的引导和推动作用，但过于急迫地推进则可能使“腾笼换鸟”区域面临“产业空心化”的严峻问题。我国最有名的腾笼换鸟案例有：

广东的腾笼换鸟政策是指产业转移与劳动力转移政策，又称“双转移”政策。具体而言，产业转移是指将珠江三角洲的劳动密集型产业向劳动力丰富的东西两侧与粤北山区转移；而东西两侧与粤北山区丰富的劳动力不断向当地的第二、第三产业转移，同时高质量的劳动力不断向以珠江三角洲为代表的发达地区转移。广东"双转移"政策最值得借鉴的经验为改变高能耗、高投入、高排放式的粗放型经济发展战略,从而实现质量与效益协调增长,经济与社会协调发展,最终使人民群众过上持续的、长久的幸福生活。腾笼换鸟政策也需要"一石三鸟"的辅助支撑,其中"一石三鸟"是指:新体制牵动、新机制驱动、新产业拉动。而"倒逼机制"却发挥着最重要的作用,例如对于能源、电、资金等资源都严重短缺的地区,却能够"倒逼"企业进行产业结构优化与升级,改变原先高能耗与高投入的发展方式,"倒逼"政府相关部门不断转变职能,从而推动当地产业结构调整;对于土地资源短缺的地区,能够"倒逼"企业与政府改变土地利用方式,提高土地利用效率,促进土地利用向集约化方向发展。城市的经营者与管理者能否产生"逼迫"感,主要在于其思想的前卫性;而"腾笼换鸟"政策成功的关键因素在于投资强度、产出密度、效益高度和环保水平能否有显著的提高。

浙江的腾笼换鸟策略为:浙江位于我国东部沿海地区,是我国经济发展最快、活力最强的省份之一,同时也是人均生产总值较早达到3000美元的省份之一。但是,浙江省的经济在快速发展了近30年后,突然意识到发展过程中的"制约障碍",切实地体验到耕地减少、环境污染及成本攀升等现实问题的阻碍。但是,归根结底该问题产生的原因是该省份粗放的经济发展方式、产业结构布局不合理。如果不进行彻底的"腾笼换鸟",该地区的发展前景将越来越小,发展机遇也逐渐减少,逐渐成为长期阻碍地区发展的障碍物。2004年底召开的浙江省经济工作会议就指出:"天育物有时,地生财有限,而人之欲无极,浙江必须凤凰涅槃,浴火重生。"有关专家指出,以此为标志,浙江的产业布局进入"腾笼换鸟"期。为此,浙江采取三大方略,实施"腾笼换鸟":优农业(用生态农业、精致农业代替传统农业)、强工业(用新型制造业改造提升传统产业)、兴三产(靠"楼宇经济"缓解土地压力)。腾笼换鸟,让浙江经济的综合实力和竞争力得到了很大提升,浙江人民的生活环境得到明显改善。浙江许多地市探索出腾笼换鸟的不同路子,如宁波市提出的换上循环经济之"鸟"、温州市探索的让本地"鸟"和外来"鸟"比翼齐飞、绍兴市的腾出"低小散"换来"高大优"等。

香港的腾笼换鸟策略为:祖国大陆改革开放之初,香港的人均GDP只有五千美金左右,也就是工业化基本完成,后工业化开始全面进入发展序列,可这时香港已没有更多的土地资源和水资源支撑了。而此时祖国大陆方面正值改革开放之初,所以有意无意中,香港开始了"腾笼换鸟",将原来前店后厂式的生产方式逐渐向大陆转移。从1978年至1998年的20年间,香港基本完成了第二产业置换的全过程,共向大陆转移了5万多家企业,留在香港的企业不足原来的10%。其中70%被转移到"珠三角"(以东莞、深圳为主),另外30%转移到福建等其他地区,由此开始了20世纪80年代"珠三角"的崛起,出现了广东"四小虎",出现了"三来一补"模式,广东成为世界上最大的加工厂,但同时也成了世界垃圾场。

3. 小结

本部分首先论述了产业空间布局理论。根据韦伯的工业区位论可知,由于利益驱动,企业通常会选择生产成本最小的区位。企业获取了运输费用最小和劳动费用最小的利益后,会因集聚因子的吸引迁移至产业集聚区以获取集聚经济利润。集聚区能为企业带来外部规模经济,企业在集聚区内通过竞争和企业创新提高生产技术水平。实践证明,集聚是现代企业区位选择的一般趋势。

反观中国城市产业布局的现状,企业的区位选择往往不是最优的。在城市发展初期,传统产业零星布局,随着城市建城区面积的不断扩张,这些产业逐渐占据了城市的中心位置。例如在计划经济时期规划建设的老工业基地,看似在一个区域内集中了大批企业,但企业之间专业化分工程度不高,只能称为产业的集中区,与产业集群的本质还有很大的差别。老工业基地并不能为企业带来集聚经济利润,反而由于中心城区土地利用成本较高、生产水平落后,企业收益逐年下滑,整个城市的综合收益也未能达到最大化。随着我国产业结构的调整与科学技术的创新,老工业基地也迎来了转型发展的机遇,实现由传统工业基地向市场经济意义上的产业集群迁移,并且在这种迁移的过程中摒弃以往高污染、高耗能的生产方式,引进先进的生产技术与管理经验,是老工业基地转型发展的新思路,也为城市中心的其他传统产业的转型及发展提供了经验借鉴。

接下来本部分论述了城市空间发展的相关理论。Thunen的圈层结构理论中，城市主要以发展农业为主，虽然与当今社会的生产方式有很大的不同，但它总结了城市发展的一般规律，为之后的城市空间结构研究奠定了理论基础。圈层结构以农场主的地租收益最大化为目标，这种土地利用收益最大化的思想仍适用于现代城市空间布局。即城市中心应发展土地集约利用程度最高的产业，越远离城市中心，土地的集约利用程度就越低。但如今中国很多城市的空间结构现状并不能实现土地利用的效用最大化。改革开放初期，为了实现经济快速发展，中心城区往往规划着工业生产基地，传统市场也如雨后春笋般出现。但是随着经济的发展和城市的转型，这些产业已逐渐落后于城市的发展，造成城市中心土地的集约利用程度不高，城市空间资源浪费等问题，成为城市转型发展的阻碍。一方面，经济社会的快速发展对城市空间产生了急切需求；另一方面，历史遗留问题造成中心城区城市空间资源的浪费。由于缺少整体性的城市规划，为了拓展城市发展空间，城市开始呈现"摊大饼"式向外延伸，建筑物"见缝插针"，产生了城市交通拥堵、生态空间受损、城市面貌差等"大城市病"。

我国城市的发展现状与20世纪初霍华德所经历的城市面貌有着相似之处。霍华德认为土地投机是城市扩张和其他一切城市问题产生的根源，要抑制城市过度膨胀，就要将土地归于公众所有，由管委会统一管理，强制地在城市周围保留一定的绿地，通过绿地控制城市扩张。田园城市是一种"乌托邦"式的理想城市，具有一定的局限性，日本在1958年《第一次首都圈计划》中强制性地在东京外围布局绿化带以限制城市的扩张，却没有取得预期的效果。昂温的卫星城镇布局对我国城市发展更具借鉴意义。经实践检验，在城市外围布局卫星城镇是现代城市管理的科学模式，伦敦、巴黎和东京等超大型城市都在应对城市扩张的进程中布局了卫星城镇，以起到疏散中心城区城市职能的作用。

根据我国的现实情况，中心城区外围往往布局着产业集聚区，产业集聚区在一定程度上与卫星城镇有着相似的功能。有了产业的集聚，就能提供就业岗位，就会有人口的集聚，就能起到疏散大城市人口的作用。随着产业迁移至集聚区，人口、资本等生产要素在产业集聚区集聚，在学校、医院、图书馆、城市公园等配套基础设施建设完成后，集聚区内会逐渐形成稳定的居民区，产业集聚区就不仅起到了“生产”的职能,也起到了“生活”的职能。根据世界各国的实践经验,城市职能比较单一的卫星城镇难以起到疏散大城市人口的作用,规划建设卫星城镇的同时,不能只注重卫星城镇的生产职能,应完善卫星城镇的基本公共服务体系,才能长期而稳定地疏散城市人口。因此,对产业集聚区的规划就要着重加强产业集聚区的基础设施建设。

根据芝加哥学派的城市空间结构研究,城市空间的发展经历了由“单核”到“多核”的转变。圈层结构模式和扇形模式以中央商务区为核心,随着城市规模的扩大,逐渐形成了各具特色的城市功能区。与“单核”空间结构相比,“多核”空间结构的优势体现在能疏散城市中心的人口及产业,这就与上述卫星城镇的空间布局有着相似的优点。

根据产业发展理论和城市空间的发展规律,为了应对现代城市发展过程中出现的诸如城市无限扩展、人口过度集中、交通拥堵、建筑物密集、城市面貌差等城市问题,将不符合中心城区发展目标定位的产业疏散至城市周边的产业集聚区内,实现产业带动城市“多核”发展。并在产业转移至集聚区的过程中,提升生产技术水平、优化管理模式,获取集聚经济利润。综上,产业外迁是实现产业转型升级与城市空间可持续发展的创新思路。

最后,又从旧城更新与城市改造、“腾空换鸟”等现代城市空间发展理论,以及国内外发展的实践阐释了城市空间置换与重构的动态过程。这些理论为课题的深入研究提供了重要的理论支撑。

二、空间置换及其效应

1. 相关概念界定

(1)产业外迁

目前,关于“产业外迁”的相关文献只有 37 篇,其中 15 篇属于期刊文献,其余全部来源于报纸、会议论文。国内关于产业外迁的理论研究较少,因此学术界尚未对产业外迁达成一致的概念界定。借鉴产业转移的概念,即指随着经济的发展,发达地区将部分产业以跨区域投资的方式转移到发展中地区,从而在产业的空间分布上表现出该产业由发达地区向发展中地区转移的现象。参照产业转移的概念,将产业外迁定义为产业转移的一种特殊形式,这种产业转移是在政府的规划引导下进行。将发达地区特定为城市内部中心城区,将发展中区域特定为城市边缘地区,得到产业外迁的概念界定:为了顺应城市和产业发展需要,在政府的宏观规划下,中心城区的部分企业将部分产业的生产转移到城市边缘地区进行,从而在空间上表现出该产业由中心城区向城市边缘地区转移的现象。

(2)空间效应

根据本部分研究范围,空间效应即指城市空间效应。效应是在特定的环境下,一些因素和一些结果构成的一种因果现象。空间效应即一些因素和城市空间构成的因果现象,即这些因素对城市空间带来了某些影响。城市空间是城市进行各种活动的载体,一般可分为城市生产空间、城市生活空间与城市生态空间等。综合而言,空间效应的第一层含义是指外界因素的变化对城市空间布局产生的影响,如优化城市产业布局、扩大城市生态空间等。第二层含义不仅仅局限于对空间布局的影响,而是在空间范围内,某些因素对城市空间所承载的经济、人口、社会发展、城市生态等带来的变化。

(3)城市空间重构

现阶段,国内外尚未对城市空间重构达成一致的定义。“重构”原指通过调整程序的代码以提高软件的质量、性能。重构是对设计的补充,软件起初是因满足某种特定的需要而被设计产生,但由于技术更新换代、时间的因素以及客户需求的改变,不可避免地需要改变软件的原始设计构架,但这种改变只对内部结构进行调整,即软件“重构”。

城市空间结构自规划以来并不是一成不变的,同软件“重构”一样,由于外部经济条件、政策规划、社会、人文环境和居民需求的变化,城市空间结构不可避免地要进行调整以完善城市功能。将“重构”运用于城市空间结构,第一层含义是指城市建设用地类型进行调整产生的城市空间范围内用地结构的变化;第二层含义是指除土地利用结构之外,由于各种动力因素(政策规划、经济转型、自然环境、社会发展等)的作用,城市空间所承载的文化、经济和社会活动随之发生的变化。并且,外力所带动的城市空间结构的变化不是静止的,而是处于持续动态发展的过程中。综合上述观点,本书所研究的城市空间重构包含上述两种含义,即产业外迁所带动的城市用地结构和产业空间、经济结构、居住空间、交通布局等随之动态变动的过程。

2. 空间置换的空间效应

(1)缩小区域经济发展差距

根据区域经济发展梯度转移理论,高梯度地区通过不断创新并向外扩散求得发展,低梯度地区通过接受扩散或寻找机会实现跳跃式发展。顺应产业梯度转移的优势,将城市中心部分主导产业转移至城市外围区域,能缓解城市区域经济发展水平差距较大的问题。产业外迁既是中心城区加快经济发展的需要,也是城市外围地区实现跨越式发展的重要动力。产业承接地多位于城市外围区域,随着产业转移至产业承接地,生产资源、劳动力、技术、信息等要素也以最快的速度流入承接地,辐射带动城市外围区域经济发展。同时,传统产业在外迁过程中转型升级,具备更广阔的发展前景,为城市外围区域的经济发展增加后续动力。

(2)促进土地集约利用

土地集约利用就是指通过增加对土地的投入,获得更多产出的土地经营模式。一般情况下,单位土地面积上资本、技术和劳动力的投入越多,土地的集约利用水平也就越高①。产业外迁之前,传统产业占地面积大、生产效率低,总体呈现土地粗放利用的模式。通过将这类落后产业外迁至产业集聚区内,将产业外迁置换的土地资源统一收回,在提升土地集约利用效率的目标导向下重新规划建设产业外迁置换空间,适当倾斜到低投入、高产出的行业,促进土地集约利用,提升城市空间的总体效益。

(3)疏解中心城区人口密度

中心城区人口过度密集导致房价快速上升,环境污染加剧,交通严重堵塞,居民生活成本提高。根据东京等世界上特大城市的经验,疏通城市中心人

---

① 邵晓梅、刘庆、张衍毓:《土地集约利用的研究进展及展望》,《地理科学进展》2006 年第 2 期。

口密集症结的最有效方法是跟随产业进行人口迁移①。以产业外迁为带动,在产业承接地具备较为完善的公共服务设施后,产业承接地会形成相对较为稳定的人口密集区。产业外迁政策的实施实现了“先有产业后有城”,促使城市空间结构由“单中心”向“多中心”模式转变,以此疏解中心城区人口密度。

(4)置换空间集聚高端要素

实现城市高质量发展,必须要有人才、科技、金融、信息、品牌等“高端要素”的支撑。产业外迁政策的实施转移了中心城区劳动密集型产业,为发展高端产业腾挪空间。中心城区只有外迁落后产业,营造更加有利的产业发展环境,才能持续增强对高端要素的吸引力,增强经济发展的动力和活力。

(5)扩大城市生态空间

城市生态空间是指能为城市提供生态系统服务的空间,一般包括城市绿地、城市森林、农用地、城市水域和未利用土地②。随着城镇化、工业化进程的加快,城市建设规模不断扩大,对经济增长的过度追求致使城市生态空间遭受挤压。产业外迁置换的空间可以规划建设为城市绿地和林荫公园等,为城市生态空间的建设提供空间资源,为城市规划“留白增绿”,重构城市生态系统,增强居民幸福感,处理好城市建设和生态空间之间的关系。

(6)提高新区产业发展水平

首先,外迁产业能享受日渐完善的配套基础设施和高效率、集中化、专业化的服务,集聚区不仅是生产中心,也是信息中心和技术中心,产生的“洼地效应”能够提升企业知名度,形成企业竞争优势。其次,集聚区内生产链的分工细化能提高企业的生产效率,降低生产费用。具体表现为集聚区内企业的分工与合作减少原料产品的成本和交易费用,专业生产链条分工细化和商品的集中采购降低了制造费用,产业集聚带动的劳动力资源共享降低了劳动力成本。最后,集聚区内企业的生产性质相似,面对的市场也大多相同,以此增加了企业的竞争压力,促使企业不断进行技术创新和管理创新,不断提高产品

---

① 张京祥、邹军、吴启焰、陈小卉:《论都市圈地域空间的组织》,《城市规划》2001 年第 5 期。

② 王甫园、王开泳、陈田、李萍:《城市生态空间研究进展与展望》,《地理科学进展》2017 年第 2 期。

质量和服务水平。

(7)完善新区基础设施建设

城市新区是指为了解决城市问题,疏散城市产业及人口而规划建设的新城区,城市新区一般具有独立性与完整性。由于规划建设较晚,新区的基础设施水平相对较为落后。基础设施是保障新区经济发展和人民生活正常进行的必要物质条件,只有基础设施水平达到一定标准,才能完善新区的居住功能,形成以产业为依托的城市居住区。随着产业外迁的推进,城市新区承接了中心城区发展过程中外移的产业和人口,集聚经济的内在吸引力也会吸引大量配套产业进入城市新区,学校、医疗卫生、交通设施、养老服务等公共服务机构得以建设。产业外迁带动新区基础设施持续建设,是完善社会基本公共服务体系的重要一步。

(8)根治环境污染难题

中心城区环境污染难题的解决途径不应仅仅加大环境保护的财政支出,产业发展与生态环境之间的矛盾来源于传统产业经济发展方式粗放、设备老旧、产业工艺落后、产业空间结构不合理等问题。只有从根本上找到能协调经济、社会与环境的城市空间结构与土地利用模式,并在重构产业布局的过程中脱胎换骨式地改变工业生产方式,规范企业管理,才能协调生产与生态之间的关系。只有将城市落后产业外迁至产业集聚区,优化产业布局,才能"根治"中心城区环境污染难题。城市空间布局应遵循圈层结构发展理论,内圈层发展商业、金融、服务业等低污染产业,外圈层设立城市工业区,减少城市中心大气、噪音等工业污染。同时,通过技术升级、设备改进等方式减少企业污染物排放,实现产业园内废水循环利用和污染物集中处理,促进企业履行环境保护责任,双向减少城市污染。

三、城市空间置换的国内外经验借鉴

1. 北京非首都功能疏散的经验借鉴

北京是我国的首都,在经济社会不断发展的同时,由于集聚了过多的人口和城市功能，出现了城市生态承载能力严重超负荷、人口拥挤、交通拥堵、住房紧张、环境恶化、入学难、就医难、公共安全存在隐患等多种城市问题，这与首都的城市定位严重不符。2014 年 2 月 16 日，习近平总书记明确提出，要坚持和强化首都“全国政治中心、文化中心、国际交往中心、科技创新中心”的核心功能。2015 年 2 月 10 日，习近平总书记在中央财经领导小组第九次会议上指出，要疏解北京“非首都功能”，作为一个有 13 亿人口大国的首都，不应承担也没有足够的能力承担过多的功能。中共中央政治局 2015 年 4 月 30 日召开会议，审议通过《京津冀协同发展规划纲要》。《纲要》指出，推动京津冀协同发展是一个重大的国家战略，提出了从中心城向外围疏解非首都功能、同时降低中心城人口占全市比重的要求。这个要求实际上是在中央层面承认了北京市的城镇化进程已经从“向心集中”阶段转入了“离心疏散”阶段。规划将北京地铁 6 号线通至河北燕郊、大兴线通至河北固安、房山线通至河北涿州。

非首都功能指那些与首都功能发展不相符的城市功能，北京非首都功能的分散方向如下：部分行政事业性服务机构向通州疏解。学校、医院等社会公共服务机构主要在北京内部疏解，即从北京中心城区向周边各区疏解。针对一般性产业，特别是一些高能耗产业、非科技创新型企业和一些科技创新成果转化型企业，以及高端制造业中缺乏比较优势的生产加工环节，应疏解至天津和河北地区，实现京津冀地区协同发展。物流基地、批发市场、服务外包和健康养老等服务产业也要实现向周边地区转移。由于北京规划发展的金融业主要集中在金融管理方面，针对金融后台服务业，一些金融创新资源应向天津转移，服务后台活动等应向河北转移。

北京非首都功能的疏散，为产业外迁提供了如下经验借鉴：

(1)明确城市发展定位，制定疏散清单。北京的城市战略定位为全国政治中心、文化中心、国际交往中心和科技创新中心，为了更好地实现城市定位，应将不利于实现城市发展目标定位的功能疏散出去。为此，北京市制定了一系列产业疏散清单，如《北京市工业污染行业、生产工艺调整退出及设备淘汰目录》《北京市新增产业的禁止和限制目录》等，为产业疏散提供了明确的范围界限。

(2)规划建设产业承接地，实现产业有序承接。为了保障疏散产业的持续发展,应积极打造产业承接地。北京对非首都功能产业的疏散制订了详细的产业承接计划,天津和河北地区是最主要的产业承接地。与天津合作共建滨海中关村科技园、宝坻京津中关村科技城及五大创新社区,与河北合作共建保定中关村创新中心、石家庄集成电路产业基地等创新创业载体,秦皇岛将建成非首都核心功能承接平台、公共服务功能承接平台等六大核心承接平台。2017 年 4 月 1 日,国家设立雄安新区,与北京城市副中心形成北京城市发展的“两翼”,用于集中疏解北京非首都功能,共同承担起解决北京“大城市病”的重任。

2. 欧美国家城市空间的外迁

在美国,随着郊区化进程的不断推进,逐渐形成了“边缘城市”。在第二次世界大战之后,美国是郊区化国家的典型代表。1970 年,美国郊区的人口比重已超越中心城市地区,随之各项经济活动也逐渐向郊区转移。并且,随着美国汽车制造业及交通业的发展,为城市中心人口迁移提供了良好的条件,加速了郊区化的进度,使制造业、服务业及零售业甚至金融业都向郊区迁移。据统计数据显示,美国边缘城市数量大致为 200 个,且 2/3 的写字楼也都建在此地,而这些写字楼大多数是从 20 世纪 80 年代开始建设的。

英国的伦敦为解决城市内人口密度过大而引发的一列问题,该政府根据霍华德(Howard)的“田园城市”理论,疏散了城市内部人口及产业,从而促进了新城的形成。1940 年,伦敦设想在农业区建立 8 个新城,以此吸收伦敦内部转移出的人口与产业,但是在以后的实施过程中该设想也不断进行完善与调整。英国的新城开发过程大致可以分为三个阶段:第一阶段为 1946—1955 年的第一代新城,该时期内的新城建设以哈罗(Harrow)为代表。该新城建设的目的是吸引大城市过剩的人口,并以规模小、密度低、功能分区明显、较多注重社会效益而较少注重经济效益为特点。第二阶段为 1956—1966 年的第二代新城,该时期内的新城建设以郎科恩(Runcorn)为代表。该城市以规模较大、建设综合性功能区为特点。第三阶段为 1967—1976 年的第三代新城,该时期内的新城建设以密尔顿·凯恩斯(Milton Keynes)为代表。该时期内的新城大都是在老镇开发新的工业区与居住建筑区而形成的,并将规模较小、难以继续开发的老镇进行了合并。伦敦的第一代与第二代新城建设呈现出规模较小、功能分区明显、强烈依赖中心城市支撑的特点，但随着建设结构与模式的不断调整，逐渐发展成规模较大、功能分区淡化、就业机会充足以及具有反中心城市“磁力”的第三代新城。

与英国伦敦发展状况相似，法国巴黎在第二次世界大战后也遇到了人口密度过大以及战争导致的城市发展无序的问题。为解决此问题，法国巴黎在周边小城镇的基础上发展了新城。同时，巴黎为解决在战争期间逃离巴黎而在战后重返家园的人口问题以及乡村间人口分布不平衡的问题，其市政府在1965年提出了《巴黎地区政治和城市规划指导方案》，该方案提出在巴黎周边地区建设过程中形成，以此来弱化巴黎的核心聚集作用，从而降低当地的人口密度，改善交通拥挤的状况。与英国伦敦的郊区化新城建设模式不同，巴黎市周围具有发达的小城镇，于是巴黎政府在小城镇基础上建设了住宅区，并形成了包括商业、服务业及娱乐业等具有综合功能的产业，使原来的小城镇成为新型的城市建设中心，对周围地区具有一定的吸引力与扩散作用，从而形成了一个全新的城市网。此外，巴黎市政府为了通过分散工业从而促进新城发展，禁止在巴黎继续建设或者扩建工厂，并且修建了较多的能通入农村及落后区域的公路与铁路。

3. 日本首都圈建设的经验借鉴

20世纪50年代，日本进入战后经济快速复苏的阶段，以东京为中心的首都圈人口集中、产业聚集的现象开始显现，城市无秩序扩大、居住环境恶化、交通拥挤、公共设施不完善、住宅不足等大城市弊端越发严峻。1956—1999年，日本先后多次颁布了都市圈基本计划，针对人口和产业过度向东京中心集中的问题进行规划调整，强调分散城市功能、区域产业的分工合作以及地域产业的联动发展。

1956年4月日本颁布了《首都圈整备法》，明确了以东京为圆心、半径100公里的首都圈地域范围。其基本方针是控制东京首都圈的密度，将人口、产业疏散转移到周边卫星城。1958年，日本政府颁布《第一次都市圈基本计划》，提出三个圈层的首都圈空间结构，三个圈层分别是已建成城区、近郊区和城镇开发区。1968 年 10 月颁布《第二次首都圈基本计划》，提出把首都圈建成巨大的地域复合体的构想，并继续推行卫星城的开发。1976 年制订的《第三次首都圈基本计划》沿袭了第二次计划的基本方向，为了应对东京市中心“一极集中”的问题，对城市的中枢职能进行选择性的分散，将大学疏散到老街区以外的地域，将工业疏散到东京大都市圈以外。1986 年，日本政府制订了《第四次首都圈基本计划》，推动形成多极分散型土地利用格局，实现日本首都圈从“一极集中”向“多核多圈域”地域结构的彻底转变。“多核”即是培育多个核心城市，“多圈域”即是由不同核心城市形成自主独立的不同圈域。1999 年 3 月，为了提升城市居住舒适度，《第五次首都圈基本计划》提出首都圈内应形成独立化、自主化的功能区域，区域间形成网络化结构，构建能够相互进行职能分担和合作交流的“分散型网络结构”。

表 5—1　1956—1999 年日本首都圈建设

年份	颁布文件	主要内容
1956	《首都圈整备法》	建设综合性首都圈，将产业及人口疏散至周边卫星城
1958	《第一次首都圈基本计划》	建成三个圈层的首都圈空间结构，在建成区周围布局绿色带，控制城市蔓延
1968	《第二次首都圈基本计划》	将东京建成巨大的地域复合体，强调东京在全国的管理中枢职能，继续推进卫星城的开发
1976	《第三次首都圈基本计划》	应对“一极集中”，对城市职能进行选择性分散，努力构造“多极”城市复合体
1986	《第四次首都圈基本计划》	“多核多圈域”地域结构
1999	《第五次首都圈基本计划》	构建能够相互进行职能分担和合作交流的“分散型网络结构”

从 1956 年 4 月日本颁布《首都圈整备法》，就提出要将东京的产业及人口迁移至周边建成区，以改善城市中心的城市面貌与居住环境。东京都市圈建设为我国城市空间的发展提供了如下经验借鉴：

（1）制定适用于不同阶段的城市发展规划。日本首都圈的建设是在政府的主导规划下进行的，充分体现了“规划先行”和“与时俱进”的理念。日本政府在 1956—1999 年针对不同时期的城市发展现状制定适用于不同阶段的城市发展规划，并及时作出调整和完善，为东京人口的疏解和城市功能的分散提供了科学的依据和指导，实现城市的可持续发展。

（2）规划建设各具特色的城市功能区。日本东京都区由23个特别区构成，充分利用了资源禀赋和比较优势发展成各具特色的城市功能区。例如千代田区是日本的政治、经济中心；新宿区着重发展商业；港区聚集外国大使馆，国际气氛浓厚；文京区集聚着日本的中高等院校；世田谷区承担着居住的职能；杉并区是动画产业的集聚地。各具特色的城市功能区除了能在整体上提升城市的竞争力，还有利于构建多核心的城市空间结构，促进城市副中心的形成，疏散东京的产业及人口。

（3）建设高效发达的交通网络体系。1956年日本颁布《首都圈整备法》后，开始规划在城市外围布局卫星城镇，东京都市圈与卫星城镇的联系要建立在完善、发达的交通网络体系下。日本每一次的首都圈基本计划都强调了交通规划的重要性。目前，东京中心向外辐射地铁与通勤铁路，为人们出行提供便利，首都圈内已建成内环、外环和中央联络公路三条环线道路，并以东京外环为起点向外放射6条高速公路，通过完善交通道路体系增强城市各空间之间的联系。

第六章　城市空间置换的实证分析

当前我国正处于工业化和城市化的快速叠加发展进程中,城市人口不断增长,这必然带来城市空间不断扩张的要求。但大部分城市受耕地总量控制限制,土地资源紧缺,城市增量空间有限。因此,如何统筹增长量空间与存量空间的关系,实现城市空间的有效合理利用,是当前城市规划与建设的一项重要任务。城市建设占地需求与土地供给之间的冲突,使得城市的发展必须注重走内部挖潜的道路,通过城市空间的置换与重组,来保证城市机体的正常新陈代谢,实现城市更高效能的运转。还有,在城市发展和规划调整过程中,一些地块的性质发生改变,部分功能失去了原有的活力,这样必然会被新的空间形态和功能所取代①。这就是由城市空间置换与重组带来的城市更新。

一、实证城市的甄选与评价

1. 郑州市城市发展评价体系

(1)郑州市概况

郑州市是河南省省会,中国八大古都之一,国家历史文化名城,中部地区重要城市,国家中心城市和国家重要的综合交通枢纽。郑州位于华北平原南部,河南省中部偏北,黄河下游,东经 112°42′—114°14′、北纬 34°16′—34°58′。占地面积 7446 平方公里,市区占地面积 1010 平方公里,2018 年年末总人口

① 桑轶菲:《城市空间置换与重组的策略思考》,《浙江建筑》2011 年第 6 期。

1013.6万人。

根据城市行政边界的意义划分(如图6—1所示),郑州市下辖中原区、二七区、管城区、金水区、上街区和惠济区6个市辖区。同时拥有一个国家级航空港经济综合实验区,一个郑东新区,经济技术开发区和高新技术开发区两个区级行政区,同时下辖中牟县,代管巩义、荥阳、新密、新郑、登封5个县级市。可以看出,按照行政区划分的郑州市组成结构较为复杂,不仅仅包括人口密度大,流动人口多,城镇人口占比高,经济、交通、科技、文化、贸易相对较发达的市辖区,还包括大片农村区域和城市化水平较低的县级市和市辖县。

图6—1 郑州市行政区划示意

资料来源:河南省人民政府。

在经济实力方面,郑州市经济发展速度和质量都有所提升。在经济发展速度方面,郑州市一直保持着高速的经济增长。如图6—2所示,21世纪以来,郑州市生产总值增速一直高于国内生产总值增速。截至2018年年底,全年共完成10143.3亿生产总值,突破建成国家中心城市经济总量达到“万亿”的指标。在经济发展质量方面,郑州市第一产业生产总值占比持续下降,第二产业生产总值占比呈现“先上升后下降”的趋势,第三产业生产总值占比呈现“先下降后上升”的趋势。在21世纪初,郑州市的发展主要依靠第二产业的支持。进入新常态以来,经济发展方式从“重量”向“重质”转变,第二产业占

比有所下降，第三产业占比逐渐提升，产业结构进一步得到优化。

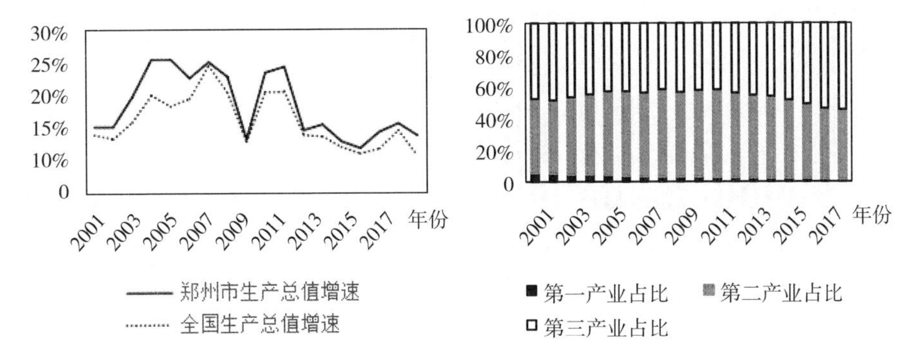

图 6—2　郑州市经济发展状况

在城市空间结构方面，建成区不断扩展是郑州市近年来空间结构发展最突出的特征。由图 6—3 可以看出，自 21 世纪以来，郑州市建成区面积进入飞速扩展阶段，由 2000 年的 133.2 平方公里，增加至 2017 年的 500.8 平方公里，在 17 年的时间里扩展了 3.76 倍。对郑州市城市扩展速度进行更精确的测算，用 Es 表示郑州市建成区面积的扩展速度，有：

$$Es = \frac{(U_{n+1} - U_n)}{U_n} \times \frac{1}{T} \times 100\%$$

U_{n+1} 和 U_n 分别表示第 $n+1$ 年和第 n 年郑州市建成区面积，T 为研究时段的长度，本书中时间设定为 1 年。计算结果如表 6—1 所示。

表 6—1　郑州市建成区面积扩展速度

年份	1987—1997	1997—2007	2007—2012	2012—2017
Es (%)	2.34	15.99	4.70	6.85

结合表 6—1 和图 6—3 可以看出，近 30 年郑州建成区面积处于不断增加的趋势。1987—1997 年城市建设处于低发展水平的阶段，建成区扩展速度只有 2.34%；进入 21 世纪后，郑州市进入快速发展阶段，郑东新区的建立为城市发展注入新的活力，城市框架不断拉大，建成区扩展速度猛增至 15.99%；2007—2012 年，郑州市建成区面积扩展速度得到控制，但仍高于早期扩展速度。

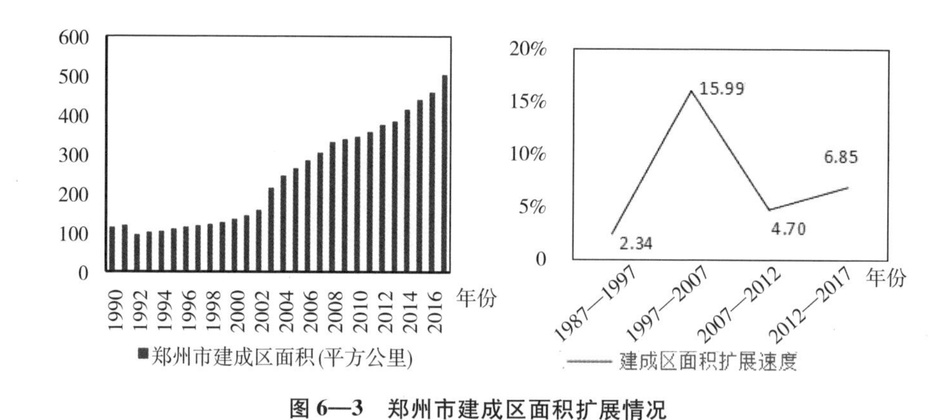

图 6—3 郑州市建成区面积扩展情况

在交通条件方面,郑州市地理位置得天独厚,被誉为火车拉来的城市,拥有发达便利的铁路系统,京广、徐兰、郑渝、郑合“米字型”高铁的基本成型,助力郑州成为全国唯一的普通铁路和高速铁路“双十字”中心。2016 年,郑州航空港经济综合实验区规划建设,战略定位为国际航空物流中心,是一个集航空、高铁、城际铁路、地铁、高速公路于一体的综合枢纽,这更提升了郑州市的交通承载能力。新郑机场开通国内外客货航线 194 条,旅客吞吐量在全国机场排名第 13 位,货邮吞吐量在全国机场排名第 7 位。郑欧国际班列在郑州铁路集装箱货运中心站始发,成为全国各地发往欧洲货运班列中的“第一号”。邮政口岸是全国第四大邮件集散中心和全国国际物流集散高地,郑州市真正成为国际性综合交通枢纽。

在城市综合承载能力方面,郑州市自然资源承载力、经济基础设施承载力和社会环境承载力有机结合,共同支持郑州大都市建设。截至 2017 年,郑州市建成区面积达到 500. 8 平方公里,实有道路铺装面积 5821 万平方米,全年供水量 39635 万立方米,用水普及率达到 100%,燃气普及率达到 95. 5%,公园绿地面积 8207 公顷,市区公交客运总量 85569 万人次,医疗机构平均开放总床位 88362 张,邮政业务总量达到 1237987 万元,电信业务总量达到 3606996 万元,生活垃圾清运量 237 万吨。如表 6—2 所示,与全国数据进行对比,郑州市城市综合承载能力各项指标基本达到全国平均水平,一些指标甚至高于全国平均水平。

表 6—2 郑州市与全国城市综合承载能力指标对比

城市综合承载能力指标	郑州市	全国
人均拥有道路面积(平方米)	9.2	16.1
全年人均供水量(立方米/人)	40.11	42.72
用水普及率(%)	100.0	98.3
燃气普及率(%)	95.5	96.3
人均公园绿地面积(平方米)	13.0	14.0
每万人拥有公交车辆(标台)	22.0	14.7
医疗卫生机构床位(张/人)	0.0089	0.0057
人均邮政业务总量(元/人)	1252.94	702.38
人均电信业务总量(元/人)	3650.56	1985.26
人均生活垃圾清运量(吨/人)	0.2399	0.1548

资料来源:根据《中国统计年鉴》(2018)、《郑州统计年鉴》(2018)、《2018 年国民经济和社会发展统计公报》相关资料计算整理所得。

(2)郑州市城市发展评价体系

郑州市组成部分较为复杂,现有中原区、二七区、管城区、惠济区、金水区、上街区 6 个行政区,下管中牟县、荥阳市、新密市、登封市、新郑市、巩义市 6 个市辖县及县级市。郑东新区,经济技术开发区、高新技术开发区与航空港区是为了郑州市的发展而特设的发展区,与其所属的行政区在发展方式和功能定位上有很大的差别。为了更准确地对不同区域之间进行对比评价,本次研究将经开区、高新区、郑东新区与航空港区作为一个独立的研究体,共确定了 16 个研究区域。

运用熵值赋权法对郑州市各区域进行综合评价,将定性分析转为定量研究,以便更精确地发现郑州市各区域之间的发展差异,探究城市发展存在的问题。熵值赋权法基于“差异驱动”的原理,突出局部差异,由各个样本的实际指标数据求得最优权重,避免了人为的影响因素,反映了指标信息熵值的效用价值,因而给出的指标权重更具客观性,具有较高的再现性和可信度,是一种广泛应用的综合评价方法。在遵循熵值赋权法指标选取原则的基础上，尽可能准确、全面地选取城市发展的评价指标。参照相关研究的指标选取方法①，本次研究最终选取了经济发展水平、人口发展水平、科技教育水平、基础设施水平、生态环境水平 5 个评价因素。

利用熵值赋权法对郑州市进行综合评价的方法步骤如下：

（1）确定相应的指标体系

对郑州市城市发展的每个评价因素分别选取 4 到 6 个评价指标，最终得到郑州市各区域的 24 个指标层。根据每个指标的性质，可以分为正向指标、负向指标和标准指标，正向指标表示该指标数值越大越好，负向指标表示该指标数值越小越好，标准指标表示该指标数值越靠近标准值越好。指标数据是根据《郑州统计年鉴》（2018 年）、《中国统计年鉴》（2018 年）、郑州市统计局相关数据资料计算整理所得。

表 6—3　郑州市各区域综合评价指标体系

目标层	因素层	指标层	目标值	属性
区域综合评价指标体系	经济发展水平	GDP 增速（%）		+
		非农业生产总值占比（%）		+
		地均第三产业产值（万元/平方公里）		+
		城镇居民人均可支配收入（元）		+
		农村居民人均可支配收入（元）		+
		每千人最低生活保障人数（人）		-
	人口发展水平	人口密度（人/平方公里）	572. 3952*	
		城镇化率（%）	60%**	
		人口自然增长率（%）	5. 33***	
		女性人口占比（%）	50%****	

① 张卫民：《基于熵值法的城市可持续发展评价模型》，《厦门大学学报（哲学社会科学版）》2004 年第 2 期。

续表

目标层	因素层	指标层	目标值	属性
区域综合评价指标体系	科技教育水平	教育支出占财政支出比重(%)		+
		新产品开发经费支出占比(%)		+
		R & D 人员占比(%)		+
		分县(市)区教育部门人均支出(万元/人)		+
		R & D 活动企业个数占比(%)		+
	基础设施水平	社会保障和就业财政支出比重(%)		+
		基层医疗卫生机构财政支出比重(%)		+
		人均社会保障财政支出(万元/人)		+
		电力、热力、燃气及水生产和供应业法人单位从业人数比重(%)		+
		水利财政支出比重(%)		+
	生态环境水平	单位工业产值污染防治支出(万元)		+
		单位工业产值综合能源消费量(吨标准煤)		-
		单位工业产值节能环保财政支出(万元)		+
		单位工业产值环境保护管理实务财政支出(万元)		+

注：* 2017 年河南省平均人口密度 572.3952 人/平方公里。

** 《国家人口发展规划(2016—2030 年)》提出 2020 年中国城镇化率发展目标为 60%。

*** 2017 年全国人口增长率为 5.33‰。

**** 男女人口占比应为 1∶1。

(2)确定郑州市 m 个区域的 n 个指标

建立指标矩阵，x_{ij} 为第 i 个地区的第 j 个指标所对应的原始数据，此处 $m=16$，$n=24$。

$$X=\begin{bmatrix} x_{11}x_{12}\cdots x_{1n} \\ x_{21}x_{22}\cdots x_{2n} \\ \cdots\cdots \\ x_{m1}x_{m2}\cdots x_{mn} \end{bmatrix}(i=1,i=2,\cdots,m;j=1,2,\cdots,n)$$

(3)对数据进行标准化处理

由于指标存在着单位不同的问题，无法直接进行数据比较，因此要先对数据进行标准化处理。处理后的指标数据常常出现极端值或负值的现象,为了缩小极端值或负值对指标数据的影响,参考孙利娟①等学者提出的对熵值赋权法的改进方法,对指标数据进行正向平移。本次研究选择的平移单位为1。

对于正向指标,采用极大值标准化处理,处理公式如下所示:

$$x_{ij}* = \left[\frac{x_{ij} - \min(x_{1j}, x_{2j}, \cdots x_{mj})}{\max(x_{1j}, x_{2j}, \cdots x_{mj}) - \min(x_{1j}, x_{2j}, \cdots x_{mj})}\right] + 1$$

对于负向指标,采用极小值标准化处理,处理公式如下所示:

$$x_{ij}* = \left[\frac{\max(x_{1j}, x_{2j}, \cdots, x_{mj}) - x_{ij}}{\max(x_{1j}, x_{2j}, \cdots, x_{mj}) - \min(x_{1j}, x_{2j}, \cdots, x_{mj})}\right] + 1$$

对于标准指标,采用标准值标准化处理,处理公式如下:

$$x_{ij}* = \left[1 - \frac{|x_{ij} - x_0|}{\max|(x_{1j}, x_{2j}, \cdots, x_{mj}) - x_0|}\right] + 1$$

(4)计算第j项指标下第i个地区占该指标的比重,记为p_{ij},

$$p_{ij} = \frac{x^*_{ij}}{\sum_{i=1}^{m} x^*_{ij}}, i = 1, 2, \cdots, m; j = 1, 2, \cdots, n$$

(5)计算第j项指标的熵值,记为e_j,即

$$e_j = -k\sum_{i=1}^{m} p_{ij} \times \ln p_{ij} \text{ 其中}, k = \frac{1}{\ln m} \text{ 且 } k \geqslant 0, \text{可证明 } 0 \leqslant e_j \leqslant 1$$

(6)计算第j项指标的差异性系数,记为g_j,即

$$g_i = \frac{1 - e_j}{n - E} \text{ 其实}, E = \sum_{j=1}^{n} e_j, 0 \leqslant g_j \leqslant 1, \text{且} \sum_{j=1}^{n} g_j = 1$$

指标的差异性系数越大,表示该项指标对目标指标层的评价能力越高,对应的熵值越小,对应的指标权重越大。

(7)计算第j项指标的权重,记为w_j,即

$$w_j = \frac{g_j}{\sum_{j=1}^{n} g_j}, j = 1, 2, \cdots, n$$

① 孙利娟、邢小军、周德群:《熵值赋权法的改进》,《统计与决策》2010年第21期。

根据上述计算公示,得到各指标值的熵值及权重,如表 6—4 所示。

表 6—4　郑州市各区域综合评价指标熵值及权重

目标层	因素层	指标层	熵值	指标权重
区域综合评价指标体系	经济发展水平	GDP 增速(%)	0.996609	0.088473
		非农业生产总值占比(%)	0.995754	0.110781
		地均第三产业产值(万元/平方公里)	0.992026	0.208046
		城镇居民人均可支配收入(元)	0.991253	0.228214
		农村居民人均可支配收入(元)	0.991893	0.211516
		每千人最低生活保障人数(人)	0.994137	0.152969
	人口发展水平	人口密度(人/平方公里)	0.993562	0.245341
		城镇化率(%)	0.988505	0.438055
		人口自然增长率(%)	0.99494	0.192828
		女性人口占比(%)	0.996752	0.123776
	科技教育水平	教育支出占财政支出比重(%)	0.994497	0.140354
		规模以上工业企业新产品开发经费支出占比(%)	0.990173	0.250638
		R & D 人员占比(%)	0.993068	0.176801
		分县(市)区教育部门人均支出(万元/人)	0.993193	0.173613
		R & D 活动企业个数占比(%)	0.989861	0.258595
	基础设施水平	社会保障和就业财政支出比重(%)	0.992761	0.178847
		基层医疗卫生机构财政支出比重(%)	0.98931	0.264107
		人均社会保障财政支出(万元/人)	0.993606	0.15797
		电力、热力、燃气及水生产和供应业法人单位从业人数比重(%)	0.992725	0.179736
		水利财政支出比重(%)	0.991122	0.21934
	生态环境水平	单位工业产值污染防治支出(万元)	0.992076	0.285683
		单位工业产值工业综合能源消费量(吨标准煤)	0.993214	0.244655
		单位工业产值节能环保财政支出(万元)	0.993002	0.252298
		单位工业产值环境保护管理实务支出(万元)	0.993971	0.217363

（8）计算第 i 个地区的综合得分，记为 s_i，即

$$s_i = \sum_{j=1}^{n} x_{ij} \cdot w_j, (i = 1, 2, \cdots, m)$$

为了更好地评价郑州市各区域经济发展水平、人口发展水平、科技教育水平、基础设施水平及生态环境水平，对每个因素层分别计算权重及得分，计算结果和排名如表6—5所示。

表6—5　郑州市各区域综合评价体系指标得分及排名

地区	经济发展水平		人口发展水平		科技教育水平		基础设施水平		生态环境水平	
	得分	排名	得分	排名	得分	排名	得分	排名	得分	排名
中原区	1.6679	5	1.2243	15	1.2527	13	1.2743	11	1.1837	14
二七区	1.6989	3	1.2699	13	1.3171	10	1.4443	8	1.3100	6
管城区	1.6316	6	1.2618	14	1.4446	6	1.6143	5	1.3213	5
金水区	1.9659	1	1.0694	16	1.1765	16	1.2653	12	1.7242	1
上街区	1.6795	4	1.4148	11	1.2919	12	1.6088	6	1.0444	16
惠济区	1.3709	10	1.6893	7	1.3028	11	1.4676	7	1.3455	3
中牟县	1.1432	16	1.7298	6	1.4347	7	1.3292	10	1.3235	4
巩义市	1.1948	15	1.8096	4	1.6182	2	1.7948	1	1.2042	12
荥阳市	1.2239	14	1.8341	3	1.3265	9	1.6568	4	1.2366	10
新密市	1.2531	12	1.9032	1	1.3761	8	1.7478	2	1.1981	13
新郑市	1.2307	13	1.8548	2	1.6138	3	1.6906	3	1.2819	7
登封市	1.2541	11	1.7891	5	1.4454	5	1.3645	9	1.1604	15
经开区	1.6013	8	1.3247	12	1.5639	4	1.0000	16	1.2587	9
高新区	1.6037	7	1.5384	10	1.8150	1	1.1439	14	1.2260	11
郑东新区	1.7988	2	1.5918	9	1.2439	14	1.1139	15	1.5980	2
航空港区	1.4422	9	1.6502	8	1.1768	15	1.2024	13	1.2744	8

2. 郑州市城市空间发展存在的问题

（1）区域经济发展不平衡

郑州作为河南省省会、区域经济发展的龙头，由于各项发展政策的倾斜，经济要素不断向郑州集聚，近年来取得了良好的发展成就。但在郑州市内，区域经济发展不平衡的问题却十分突出。由上文模型结果中各区域经济发展水

平得分及排名可以看出，郑州市中心城区得分较高，中原区、二七区、管城区、金水区和上街区分别排第5、第3、第6、第1和第4名，惠济区经济发展水平较低，排第10名。市辖县和县级市排名较低，中牟县、巩义市、荥阳市、新密市、新郑市和登封市分别排第16、第15、第14、第12、第13和第11名。总体来说，中心城区经济发展速度及质量远优于郑州市县域，城市内各区域经济发展差距较大。

（2）中心城区人口承载压力大

从郑州市人口发展质量的评价结果来看，中原区、二七区、管城区和金水区的排名分别为第15、第13、第14和第16名，人口发展质量不优。上街区和惠济区的排名居中，分别为第11名和第7名。中心城区人口发展最突出的问题在于人口承载的压力过大。由于发展较早，随着城市工业进程的加快和生产服务业的兴起，中心城区逐渐成为人口密集度最高的地区。例如，二七区因京广、陇海两条铁路大动脉在境内交汇而汇集了多个商贸市场，造成人口超载、交通拥堵等问题。由于要素的集聚效应，中心城区的人口自然增长率也一直居高不下，假若中心城区人口自然增长率持续高于郑州市县域，中心城区的人口承载压力就会逐渐加重。

（3）各片区功能定位混乱

《郑州市"十三五"规划纲要》提出主城区重在提升综合服务功能，着力增强高端要素的集聚和辐射功能。根据上节郑州市各区域综合评价指标得分，郑州市中心城区科技教育水平不高（中原区第13名、二七区第10名、管城区第6名、金水区第16名、惠济区第11名），这与郑州市中心城区集聚高端要素的发展目标差距甚远。中心城区老旧小区、传统工业区与新型产业布局混乱，环境恶劣，交通秩序管理难，发展高端产业的优势不足。其次，城市新区经济发展质量并不凸显。郑州市新区着力发展制造产业，但实际情况是，经济开发区、高新区和航空港区的经济发展质量分别排名第8、第7和第9名，存在着产业升级改造的空间。

（4）新区基础设施建设投入低

截至目前，郑州先后建成了4个城市新区：郑州经济技术开发区是为了发展郑州高端加工制造业，增加区域经济总量而特设的发展区；郑州高新技术开发区是郑州市以发展高新技术为目的而特设的发展区；郑东新区的建立成为

21 世纪引领郑州发展的新的增长极;郑州航空港经济综合实验区成为中国首个国家级航空港经济综合实验区,发展指日可待。城市新区以优先发展高端制造业为主,有利于产业结构优化调整,带动区域经济发展。但在郑州市各个新区取得良好经济发展成就的同时,基础设施投入仍处于较低水平。航空港区、郑东新区、高新区和经开区基础设施指标评价得分分别排第 16、第 14、第 15 和第 13 名,排名较低。只有加强城市新区基础设施建设,才能完善城市功能,为新区开展经济活动和其他社会活动奠定基础。

(5)产业与城市生态难以协调发展

按照工业用地布置要求,为了防止污染,工业企业应选址在下风位,城市水系下游,与城市其他生活用地之间开设防护绿化带,同时避开城市中心区、居住区等,并留出防护绿化带①。而实际情况是,随着郑州市城市空间扩展速度加快,城市建设缺少规划,老城区内传统工业企业与居民区混合建设,新建项目“见缝插针”,严重影响城市面貌与生态环境。郑州市老城区存在多处老旧工业基地与传统市场,在此情况下,对于环境保护及污染防治的财政支出也应相应加大力度。但实际情况是,郑州市老城区环境保护财政支持的力度并不大(中原区、二七区排第 14 名和第 6 名),这就产生了郑州市中心城区产业发展与城市生态难以协调的难题。

(6)小结

如何快速解决上文根据熵值赋权法模型得出的城市发展存在的问题,是郑州市迈入国际性大都市行列的前提条件,为了缩小区域经济发展差距、疏解中心城区的密集人口、提升城市新区基础设施建设水平,就要实现郑州市城市空间结构由“单中心”向“多中心”转变,就要加强对城市“次中心”的建设,承接中心城区部分产业,实现产业带动“次中心”经济的发展,同时实现产业带动人口流动,加快城市新区基础设施建设,实现城市新区的居住功能。为了合理规划郑州市各片区功能定位,就要为中心城区集聚高端要素腾留宝贵的城市空间资源,实现各片区发展方向明确、科学、合理。打造“一心两轴,一带多区”的产业布局,就要弱化老城区工业生产职能,积极推进产业集聚区的建

① 汤黎明:《城乡规划导论》,中国建筑工业出版社 2012 年版,第 150 页。

设,实现产业有序入园、集聚发展。解决产业发展与城市生态难以协调发展的难题,就要为郑州市生态空间的规划建设腾挪空间,就要加快转移城市中心的落后产业,促进产业在转移的过程中提高生产技术水平,根治环境污染难题。综上所述,产业外迁是解决郑州市城市发展存在的问题,实现城市空间可持续发展的必须途径。

二、城市空间置换的类型与实施

在计划经济时代,郑州市规划建设了大批工业基地,郑州二棉厂、郑州油脂化学厂等国有大企业代表了当时国内最先进的生产水平,是郑州市经济发展的支柱。改革开放政策实施后,农副产品进城交易的闸门轰然打开,传统市场也如雨后春笋般出现,为市场经济的发展注入了活力。但随着郑州市经济发展方式的转变,郑州市老城区工业企业开始呈现设备老旧、高污染、高耗能的生产状态,传统市场也为中心城区带来了人口密集、交通拥堵等问题。因此,2013 年开始,郑州市政府陆续发布一系列产业外迁的实施政策,郑州市产业外迁分为市场外迁和工业企业外迁两个部分。

1. 市场外迁

(1) 市场外迁进展

郑州市市场分类较为复杂,一部分是租用底商、沿街商铺等自发形成的小型批发市场,还有一部分规模较大,发展较为成熟的大型市场,较小的市场占地面积只有几亩,大型市场占地面积达数百亩。市场种类多样化,经营范围包括建材、小商品百货、工业品、食品、服装、汽车配件、家具等。市建三公司、盛祥置业等老市场从 20 世纪 80 年代起就处于营业状态,黄河食品城、二环路家具大世界等市场近几年才开始建成营业。郑州市的市场多数处于无序经营状态中,设施陈旧,业态落后,配套服务设施不齐全,存在着极大的安全隐患,同时给城市中心带来了大量的人流,造成郑州主城区交通堵塞。一些不符合布局规划的违规乱建市场,在各项手续不完备的情况下,趁机建设和招商,违背了郑州市市场布局规划,阻碍了郑州传统市场产业的有序健康发展。

为了缓解城区交通压力,拓展城市发展空间,改善市场经营环境,郑州市政府做出了市场外迁的重大决策。市场外迁分两个阶段进行,第一阶段是2013—2015年,第二阶段是2016—2018年。

第一阶段(2013—2015年)

2012年,郑州市做出利用2013—2015年三年左右时间对中心城区177家批发市场进行外迁的决议。按照"市区联动、以区为主、科学布局、集聚发展、规划引领、先建后迁"指导思想和三年行动计划安排,市场外迁工作有序推进。郑州市2013—2015年计划外迁177家传统市场,实际外迁162家。其中,2013年外迁50家,2014年外迁54家,2015年外迁58家。

第二阶段(2016—2018年)

2016年3月,郑州市人民政府印发《郑州市人民政府关于加快推进大围合区域市场外迁工作的实施意见》,计划在三年内完成80家市场的外迁工作。大围合区域是指郑州市绕城高速、黄河大堤、万三公路以内。2016年为启动阶段,制订实施方案,下达市场外迁工作任务,启动大围合区域市场外迁工作;2017年为市场外迁全面开展阶段,计划完成54家市场外迁工作;2018年为收尾阶段,完成26家的市场外迁或转型提升工作,进一步巩固市场外迁成果,确保大围合区域市场外迁和转型提升工作圆满完成。各阶段各区外迁市场数量如表6—6所示。

表6—6 郑州市2013—2018年各区外迁市场数量

年份 / 外迁市场所在区域	第一阶段(个)			第二阶段(个)	
	2013	2014	2015	2017	2018
中原区	3	2	3	5	2
二七区	10	16	20	5	3
金水区	18	12	12	11	6
管城回族区	12	7	11	4	1
郑东新区	5	15	8	4	2
经济技术开发区	—	—	—	7	3
高新技术开发区	—	—	—	2	1
航空港实验区	—	—	—	4	2

续表

外迁市场所在区域＼年份	第一阶段(个)			第二阶段(个)	
	2013	2014	2015	2017	2018
惠济区	2	1	—	12	6
火车站地区	—	1	4	—	—
总计	50	54	58	54	26

资料来源:郑州市政府服务网。

(2)专业市场承接地的建设

市场外迁并不是让这些市场“消失”,外迁的目的也并不是为郑州市的发展“扫清障碍”,而是遵循市场发展规律,防止批发市场在城区内的发展受到制约,保证迁出市场有更大的发展空间。如果政府对市场发展不关注,放任专业市场自行发展,就可能被周边的城市建设吞噬。按照“规划引领,先建后迁”的外迁原则,郑州市政府制定了一系列支持中心城区市场外迁的配套政策,包括建设市场外迁承接地。承接地的建设有助于发展高端市场产业,市场集聚能提升专业市场的核心竞争力,对加快产业升级起到明显的助推作用①。同时,发展集聚市场能改善郑州市交通状况、优化利用城市空间、提升城市整体形象。因此,无论是对专业市场本身还是郑州市的发展来说,市场外迁都是一个双赢的政策。

郑州市市场发展局规划建设“一区两翼”以及“十大市场集聚区”的布局。其中,“一区”是指综合性的批发市场聚集区域,该区域规划占地面积为 30 平方公里,并且北起绕城高速、东至京港澳高速、西到郑新快速路。该市场主要经营食品、服装等消耗品以及工业生产资料,并旨在打造现代商贸物流园与黄帝文化综合体。“两翼”包括东翼与西翼。其中东翼主要包括中牟汽车产业园、金水国际软件园及富士康电子产品交易市场,共占地 6 平方公里,主要经营汽车、汽车配件以及电子产品。“西翼”位于环城高速西侧,北起古荥、向南至航海路延长线,规划占地面积为 18 平方公里,主要经营家具、农产品等。此外,根据规划,将把十大市场集聚区打造成为区域性甚至全国性的商品集散中

① 河南省人民政府:《关于印发河南省国民经济和社会发展第十三个五年规划纲要的通知》2016 年 3 月 28 日,见 https://www.henan.gov.cn/2016/04-27/235057.html。

心、加工中心以及价格形成中心。十大产业集聚区发展方向各不相同，为郑州市产业外迁提供了相应的产业承接地。郑州市部分市场外迁情况如表 6—6 所示，搬迁的原批发市场有 15 家，搬迁之后批发市场有 13 家。具体有原址在管城回族区的华中食品城、鑫兴建材城、郑州水暖洁具批发中心等搬迁至新郑市；从二七区搬至新密的马寨钢材市场；由金水区搬迁至中牟县的万邦国际批发市场、中牟汽车产业园等。整体上看，市场基本由市区外迁至围边县域集中分布。

表 6—7　郑州市市场集聚区规划情况

序号		规划范围	面积(亩)	市场定位
一区		北起绕城高速、东至京港澳高速、西到郑新快速路的区域内	45000	食品、药品、服装等生活消耗品市场和工业生产资料市场为主，打造现代商贸物流园和黄帝文化综合体
两翼	东翼	中牟汽车产业园、金水国际软件园及富士康电子产品交易市场	9000	汽车及汽车配件市场、电子产品市场
	西翼	环城高速西侧，北起古荥、向南至航海路延长线	27000	家具、农产品等批发市场
十大市场集聚区	1	荥阳市广武镇	10000	农产品市场
	2	中牟汽车产业园	4800	汽车及汽车配件市场
	3	新郑市龙湖镇	15000	建材市场
	4	管城区机场高速以西、南四环以南	1800	钢材集散市场
	5	金水国际软件园，中州大道以东、连霍高速以北	1200	电子科技产品市场
	6	新郑华南城	15000	现代综合商贸物流
	7	中原区西四环以西	2700	家具市场
	8	二七区南四环以南、绕城高速公路辅道以北	6400	国际时尚商贸中信、小商品集散中心
	9	新密市曲梁	3000	服装批发市场
	10	锦艺纺织园	2700	纺织布匹类市场

资料来源：郑州市市场发展局。

2. 工业企业外迁

(1)工业企业外迁进展

郑州市是中部地区重要的工业城市,工业是郑州市发展的重要基础,大规模的工业建设带动原有城市发展的同时,城市工业用地的扩展和零散分布也很大程度上影响了城市的空间布局。工业化对城市内部环境产生了重要影响,工业企业的迅速发展带来了城市人口膨胀、住房紧缺、环境恶化、城市基础设施减少等一系列问题①。郑州市在发展初期,并没有考虑到城市的总体规划,随着经济转型与城市扩张,工业企业的用地性质已不再符合城市发展的需要,中心城区老旧工业基地与现代城市建设格格不入,影响城市面貌的同时浪费了城市中心宝贵的空间资源。为了应对城市发展中工业企业带来的城市问题,优化郑州市工业产业布局,实现产业集聚发展,更好地推进郑州市区的建设,郑州市人民政府在2013—2018年,发布了一系列疏散中心城区工业企业的政策。

2013年1月,郑州市人民政府印发《加快三环内工业企业外迁的指导意见》,预计在三年内对郑州市三环内所有工业企业进行外迁;2014年郑州市政府禁止城市主导风向上风向新建重污染项目;2015年倡导大力发展循环经济;2016年规定绕城高速和沿黄快速路围合区域、城市主导风向上风向禁止新建涉气工业企业,并印发《郑州市大围合区域不符合条件的工业企业外迁工作推进方案》,制定2016—2018年绕城高速和沿黄快速路围合区域的工业企业外迁计划;2018年2月,河南省人民政府印发《河南省2018年大气污染防治攻坚战实施方案的通知》,要对城市规划区内现有工业企业进行摸底排查,有序推进城市规划区工业企业搬迁改造,制定规划区内冶金、建材等重污染企业搬迁计划,有效解决郑州市工业围城的问题。郑州市工业企业外迁工作进展如表6—8所示。

① 高中岗:《试论工业化对城市发展的影响及其现实启示》,《城市规划学刊》1992年第6期。

表 6—8　郑州市工业企业外迁工作计划

年份	工业企业外迁工作计划
2013	《加快三环内工业企业外迁的指导意见》
2014	禁止城市主导风向上风向新建重污染项目
2015	倡导大力发展循环经济
2016	绕城高速和沿黄快速路围合区域、城市主导风向上风向禁止新建涉气工业企业;印发《郑州市大围合区域不符合条件的工业企业外迁工作推进方案》;外迁大围合区域 12 家工业企业
2017	外迁大围合区域 11 家工业企业
2018	印发《河南省 2018 年大气污染防治攻坚战实施方案的通知》;外迁大围合区域 19 家工业企业

郑州市工业企业外迁最主要的部分分两个步骤完成,一是 2013—2015 年完成三环内所有工业企业的外迁工作;二是 2016—2018 年完成郑州市大围合区域不符合条件的工业企业外迁工作。

第一阶段(2013—2015 年)。2013 年 1 月,郑州市人民政府发布《关于加快三环内工业企业外迁的指导意见》,计划利用 2013—2015 年三年时间外迁郑州市三环以内所有工业企业。根据《郑州市人民政府关于进一步优化主导产业布局的实施意见》,按照集聚、集群、集约的工业企业布局原则,三环以内所有工业企业应向郑州市各产业集聚区及工业专业园区搬迁。规划的外迁方向如表 6—9 所示。

第二阶段(2016—2018 年)。2016 年,郑州市印发《郑州市大围合区域不符合条件的工业企业外迁工作推进方案》,2016—2018 年分别外迁工业企业 12 家、11 家和 19 家。其中,中原区 8 家、金水区 6 家、管城区 4 家、二七区 11 家、惠济区 4 家、郑东新区 1 家、高新区 1 家、经开区 7 家,工业企业外迁工作进一步得到实施。

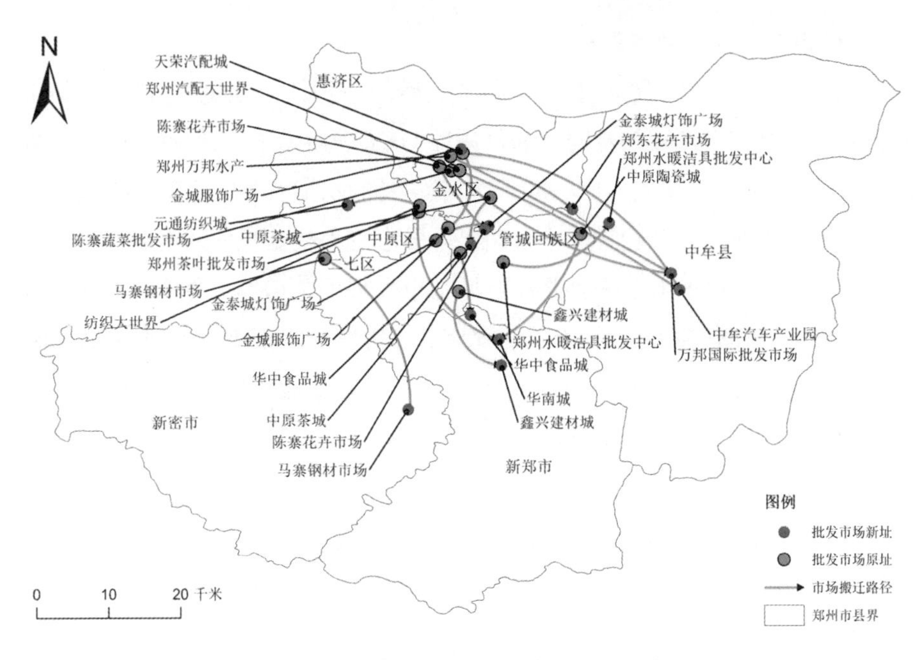

图 6—4　郑州市部分批发市场外迁示意

表 6—9　郑州市工业企业外迁方向

产业类型	三环内工业企业外迁方向（2013—2015 年）	大围合区域工业企业外迁方向（2016—2018 年）
制造装备企业	郑州经济技术产业集聚区、登封市产业集聚区、荥阳市产业集聚区、郑州上街装备产业集聚区	登封市产业集聚区、荥阳市产业集聚区、郑州上街装备产业集聚区
印刷包装业	新郑产业集聚区、新密大隗清洁生产循环经济产业园	新密大隗清洁生产循环经济产业园
食品加工业	新郑产业集聚区、郑州马寨产业集聚区	新郑产业集聚区
服装生产企业	新密产业集聚区、中原区纺织产业园	新密产业集聚区
其他类企业	根据企业意愿分别向四环以外的各县（市、区）产业集聚区搬迁和布局新上项目	根据企业意愿分别向大围合区域以外的各县（市、区）产业集聚区搬迁和布局新上项目

资料来源：郑州市人民政府《加快三环内工业企业外迁的指导意见》《郑州市大围合区域不符合条件的工业企业外迁工作推进方案》。

（2）工业产业集聚区的建设

城市空间结构的演进是对城市经济发展的一种适应性过程，而城市经济的本质特征就在于产业的空间性和聚集性①。产业集聚区是指由政府主导规划，实现资源集约利用，企业集聚、高效率发展的功能性区域。2014 年以来，河南突出把产业集聚区建设作为全面实施国家三大战略规划的重要抓手。产业集聚区与老城区的有机融合是新时期城市发展的趋势与特征②。在河南省产业集聚区地理信息系统上公示的郑州市 11 个产业集聚区总体规划面积 895.58 平方公里，已建成 190.08 平方公里。产业集聚区为郑州市提供就业岗位 50 余万个，2017 年郑州市产业集聚区工业企业实现主营业务收入 6518.6 亿元，同比增长 10%，高于全市规模以上工业企业 1 个百分点。郑州市产业集聚区和工业园已发展成以电子信息、汽车装备制造业、新材料、铝精深加工和纺织服装为代表的国家先进制造业基地，产业集聚区成为支撑郑州都市区建设和县域发展的重要增长极③。

表 6—10　郑州市产业集聚区基本信息

序号	产业集聚区	规划面积（平方公里）	建成面积（平方公里）	主导产业	法人单位数（个）
1	航空港区	350.00	39.00	测试	165
2	郑州高新技术开发区	70.00	30.00	电子信息、光机电一体化、生物医药、新能源	443
3	郑州经济技术产业集聚区	158.00	43.00	机械装备制造、电子零部件制造、汽车零部件制造	481
4	登封市产业集聚区	9.70	4.96	铝精深加工、装备及汽车零部件制造、生物医药、家居产业	67
5	新郑新港工业园区	12.80	9.00	食品、生物医药	96

① 郭鸿懋、江曼琦等：《城市空间经济学》，经济科学出版社 2002 年版，第 49—51 页。

② 刘荣增、王淑华：《城市新区的产城融合》，《城市问题》2013 年第 6 期。

③ 郑州市政府服务网：《“十二五”郑州工业发展成就》，2016 年 1 月 28 日，见 http://public.zhengzhou.gov.cn/03FBC/135629.jhtml。

续表

序号	产业集聚区	规划面积（平方公里）	建成面积（平方公里）	主导产业	法人单位数（个）
6	新密市产业集聚区	15.84	6.18	服装生产、装备制造业	64
7	荥阳市产业集聚区	15.84	6.80	现代装备制造业	56
8	中牟汽车产业集聚区	71.00	10.00	整车及汽车零部件生产制造业	92
9	郑州市白沙产业集聚区	176.00	30.80	电子信息和现代服务业	69
10	郑州市上街区装备产业集聚区	4.60	4.04	装备制造业	38
11	马寨产业集聚区	11.80	6.30	食品加工和装备制造业	118
合计		895.58	190.08		1689

资料来源：河南省产业集聚区地理信息系统、《郑州统计年鉴（2018）》。

3. 行政中心与高校外迁

（1）行政中心的外迁

经济的快速发展不断推进了城市内部空间的重组，加速了外部空间的扩张。但是前期的"摊大饼"式的盲目扩张形成了单中心城市，从而也引发了中心地价爆发式增长、开发成本锐增、交通拥挤及公共设施匮乏等问题。同时，区域间的同位竞争也逐渐激烈，城市内部急需充足的空间灵活发展产业。另外随着城市化进程加快，城市规模日趋扩大，城市行政办公区对城市发展布局、城市交通、城市空间结构、城市资源优化及产业发展等方面的影响越来越凸显，城市需要疏解，需要拓展新空间实现低成本增长。无论是行政管理，还是经营城市，都需要重新考虑城市的行政中心在后期城市发展中的作用，充分发挥行政中心迁移盘活城市资产的作用，从而促进资源的合理配置，提升城市资源利用效率，从而带动整体区域经济的发展与社会的进步。通常而言，城市的行政中心往往位于城市老市区中心，与居住、金融、商业等设施混在一起，从而造成功能上的相互干扰，不利于行政办公职能的充分、高效发挥。因此,大量城市开始重视城市行政中心的迁移,并通过新行政中心的建设引导城市结构的调整。实践证明,搬迁市政府机构是带动城市空间拓展的有效方式。据不完全统计,国内大部分城市都已经进行了行政中心的搬迁。行政中心的搬迁对城市发展的有利影响主要表现在以下几个方面:

第一,拓展城市空间。经济的不断发展与城市化进程的不断推进,为城市的发展带来了新的机遇,同时也带来了新的挑战,即要求城市转变城市职能、优化空间结构、调整城市功能布局。由于行政中心是政府管理部门的驻地,因此其选址体现了政府对该区域在政策及资金等方面的支持,从而带动新城的发展。例如:巴西为了扭转本国南北贫富悬殊的局面,于 1960 年 4 月采取了迁都的方式,将首都从里约热内卢迁到巴西利亚,带来了明显的效果。巴西利亚原是一座仅有 10 多万人的小城,工农业均不发达,现在已成为拥有 10 个卫星城、面积 5814 平方公里,人口达 200 万的现代化都市。首都的迁移还使巴西中部地区这片不毛之地的农牧业生产得到迅速发展,工商业初具规模,经济面貌发生翻天覆地的变化。

东西德合并后,柏林拆倒部分柏林墙,建设了著名的波茨坦中心,形成新的柏林行政中心,带动新柏林城市空间结构快速调整,尤其是地下的城市交通枢纽对城市交通体系的发展作用显著。

青岛市是早期国内行政中心外迁取得显著成就的典型案例。1992 年,青岛市出售市委政府办公大楼,并将办公驻地向东迁移,并在新区建设了高标准的街道、广场等基础设施,使东区地价迅速上升。同时,政府也获得了大量土地出让金,并吸引了大量投资,顺利完成政治、经济、文化中心向东迁移。此外,市政府的迁移也为老市区的改造创造了空间条件,并带动了东部地区的发展。

20 世纪 90 年代初,中山市投资建设了兴中道,市政府等重要的行政机关陆续向此街道两侧迁移。在 1994 年建设的孙文纪念公园与市人大、政协以兴中道为轴线形成了相对称的景观,不仅促进了城市东侧的发展,也形成了旧城与新城、传统与现代结合的城市风景。

还有一个典型的例子就是深圳市。事实上,改革开放以来,深圳市的行政中心不断迁移,现在已迁移过 3 次,最早是在宝安区的罗湖,然后转移到了上埗,在上埗得到快速发展后,又迁移到了福田区。同时,整个城市范围也随着行政中心的迁移逐渐向外扩张。

郑州市在 2002 年城市空间东扩之后,很快把省政府和许多政府机关搬迁到郑东新区,而市政府和机关则搬迁到西三环外,有力地带动郑州城市空间的东西向拓展,激活了新区发展的活力,缓解了老城区的空间拥挤和交通拥堵,促进了城市整体和谐发展。郑州市部分政府部门、高校和医院外迁情况如图 6—5 所示。

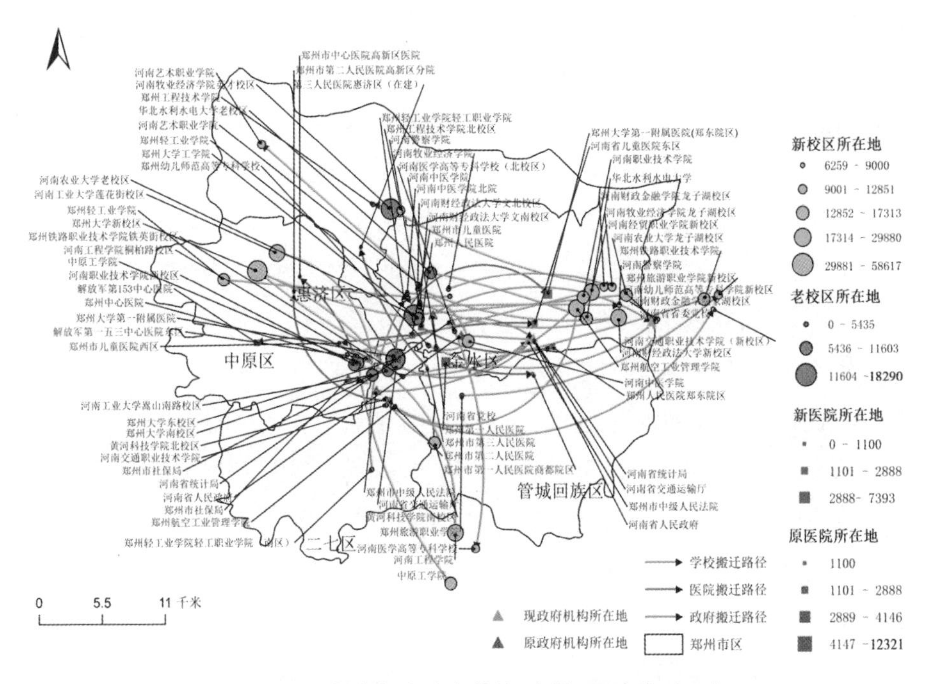

图 6—5 郑州市部分政府单位、高校、医院外迁示意

第二,减轻母城压力。一般情况下,城市发展通常以老城为中心进行圈层式的扩张。城市的公共活动中心一直聚集在老城区内,容易出现人口过多、交通拥挤、基础设施不足等问题。如果仍然以老城为中心发展,最终势必会引起大规模改造,不但需要花费巨额资金,还会破坏历史遗迹。而行政中心迁移不但能够改善行政人员办公条件,为老城发展提供更多空间,还能充分保护历史遗迹。例如,泰安市的行政中心就位于泰山脚下,从而与泰山形成了“山城一体”的城市格局。古泰安城区具有悠久的历史文化与丰富的历史古迹,但是长期发展商业并承担行政中心的职能,与保护历史古迹的职能出现冲突。于是,自2001年,泰安市开始准备将行政中心迁移至西部新区,从而拉开城市布局结构,缓解发展与保护的矛盾。

(2)高校外迁

中国高等教育大众化阶段的到来推动我国高等教育的大发展,随之而来也带动了大规模大学园区(或大学城)的兴建。许多位于市区的高校向城市外围搬迁,1999年河北廊坊东方大学城的正式奠基拉开了中国大学城兴建的序幕。其后很多城市都陆续在城市外围建设规模不等的一个或多个大学园区(或大学城),如上海松江、北京昌平、重庆虎溪、杭州下沙、广州小谷围岛等。据不完全统计,达到高峰时的2008年,全国已建和在建的大学城近60个①。它对推进当地高等教育发展、促进产业结构升级、优化空间结构、改善生态环境等有重要意义。

现阶段,我国大学城大概可以分为两种类型:一种是高校自发形成的校区聚集地,另一种是政府规划建设的校区聚集地。第一种类型的高校聚集地一般是老牌名校,在城市发展的前期就开始逐渐建立了,例如北京的中关村、天津的南开区等;第二种类型的高校聚集地主要是新校区,这些校区多数位于郊区、城市的三环或者四环地区,比如北京的良乡镇等。就目前郑州高校园区的分布情况来看,郑州先后建设了四个高校园区,分别为郑州高新高校园区、龙子湖高校园区、龙湖高校园区以及大学路周边的高校园区。在这四个高校聚集地中,有两处位于三环外,一处位于四环外,一处位于市区。其中位于郊区的三个高校聚集地均为政府主导建立的。以龙子湖高校园区为例,其位于郑东新区东部,东临东四环,是典型的高校园区郊区化的例子。龙子湖高校园区涵盖了河南财经政法大学、河南中医药大学、河南农业大学、华北水利水电大学等一批高等院校,是以高等教育为主兼具体育、文化、娱乐的城市功能片区。

虽然许多高校在搬迁后,老校区依然保留,空间置换没有达到预期效果,但新的高校园区极大地提升了城市新区的规格和层次,改善了新区城市环境,有的还成为整个城市新区的科技支撑,对城市老区来讲,高校的搬迁极大地改

① 张勇强:《对“大学城”建设热潮的思考》,《城市发展研究》2002年第2期。

善了整个城市的交通环境，疏解了相当一部分人口，缓解了城市空间的拥挤，提升了整个城市的质量。从图 6—6 可以看出郑州城区部分行政单位、高校、医院等外迁数量及外迁区域情况，据不完全统计，搬迁的学校约 30 家，现有人数总计 161983 人。搬迁之后新建校区有 25 家，共计 410022 人。如河南中医药大学、华北水利水电大学、郑州航空工业管理学院、河南财经政法大学等从郑州市中心搬迁至郑东新区金水东路东四环，中原工学院、河南工程学院、郑州旅游职业学院等从郑州市中心搬迁至龙湖，郑州大学新校区、郑州轻工业大学、河南工业大学等也由市区搬迁至中原区科学大道等。整体上，学校在搬迁之后空间上呈集中分布。

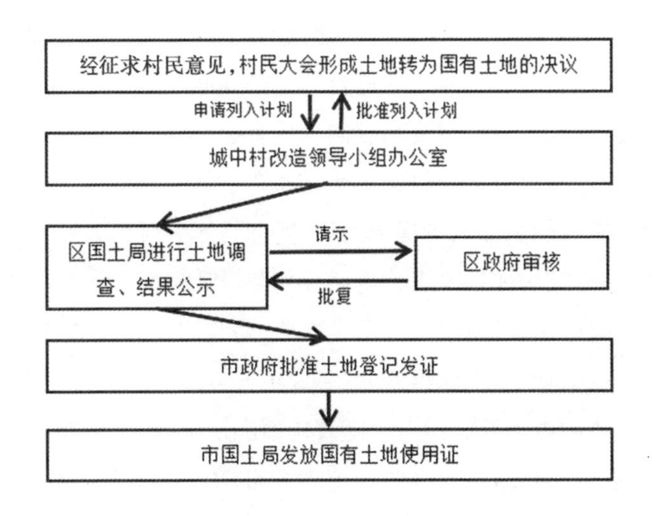

图 6—6　郑州市城中村土地确权流程

资料来源：笔者参考王娟华南理工大学 2018 年博士学位论文绘制。

图 6—5 显示，郑州近年搬迁的医院有 8 家，原医院床位总容量为 31120 人，搬迁之后新建医院有 10 家，床位总容量为 16256 人。搬迁的医院有管城回族区的郑州市第一人民医院，金水区的郑州市人民医院、河南省儿童医院和郑州大学第一附属医院，中原区的郑州市中心医院和第三人民医院，惠济区的郑州市第二人民医院等。整体上郑州市医院搬迁围绕原医院单位分布状态向外围扩张。

图 6—5 显示，郑州近年搬迁的政府单位有 6 个，搬迁之后原单位所在地废弃或改建。如中原区的郑州市社保局，经一路和纬二路交叉口的河南省人民政府、淮河路的郑州市中级人民法院、红专路的河南省统计局、中原东路的

交通厅等集中搬迁至金水区金水东路。

4. 城中村与棚户区改造

城中村是一种基于我国特有的城乡二元体制，在快速城市化进程中出现的现象。目前城中村的概念只是相关学者的一种共识，尚没有法定文件对其内涵进行界定。本书采用 2009 年出版的《中国大百科全书（第二版）》对城中村的定义，其表述为“坐落在城市建成区，仍然保留着农村管理方式、制度、生活习惯和社会关系的村落”。城中村改造有广义和狭义之分，广义上的城中村改造主要是指城中村物质和非物质两个层面进行全面或者局部的改造和完善。改造过程中不仅要对村庄原有的建筑形式和居住格局都按照城市的发展前景进行重新计划和创建，而且要进行完善的体制改革，主要包括土地所有制由集体所有改成国家所有、村委会改制为居委会、集体经济改为股份公司等措施，经过议定使这些政策达到村民成为居民的目的。狭义的城中村改造仅指在物质层面上进行的全部或者局部的改造，即将城中村纳入城市规划后，对村庄的原有建筑形式、居住环境进行重新规划与设计。

郑州市地处中原，具有丰富的历史文化，是我国八大古都之一。郑州市近代因京广、陇海铁路的交汇而再度复兴，改革开放后交通地位愈发重要并迅速发展为国内重要的内陆开放城市。随着中原经济区、航空港经济区、国家中心城市建设的推进，郑州城市建设的示范性和带动性在一定区域内显得更为突出。近年来郑州市经济总量不断上升、经济质量与结构持续优化，成为我国中西部城市化水平较高、经济较发达的城市之一。

进入 21 世纪以来，郑州市面临产业转型困难和土地资源不足两大发展问题，而城市更新过程中对老市场、老厂房、老小区等土地利用度不高的区域给予外迁和改造可以有效化解产业转型和土地资源不足的问题，城中村改造也就成为城市更新工作中的重要组成部分。郑州市自 2003 年颁布《郑州市城中村改造规定（试行）》以来，相关政策主要经历了三次调整。2003 年，郑州市对西史赵、燕庄等城中村启动试点改造工作，标志着城中村改造的开始；2007 年，郑州市虽然基本完成了郑东新区“五年成规模”的建设任务，但在过去城改项目“粗放”进行的过程中也暴露出许多问题。郑州市适时出台了《进一步规范城中村改造的若干决定》,对城中村改造工作进行了调整,详细规定了改造过程的补偿标准,城改工作进入快速推进期;随后,郑州市又分别于 2009 年和 2012 年出台了《关于〈郑州市人民政府关于进一步规范城中村改造的若干规定的通知〉的调整补充意见》和《郑州市城中村改造管理办法》,对城改全方面进一步优化:一方面强化政府规划引领,另一方面明确改造相关的费用标准,并全面启动了郑州四环内所有城中村的改造计划。郑州城中村改造采取的方法主要是政府主导,整体拆迁,集中安置的方式,通过改造使村民的居住环境和城市面貌发生了很大改观。参照王娟(2018)的研究,郑州城中村改造大致可分为四个阶段:

(1)市场运作探索阶段(2003—2006 年)

2003 年郑州规划区内有行政村 169 个,建成区范围内有行政村 94 个,城中村普遍容积率大于 3,绿化率小于 3%,建筑密度大于 60%,人口净密度大于 2. 8 万每平方公里。随着郑州城市化的发展城中村在空间利用、社会治理、经济发展等方面的问题不断显现。

为了加快城市化进程,改善城市环境,规范和鼓励城中村改造,郑州市自 2003 年不断出台各类相关文件,计划至 2010 年基本完成老城区中城中村改造整治任务。其主要内容见表 6—11。

表 6—11　探索阶段郑州市城中村改造相关政策及主要内容

年份	城中村改造相关政策	相关内容
2003	《郑州市城中村改造规定(试行)》(郑政[2003]32 号)	规定政府作用、改造方式、城中村体制改革方向、土地权属变更、补偿方案、违建处理方法
2004	《郑州市城中村改造规划、土地、拆迁管理实施办法(试行)》(郑政[2004]35 号)	规定城中村改造规划主体、不同土地确认与使用;明确具体补偿方案
	《关于加强城中村改造建设规划编制工作的通知》	制定郑州城中村改造建设规划编制的基本流程
	《关于城中村改造建设土地确权问题的通知》	制定郑州城中村改造土地确权的基本流程
	《关于印发郑州是城中村改造建设主要工作程序的通知》(郑政[2004]7 号)	制定城中村改造建设工作的主要程序

本阶段为郑州城中村改造的探索时期,举措为试点、探索,政策特点也比较明确,为接下来城中村改造的推进奠定基础。主要特点如下:

第一,初步确立市场运作方式。《郑州市城中村改造规定(试行)》文件首次对政府在城中村改造过程中的作用予以明确,即制定基本政策,积极引导改造的推进。在改造过程中既可以以村集体自行组织改造的模式为主,也可以采取与投资商联合改造或通过招标选定投资商独立改造的模式,根据每个城中村的不同情况,做到"一村一策"。村集体作为改造的主体,依照村民自治流程,由村民代表大会、党员大会的决议制订改造的方案。这种改造方式的好处一方面在于其拥有更小的改造阻力,在便于村民接受的前提下能够更充分地调动村民参与;另一方面,村民更大程度地参与改造,也就使得决策对村民能够起到保护作用。但是由于投入过大,村集体通常因为资金问题导致改造难以进行,这种改造模式适合村集体经济条件较好的城中村。这也导致在实际执行的过程中,通常采用市场运作方式进行开发。

第二,农村体制转向城市体制。《郑州市城中村改造规定(试行)》要求城中村改造要对城中村体制进行全面改革。主要内容包括以下四个方面:第一,原村集体土地转为城市国有土地;第二,将原有村民自治委员会改制为城市居民委员会;第三,将原有农业户口转为非农业户口,在城镇社会保障、就业等待遇上与城镇居民相同;第四,将原有村集体经济组织改为股份制企业,企业法人股原则上不低于40%,个人享有个人股份收益。

第三,明确改造过程中土地的确权与使用方法。土地的使用与确权问题是城中村改造过程中需要重点关注的问题,按照相关法律规定,"任何单位和个人进行建设,需要使用土地的,必须依法申请使用国有土地","国家为了公共利益的需要,可以依法对土地实行征收或者征用并给予补偿"。为了顺利解决土地问题,郑州市在改造过程中颁布了《关于城中村改造建设土地确权问题的通知》,首次明确了土地确权的程序、不同的土地的确认与使用方法。其一,对于村集体组织开发的第二、第三产业建设用地,土地使用权属于转制后的股份制公司或村集体,但前提是土地使用权依法按现状用途确认;其二,符合改造规划的村民宅基地或用于安置村民的土地,其使用权按划拨方式确认，其土地使用权属于合法使用人；其三，城中村改造异地建设需要的土地，由该市土地储备库供应，也可以通过置换的方式获取，具体流程如图6—7所示。

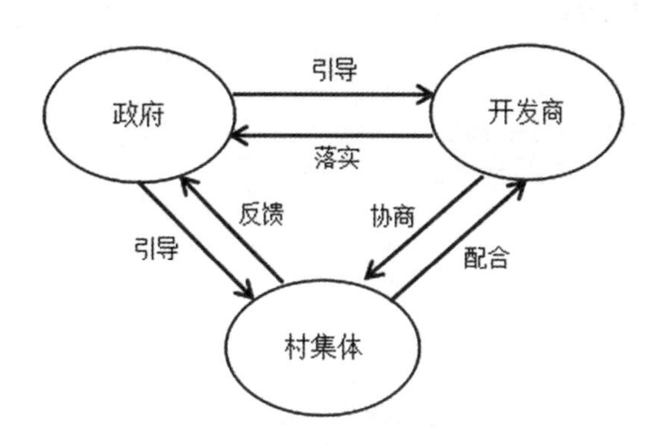

图6—7　改造三方参与示意

第四，明确拆迁补偿方法。由郑州市政府颁布的《郑州市城中村改造规定（试行）》和《郑州市城中村改造规划、土地、拆迁管理实施办法（试行）》等文件明确规定了具体的拆迁补偿方案。郑州市城中村改造所需资金来源广泛，可以通过企业自筹、村民筹集，也可以通过抵押贷款等方式，而这些资金主要用于安置房、商业用房及出租房的建设。补偿方式包括货币补偿和产权调换两种方式，而补偿方案应采取民主的方式，在补偿协议签订前，村集体或者转制后组建的股份制公司必须召集村民或股东对补偿协议方案进行民主表决。对于补偿标准，被拆除的合法建筑面积少于228平方米的按照实际面积置换或者货币补偿，而超过228平方米的部分通过货币补偿。此外，还规定了违规建设标准，即2000年8月9日以后未经有关部门批准的住宅面积为违规建设，违规建设的建筑物不在拆迁补偿的范围内。

表6—12　探索阶段获批改造的城中村

区域	批准改造的城中村名单		
	2004年	2005年	2006年
金水区	西史赵村、杜岭村、王庄村、岗杜村、十二里屯村、西关虎屯、燕庄	马王庄村	任砦村、白庙村白庙、小铺村、常寨村姚砦、琉璃寺村

续表

区域	批准改造的城中村名单		
	2004 年	2005 年	2006 年
管城区	陇海村、安徐村		七里河村、尚庄村刘南岗、尚庄村安徐庄、尚庄村第二村民组、芦邢庄、南五里堡、十里铺村
二七区	焦家门村、菜王村、高砦村		路砦村、佛岗村、小李庄村、孙八砦村三个村民组、王胡砦村
中原区	董寨村、朱屯纯		岗坡村、旮旯王村、李江沟村、北陈伍寨、南陈伍寨、冉屯村、蜜垌村
惠济区	小杜庄村、刘寨村		老鸦陈村、南阳寨、王砦、金洼村

(2)三方参与快速推进阶段(2007—2008 年)

这一阶段郑州城市发展战略有了新的调整。2007 年,郑州经济实力明显增长,形成了比较完备的国民经济体系,人均 GDP 达到 4400 美元,第一、第二、第三产业比重为 3.6∶54.1∶42.3,从三大产业比重来看,郑州已经进入工业化中后期,城镇化率为 61.3%,建成区面积 294 平方公里,正处于加速城镇化时期。根据中原崛起战略的要求,郑州将以郑东新区、洛阳新区与汴西新区为载体,建设成为沿陇海经济带的核心地区和重要的先进制造业基地、城镇密集区、农产品加工基地和综合交通枢纽。郑州市在发展过程中,将促进城中村改造,从而优化产业结构、提升城市功能作为战略重点。另外,城市建设对存量土地利用效率有了更高的要求。随着 2006 年郑开大道建设竣工并正式通车,郑州市为促进郑汴一体化发展、推动中原城市群建设,从 2008 年开始先后颁布了《郑汴产业带总体规划(2006—2020 年)》《郑州航空港地区总体规划(2008—2035 年)》《荥阳市城市总体规划(2008—2020 年)》等政策。根据郑州市交通规划,期望通过建成轨道交通 1 号线一期和 2 号线一期工程,从而形成“一心四城,两轴一带”的城镇布局,并逐渐将中心城区发展为核心区域;此外,通过改变城镇布局结构,整合其优势产业,从而形成产业聚集区,通过产业聚集带动农村剩余劳动力向城镇转移,从而形成人口聚集,推动城镇化发展进程。而对于中心城区,以郑东新区、经开区、出口加工区、郑汴产业带为载体逐渐向东发展,以郑州综合交通枢纽、航空港为依托不断向东南发展,也要适度向西部发展，同时重点保护北部黄河湿地，最终形成“两轴八片多中心”的空间布局。老城区要认真落实“退二进三”政策，积极进行城中村改造，从而改善生活与生产环境，努力提升城市形象；同时也要加快新区建设速度，积极承接老城区的功能转移，从而提升城市的综合实力与竞争力。随着城市化进程的加快与产业结构的优化调整，郑州市城市建设依赖于挖掘存量土地资源，通过提高土地利用效率来拓宽城市发展空间。从内部空间来看，郑州主城区以低层建筑为主，高层建筑数量较少，且主要分布在二七商圈与新区 CBD 区域，而郑州市内的地下空间开发与立体交通建设还处于起步阶段。郑州城市中心的土地集约利用度较低，其容积率低于 0.7，与最优水平相差较远。因此，郑州市在进行新区建设过程中要进行适当的高密度开发建设，从而增加单位土地的产出效益，提升土地利用效率，增强郑州城市的集聚性，从而形成合理的城市形态。郑州土地利用效率较低的原因有以下两点：老工业基地和城中村的存在。在郑州市区内，老工业基地和城中村占地面积达 78.1 平方公里，在该区域内土地存在闲置率高、功能不合理、单位面积产出效益低等问题，这为提升土地利用效率、促进土地集约利用提供了一定的发展空间。

由于前期的城中村改造取得了优异的成绩，未进行改造的城中村表现出积极的改造意愿，从而通过改造盘活了村集体经济活力、优化了村集体的产业结构、完善了村集体基础设施及公共服务建设，从而为村集体发展带来积极的影响，据此城中村改造进入快速发展阶段。在此阶段，开发商改造的积极性也大幅提高，尤其是三环内位置较好、占地面积大的村庄成为企业改造的热点区域。从 2007 年开始，郑州加快了城中村改造速度，期望改造面积占建成区面积的四分之一，从而实现城市的土地资源整合。由于郑州吸取了市场化运作的经验，从而形成了独具特色的城中村改造，在全国内具备一定的影响，城中村改造的“郑州模式”逐渐成形。

为了化解上一阶段出现的主要问题，有效应对工作过程中暴露的矛盾，郑州市于 2007 年和 2008 年两年出台了多部相关文件对城中村改造工作流程、具体措施等进行进一步的规范，见表 6—13。

表 6—13 快速推进阶段郑州市城中村改造相关政策及主要内容

年份	城中村改造相关政策	相关内容
2007	《进一步规范城中村改造的若干规定》(郑政[2007]103 号)	明确城中村改造原则、方式。土地权属变更办法、补偿办法和体制改革内容
	《关于城中村改造中廉租住房和周转房建设有关问题的通知》(郑政[2007]208 号)	规定 60 平方米以下住宅面积比例以及廉租房占比、租金标准、出租限制、产权归属等
2008	《关于禁止城中村擅自拆迁和擅自开工建设有关问题的通知》(郑政[2007]209 号)	强调土地开工标准与流程
	《关于城中村改造有关政策实施中具体细则的会议纪要》	明确村民用房的认定与补偿标准;规定三环内项目容积率原则上不高于 5
	《郑州城中村改造工作流程(试行)》(郑政[2008]120 号)	制定了城中村改造的具体流程;明确各个阶段的相关工作和负责部门

由于探索阶段多个项目的成功,郑州城中村改造速度明显加快,同时也着手解决前一期产生的一些问题。主要特点如下:

第一,确立了政府、开发商、村集体共同参与的机制。《进一步规范城中村改造的若干规定》等相关文件对三方主体的参与积极性有很强的促进作用。树立了坚持"政府主导、市场运作、群众自愿、区级负责"的原则,其中政府负责决策引导、制定改造规划、出台改造优惠政策,政府既可以进行规划指导也可以直接参与改造;开发商出资负责村民安置补偿、安置区和项目的建设,在减轻了其他各方经济负担的同时,也可以获得利益;村集体则提供土地,协调动员村民配合参与改造工作,如图 6—7 所示。

第二,进一步规范城中村改造程序。《郑州市城中村改造工作流程(试行)》对城中村改造的程序进行了详细规定,如图 6—8 所示。文件强调有改造意愿的且召开村民大会形成集体土地转为国有土地决议的城中村才能报上级部门审核;明确了区政府、市财政局、市规划局、市国土局、市建委、市房管局等政府部门在改造过程中的职责权限;规定回迁阶段由区政府负责组织。

第三,确定 1∶2 安置开发比例。郑州制定"安置开发比"的具体标准是保障安置村民利益最有效的措施,即在城中村改造的开发建筑面积中,用于安置房屋面积要占总量的 1/3,剩余 2/3 用于商业住宅开发,超出部分由政府储备。该项规定强化了安置量的合理化,综合考虑了片区容积率、建筑密度及商

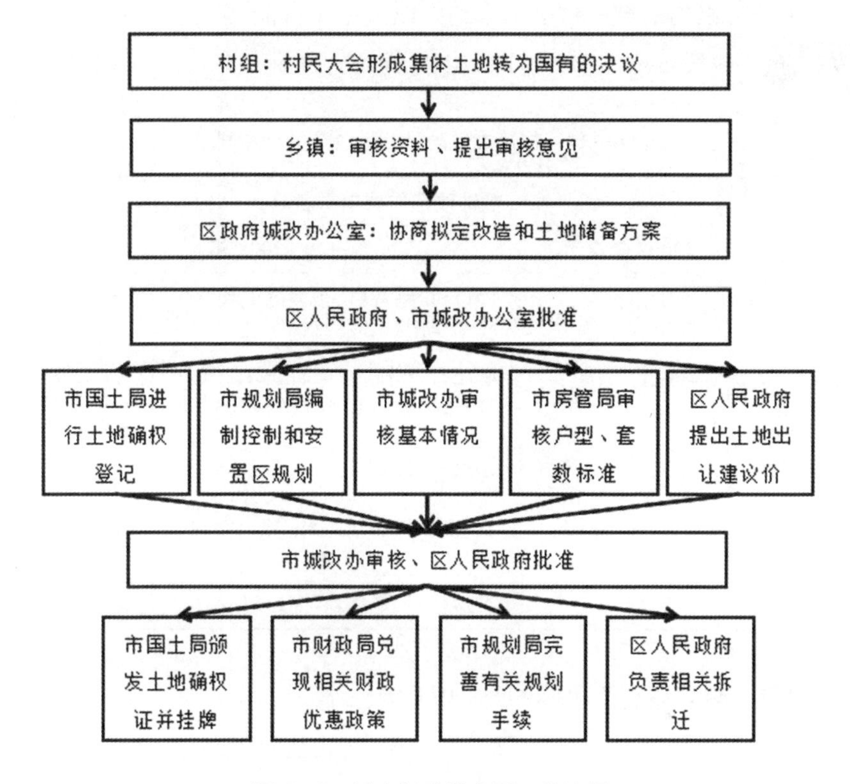

图 6—8　城中村改造主要工作流程

业态的规划，同时也保障了城中村居民的合法权益，避免开发商过度侵占村民利益。此外，还明确规定了不同村民的安置补偿标准，村民宅基地小于 134 平方米的、三层以下的住宅，按照 1∶1 的标准进行安置；人均建筑面积低于 30 平方米的村集体经济用房也按照 1∶1 的标准进行安置。

第四，首次推出廉租房建设和实施细则。这一阶段相关文件对廉租房和周转房规定了具体要求，可以在一定程度上缓解流动人口和城中村改造之间的矛盾。该规定一方面要求 60 平方米以下的小户型面积不能低于村民安置用房、村集体经济用房以及配套开发商品住宅面积的 30%；另一方面要求改造过程中开发商开发建设的总面积中划出 5%的小户型作为廉租房，用于满足来郑州大中专毕业生和外来务工人员的居住需要，其产权仍归开发企业所有，形成了具有郑州特点的城中村改造方式。

该期三环以内的城中村已基本纳入改造范围，逐步启动三环以外城中村的改造，这一阶段批准实施改造的城中村具体见表6—14。

表6—14 快速推进阶段获批改造的城中村

区域	批准改造的城中村名单	
	2007年	2008年
金水区	凤凰台村、沈庄村、黑朱庄	沙口村、路砦村、东关虎屯和盛岗、岳砦村、岗杜村、二十里铺村、沙门村
管城区	尚庄村第一组、弓庄村	耿庄村、杨庄、晋王庙、康庄、陈庄、魏庄、二里岗、槐林新村、十八里河村、站马屯村、尚庄村第五、第六组
二七区	冯庄村、西陈庄村、黄岗寺村、蜜蜂张村	小赵砦村第二组
中原区	石羊村第一组、柿园村白庄、小岗村	三官庙村、周新庄村、林山寨村、闫垌村、北卧龙岗村
惠济区	青寨村、木马村	下坡杨村、毛庄村、固城村、杨庄村、兴隆铺村

（3）统一规划调整阶段（2009—2011年）

在此阶段，郑州城市不仅注重外延式发展，也注重内涵与外延相结合的发展。随着经济社会的进步与城镇化进程的快速推进，郑州市发展由规模导向转为质量导向，在发展模式上也注重内涵与外延的紧密结合。2009年，郑州编制了《郑州市城市总体规划（2010—2020年）》，其目标是将郑州建设成为全国区域性中心城市。同时，在城市发展过程中秉承“复合城市”建设理念，大力推进“大郑东新区”规划建设，在中心城区主要进行内部更新，采取填充式的开发与再开发方式进行城区建设，并通过促进土地集约式利用提高土地利用效率，促进不同收入阶层的和谐共处。郑州市城市总体规划与都市区规划的审批成功，将会引领经济发展与城市建设。郑州市城市总体规划也希望杜绝“摊大饼”式的单中心发展模式，积极构建“多中心”的空间布局，但是以二七广场、郑东新区CBD及郑州东站为主的“多中心”布局存在覆盖范围较小的问题。截至2010年底，郑州市的建成区面积为316平方公里，而国内主要经济中心城市的平均规模为389平方公里，郑州城市规模与国内同级别的城市相比，其规模仍然较小。

与此同时,在城中村改造过程中也暴露出了一些现实问题,亟须解决。例如,在新的发展形势下,前期颁布的改造政策不能满足城中村居民的要求,村民对原规划中的房屋分配、安置费用等存在质疑。在多种因素影响下,城中村改造速度不断加快,早期进行改造的项目已进入交房阶段,但是部分项目出现了房屋质量差及规划不合理等问题。此外,还有些项目由于拆迁困难而难以按期完成改造工作。因此,从客观角度来说,应该不断对前期改造方案进行总结与调整。

2009 年 3 月,第二届“中国城中村改造高峰论坛”在郑州召开,城中村改造的“郑州模式”为全国熟识。该阶段主要政策体现在对改造后公共利益的维护上,见表 6—15。

表 6—15　调整阶段郑州市城中村改造相关政策及主要内容

年份	城中村改造相关政策	相关内容
2009	《关于〈郑州市人民政府关于进一步规范城中村改造的若干规定的通知〉的调整补充意见》(郑政[2009]326 号)	明确了城中村控制性和修建性详细规划的编制主体及程序、土地出让金的缴纳和使用办法;取消了配建廉租房的规定

这一阶段主要针对前一时期爆发出的部分项目进展缓慢、改造后基础设施缺乏、部分项目出现群体性事件等问题作出了调整与改善。主要特点如下:

第一,城中村改造项目规划由市一级负责。本次调整补充意见规定由市人民政府负责组织城中村修建性详细规划的编制工作,这一措施克服了之前各区只顾局部利益,对道路、学校、医院、公交站点等配套基础设施缺乏统一考量的弊端。该文件突出了规划的引领作用,试图通过规划对城中村进行控制并完成改造。此外,由于先前积压项目过多,此次还规定除了一些重点项目沿线涉及的城中村外,其他城中村改造项目一律暂停,重点推进安置房建设。

第二,改造流程、标准更加规范。首先是安置房建设的规定,由于安置房涉及村民切身利益,130 号文件和本次调整补充意见在建设期数、建设时间和最高安置拆迁比方面都做了明确规定;其次在土地出让金的分配上,调整补充意见规定土地出让金中的安置补偿资金必须一次性全额缴纳，即收即返，拨付于区政府，专项用于安置；政府收益的部分专项用于公共和基础配套设施的建设。还要求对参与竞价的开发商有保证金要求，防止恶意炒作地价；在住房面积方面，对比之前规定将房屋控制标准回归到国家统一要求，配合经济适用房、廉租房、公租房“三房合一”的政策，取消了廉租房配建政策。

截至2009年，郑州市批准实施改造的城中村共95个（含144个自然村），其中，46个村（组）（含69个自然村）已实施集体土地转为国有土地，38个村（组）已完成改造规划编制工作，19个村（组）（含34个自然村）已通过招拍挂出让改造用地。本时期项目启动明显放缓，批准实施改造的城中村新项目仅有二七区齐礼阎村。

（4）列入棚户区改造全面实施阶段（2012—2018年）

这一阶段，宏观经济形势发生了一些变化，首先，制度环境的影响。党的十八大召开以来，以城乡统筹、城乡一体、产业互动、节约集约、生态宜居、和谐发展为基本特征的新型城镇化上升到一个新高度。为适应新型城镇化要求，郑州自2012年开始加快了城中村改造步伐，要求建成区内除特色村以外其余城中村三年内全部启动改造。2013年国务院批复《郑州航空港经济综合实验区发展规划（2013—2025年）》，2016年国务院出台的《促进中部地区崛起“十三五”规划》和2017年出台的《国家发展改革委关于支持郑州建设国家中心城市的指导意见》，均要求郑州市在发展过程中以建设国家中心城市为目标，全面提升经济发展，不断增强其辐射带动力。2017年郑州市构建了“一主一城三区四组团”，使得城镇布局结构更加清晰合理，对于中心城区，郑州构建了“一主一城、两轴多心”的空间结构。根据《郑州市城市总体规划（2010—2020年）（2017年修订）》目标，将郑州定位为国家中心城市、历史文化名城、国际综合交通枢纽。并预测到2020年市区内人口将达到1245万人，中心城区城市人口数为610万人，城镇人口为1025万人，城镇率达82%。城市规模的扩大导致用地需求的激增，为缓解土地供求矛盾，郑州从两方面增加土地供给：一方面是征收郊区农地，另一方面是通过城中村改造增加土地供给。由于城中村占地规模大且用地效率低，因此城中村土地有效的再开发利用成为新增建设用地的主要来源，将城中村列入棚户区改造范围。棚户区是指公共服务极其不健全、发展缓慢、环境恶劣且基础设施不完善的片区，并在该区域内中低收入家庭占据较大比例。根据国家战略部署，从 2012 年郑州市开始实施棚户区改造工作，并将城中村纳入改造范围，并以此来完善基础设施建设，提升居民生活质量，改善城市环境，从而推动郑州市经济社会健康持续发展。从 2016 年开始，郑州市不断调整棚户区居民安置政策，进一步提升货币化安置比例，并明确了规划指标及地下空间开发利用方式等方面的详细要求。棚户区改造的运作模式主要表现在以下三个方面：第一，改造过程由政府主导进行，市场协助运作；第二，颁布优惠政策：免收行政事业性收费及政府性基金，并且由政府等相关单位出资为安置小区配套市政公用设施；第三，采取实物安置与货币补贴相结合的安置方式。城中村也具有棚户区的特征，首先，表现在该区域建筑物以住宅楼为主，建筑结构及用料等方面具有较大差异，并且由于缺乏统一的管理，存在较多的私搭乱建建筑，并缺乏相应的基础设施建设。其次，由于城中村房屋租金较低，是低收入群体的主要住所。近年来，郑州流动人口数量持续增长，年均增速达 25%，2013 年郑州市区内流动人口数量达 340 万人，其人口密度位居全国第二，仅低于广州，并且，持续增加的流动人口的居住地大多会选择价格低廉的城中村。例如，郑州市金水区的城中村陈寨，被称为“全省最大的城中村”，其占地面积仅为 0. 618 平方公里，但是却建有 800 多栋高层楼房，且流动人口数量已经达到 13. 2 万人，而该地的户籍人口数量仅为 3394 人，因此流动人口占总人口数的 97. 4%。

经过三年的调整期，自 2012 年郑州市相继出台一系列包含城中村改造政策的相关文件，加快了城市改造进程，具体政策和内容见表 6—16。

表 6—16　全面实施阶段郑州市城中村改造相关政策及主要内容

年份	城中村改造相关政策	相关内容
2012	《关于印发郑州市城中村改造管理办法的通知》（郑政［2011］258 号）	重新确定城中村改造的原则、方式、权属变更办法；统一拆迁补偿标准；创新社会管理
	《关于加强城乡规划土地建设管理和投融资工作的意见》（郑发［2012］21 号）	规定安置住宅、商业用房和增购总和不大于 90 平方米

续表

年份	城中村改造相关政策	相关内容
2014	《关于加快推进棚户区改造工作的通知》(郑政[2014]18号)	规定集体土地征收前需要充分征收村民意见;严格履行法定和“4+2”工作法
	《关于印发郑州市中心城区储备土地成本核算管理办法(暂行)的通知》	规定城中村改造土地收储成本包括土地报批各项费用、征地补偿费、拆迁安置补偿费、财务成本
	《关于调整国家建设征收集体土地青苗费和地上附着物补偿标准的通知》(郑政[2014]142号)	调整集体土地征收时产生的青苗费、建筑物类、果蔬类、林木类、过度补助和搬家补助标准
2015	《关于印发郑州市国有土地收购补偿办法补充规定的通知》(郑政[2015]151号)	规定国有土地的收购标准
2017	《关于印发安置房建设品质提升工作要点的通知》(郑政[2017]8号)	详细规定了安置房品质,主要包括规划设计、建设监督、绿化、物业和配套设施
2018	《郑州市城市规划管理技术规定(2018修订版)》(郑规发[2018]18号)	规定和优化了城中村改造各项技术指标

随着近十年城中村改造建设经验的总结,郑州市城中村改造逐渐成熟,形成了一套相对完整、各方利益平衡的运转机制。主要特点如下:

第一,确立政府统筹改造中的主导地位。郑州市政府颁布的《关于印发郑州市城中村改造管理办法的通知》等文件,都表现出了政府在改造过程中的主导与监管作用,主要表现在以下两个方面:首先,将城中村改造计划列入城市发展规划中,同时政府主导控制规定与修改规定,从而使学校、绿地等基础设施与公共服务体系更完善、更健全,并且使容积率、楼间距等指标更加科学合理。其次,政府要主导并负责城中村居民的迁移与安置,而受政府委托的公司要负责城中村改造的融资、安置房建设等工作,有效降低项目风险,加快项目进程。

第二,将城中村改造纳入棚户区改造范围。棚户区改造是我国政府为改造城区内危险住房、提升家庭住房条件而推出的民生工程。随着《关于加快推进棚户区改造工作的通知》等政策的颁布,将城中村改造与合并村庄都纳入了大棚户区改造范围,其目的是解决郑州市城区内的二元发展,从而全面推动郑州市的城镇化发展,并期望以此为载体提高居民的生活质量和再就业能力,促进产业结构的优化升级。同时,为了解决新就业毕业生、外来务工人员及低收入群体的住房问题,政府通过租赁并集中改造城中村从而建设具有租赁性质的安置房,并将该安置房纳入公租房管理范畴。此外,明确规定集体所有土地的村庄拆迁要采取民主的形式,充分考虑村民的意见与建议,严格遵守法律法规与“4+2”工作法的相关程序,制定完善的拆迁安置与补偿方案,并且在与被拆迁人签订安置补偿等协议后即可启动拆迁。

第三,全市统一标准的拆迁安置补偿。新出台的《关于印发郑州市城中村改造管理办法的通知》重新规定了统一的拆迁安置补偿标准。通知规定选择货币补偿的被拆迁人的补偿金额由拆迁房屋的面积、位置等因素决定,原则上三层及以下的合法建筑物将按照市场评估价格进行补偿;而选择产权调换的被拆迁人,原则上三层及以下的合法建筑物将按照拆多少补多少的标准进行安置,而三层以上的建筑不予补偿。同时,通知还规定不合法的建筑物将不进行补偿,并且在2000年8月9日以后未经相关部门批准而建设的建筑物也属于违法建筑,在拆迁时不进行补偿。合法建筑应当具有《国有土地使用证》《建设用地规划许可证》《建设工程规划许可证》《建筑工程施工许可证》。按照规定,村民住宅建筑不能超过三层,且层高低于3.3米。对于宅基地,明确规定一户农村居民只能拥有一个宅基地,且该宅基地面积不能超过134平方米。

第四,明确规定了安置房品质标准。虽然城中村改造已经进行了较长时间,但是补偿的安置房却没有明确的建设标准,使得安置房质量问题一直存在。随着《关于印发安置房建设品质提升工作要点的通知》的颁布,在安置房的规划设计、物业管理及公共服务设施配套等方面作出了具体的规定,在很大程度上提升了安置房的交房标准。在制定控制性详细规划时,突出明确了安置地建设强度、容积率、建筑限高、停车配位建设等方面的强制性内容;在制定修建性详细规划时,重点要求要严格按照相关经济指标及《郑州市城乡规划管理技术规定》(试行)的要求规划设计安置地;在建设程序上,要严格按照安置地块执行规划许可、施工图审查、竣工验收备案等程序进行。

从2012年开始郑州市加快了城中村改造的步伐。2015年,郑州市批准了四环以内的所有城中村项目的启动。2016年,郑州市四环外、城市规划区内以及周边三公里范围内的棚户区改造项目也全部进行了拆迁。本阶段具体项目见表6—17。

表6—17　全面实施阶段获批改造的城中村

区域	批准改造的城中村名单				
	2012年	2013年	2014年	2015年	2016年
金水区	杲村、张砦新村、杜岭村、张庄村、马李庄村、阎庄村司家庄、阎庄村聂庄	黄家庵、马李庄村、沙门、刘庄、庙李、陈砦、邵庄	大铺、姜砦、王府坟、徐砦、杓袁村	四环内剩余城中村	四环外、城市规划区及周边三公里范围的棚户区改造项目
管城区	小王庄、西吴河		剩余7个城中村		
二七区	兑周村、王立砦村、孙八砦、贾寨村	梨园			
中原区	孙庄村、东陈伍寨			同金水区	同金水区
惠济区	张寨村、苏屯村		剩余11个城中村		

（5）郑州市城中村改造的主要成就

第一，探索出一条相对高效合理的城中村改造道路。关于城中村改造的主要模式和郑州市的城中村改造历程上文已有阐述。郑州城中村在近20年的城改过程中逐步探索了一条相对高效合理的城中村改造道路。2009年在郑州召开的国家城中村改造高峰论坛上首次提出了城中村改造的“郑州模式”。“郑州模式”主要遵循“政府让利，村民收益，企业得利”的原则，早期以“开发商介入为主”，政府负责制定城中村改造的安置开发比，明确新的拆迁安置、赔付标准，并且将城中村改造和廉租房建设联系在一起。这种模式的好处就是激发了市场的能量，可以在短时间内高效地开展改造工作，但同时也暴露出很多问题。随后经过一定的政策调整、改良，从过去的“开发商介入为主”模式转为“政府主导，市场运作”的模式，其核心是政府全程监管、规划引领、统一安置政策、整街坊配建公共设施、完善产业支撑，同时坚持科学规划、统筹推进、政府主导、市场运作、“以人为本”、完善配套、同步建设的基本原则，确保在激发市场活力、高效改造的前提下，做好全程监督，做到科学、合理地进行城中村改造。

第二，新型城镇化取得显著进展。城中村改造作为新型城镇化的一种重要手段，自启动以来一直是推进郑州城镇化的重要推动力。城中村改造一方面将原有农村体制直接改造为城市体制，从而实现城镇化；另一方面，通过城中村改造，可以为更多的转移人口提供居住空间，进一步加快城镇化脚步。“十二五”期间，郑州市的城中村改造全面提速，4 个开发区、6 个城市区及县城、产业集聚区、组团新区规划区范围内，共启动拆迁村庄 627 个，动迁 175. 65 万人，显著加快了城镇化步伐①。根据《2018 年河南人口发展报告》，在人口规模方面，郑州连续 8 年常住人口增量超过 15 万人，2018 年底郑州市常住人口首次突破千万，达到 1014 万人，较上年新增 25. 5 万人，持续增长速度快；在人口流动方面，定位于国家中心城市的郑州也显示出很强的吸引力，省内跨市流动的人口中，有 59. 8%流入郑州，外省流入省内的人口中，有 36. 8%流入郑州；在城镇化率方面，郑州城镇化率从 2000 年的 55. 1%达到 2018 年的 73. 38%，年均增长超过 1%。

第三，土地利用水平相对优化。城市土地利用是城市空间形成的基础，是所有城市活动开展的物质载体②。同时，作为最稀缺的自然资源的土地，如何做好土地资源管理、有效提高土地利用水平和能力对新型城镇化工作来说十分重要。城中村改造对于城中村土地利用方式、集约程度的优化是根本性的，这种根本性可以从以下两个方面来理解：一方面，城中村改造促进了城区土地的集约利用，虽然郑州市中心城区土地成本较高，但通过有效的市场化手段能够实现对城中村区域土地更为合理的布局，主要体现在人口、交通、公共基础设施以及商业等的重新配置上；另一方面，城中村改造也为原有区域土地的利用类型的不合理提供改善空间。随着城中村的改造，将原有功能不合理、利用不充分的土地使用类型转换为功能更合理、利用更高效的土地使用类型，实现土地利用水平的优化。郑州市中心城区土地集约利用水平变化如

① 宋晓珊：《郑州的城中村为啥“不得不拆”》，《河南商报》2015 年 12 月 31 日。

② 唐永、和瑞、刘建文：《基于土地利用演变视角的大城市病分析及策略探讨——以郑州中心城区为例》，《2019 城市发展与规划论文集》。

图 6—9所示。

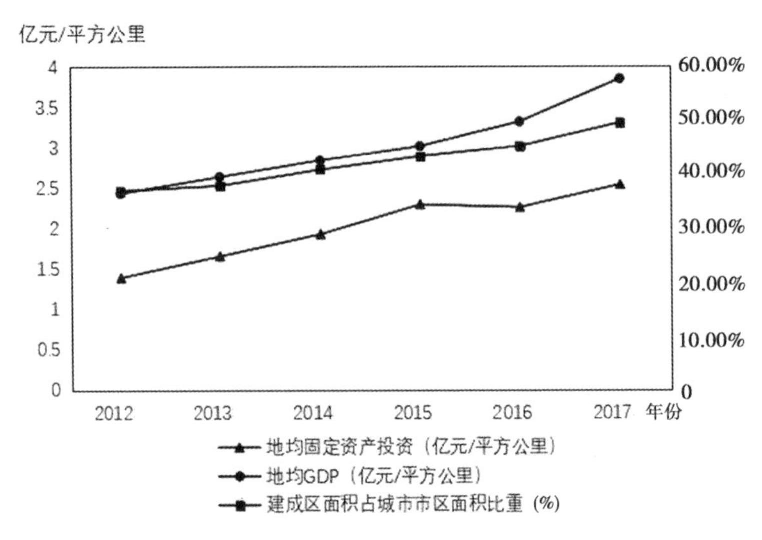

图 6—9　郑州市中心城区 2012—2017 年土地集约利用水平变化情况

第四,城市面貌显著改善。城市面貌反映出城市特有的景观、风采,也体现出城市的精神和性格,代表着一座城市的形象,是城市的经济实力、商业的繁荣、文化和科技事业的彰显。郑州市近二十年的城中村改造实践对城市面貌的改善起到了极大的促进作用。在城市建筑类型方面,城中村一方面与城市没有完全同化,另一方面又基本脱离了原有农业生产方式,但其发展的无序性导致了严重的城市面貌问题。郑州市通过城中村改造,对城市建筑类型有了显著改变,绝大多数原本高低无序的“握手楼”被改造成了符合现代化标准的社区,也有一些城中村改造成为城市综合体、商业中心,具有更高的商业价值。例如金水区的西史赵村改造后为普罗旺世小区,在郑州房地产市场具有很高的影响力;金水区的燕庄村改造为城市综合体,包含高档公寓、酒店、商业金融区等,在改善了城市形象的同时,也弥补相关功能的缺失,实现了很大的商业价值。另外是城市生态的显著改善,改造前的城中村普遍绿化率小于3%,建筑密度大于60%,而改造后的商业建筑绿化率在25%以上,住宅建筑绿化率在30%以上,建筑密度更为合理,使相关城市生态得到很大改善。虽然改造后仍然存在建筑风格千篇一律、个别社区“钢铁森林”的情况,但在整体城市面貌方面有显著的改善。

第五,交通拥堵一定程度缓解。交通拥堵一直是困扰城市规划的一大难题。一方面,快速增长的机动车数量进一步导致人们对交通设施的"天量"需求;另一方面,早期的城市规划对于交通需求增长的预期不足,导致交通设施的供给只能满足"一时之需",长期的供求矛盾日益尖锐。此外,郑州市由于城郊开发区或城市副中心的功能单一化,忽略了较小空间尺度内居住与就业的交叉分布,产生的"职住分离"问题进一步激化了矛盾①。

郑州市城中村改造对于交通拥堵的改善作用主要体现在以下两个方面。一方面,城中村改造可以有针对性对车位进行增加,防止占道等对交通拥堵的进一步影响。比如郑州市大多数城中村改造项目的控制性详细规划对社会停车场用地都有明确界定,有效缓解了停车场不足的情况。此外,规划还对社区车位有明确规定,例如二七区铁三官庙城改项目控制性详细规划上就明确规定了机动车车位配建标准,即二类建筑用地车位按大于等于 1 辆每户配建,住宅建筑面积大于等于 130 平方米的按不少于每户 2 辆配建,中小学用地按大于等于 4 辆每百师生配建机动车停车位。另一方面,郑州市城中村改造对路网也有一定的优化作用,既可以在主干道扩展过程中给予空间,还可以通过科学规划在城中村内部形成合理路网,打通路网末端的"毛细血管",例如郑州市高新区牛砦社区城中村改造项目就在区域内部形成新的路网,如图 6—10 所示,对该区域交通问题具有一定的缓解作用。城中村改造涉及用地面积有限,对于交通问题仅具有一定的缓解作用,交通问题的解决是一个系统工程,需要更多更广范围的资源优化配置。

(6)城中村改造存在的主要问题

第一,大多数项目的经济带动作用有限。研究发现,占比 89%的项目为正常密度和高密度项目,拥有较高的直接经济效益但总经济效益较低,这也表明大多数项目对当地投资、就业、税收等经济活动的带动作用有限。

第二,高密度、低综合效益的城中村改造仍在持续。本书所研究的 2010

① 郭力:《中国大城市职住分离的成因及解决途径——以郑州市为例》,《城市问题》2016 年第 6 期。

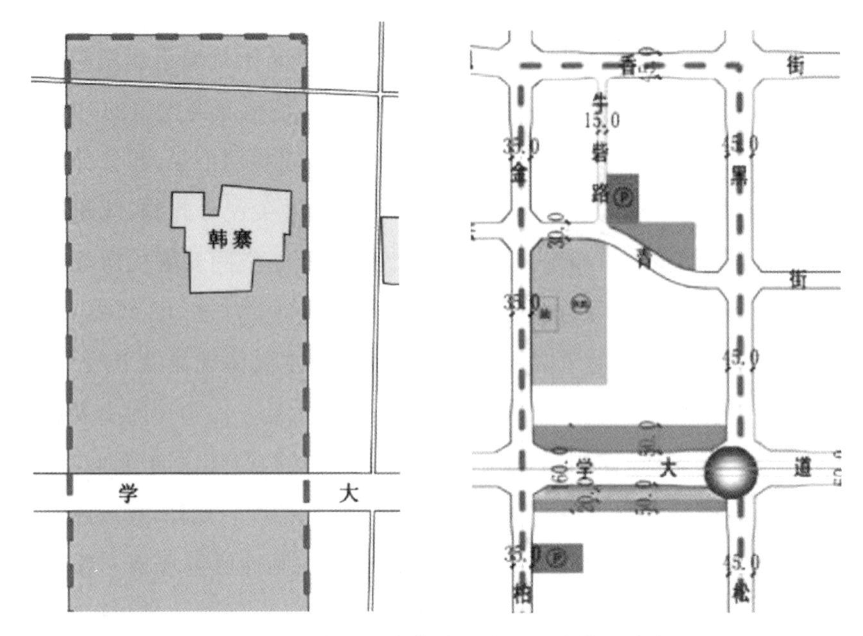

图 6—10　高新区牛砦社区路网改造前后对比

资料来源:高新区牛砦社区城中村改造控制性详细规划。

年至 2015 年郑州市进行的 36 个城中村改造项目,其中 44%的项目均为高密度项目,这不利于城市的总体发展。在 2018 年出台的《郑州市城市规划管理技术规定(2018 修订版)》已经明确规定,在三环内的城中村改造项目二类居住用地原则上容积率不应超过 3. 5,但在 2018 年以后郑州城中村改造的实践过程中,依然有许多高密度项目,见表 6—18。这种情况如果继续下去,城中村改造的效果势必会打折扣。

表 6—18　2018—2019 年获批的部分高密度城中村改造项目

项目名称	公示时间	平均容积率
金水区张家村二期	2019.01.03	4. 2
惠济区老鸦陈村	2018.10.29	4. 5
金水区陈砦片区	2018.11.05	6
金水区王府坟村	2018.08.03	5. 5
金水区张家村一期	2018.04.23	4. 8

第三,城中村改造的整体环境效益不高。本书选取的36个项目整体都具备一定的环境效益,但其环境效益得分要显著低于经济效益和社会效益,说明郑州市城中村改造过程中在环境保护、改善和修复方面仍不理想。

第四,高昂社会成本导致持续高密度的开发。本书的36个城中村改造项目,按政策规定的安置开发比计算,平均用于补偿的社会成本为5496.39元每平方米,而2012年前后郑州市普通住宅的均价也在5000元到6000元每平方米,这也就给高密度项目的推行提供了理由:如果想要在能够支付高昂社会成本后还能实现经济收益,不断地提高土地开发强度就是必然选择。

三、功能疏解置换的空间

1. 置换空间面积

经过初步测算,2013—2015年,郑州市实际外迁市场162家,三年内腾留土地面积分别为4478.8亩、5207.41亩和4459.7亩。2016年推进郑州市大围合区外迁工作后,市场外迁的范围扩大至高新区、经开区及航空港区,置换城市空间7874.5亩。经计算,2013—2018年市场外迁工作腾留22015.41亩土地,占郑州市建成区面积的2.93%。见表6—19:

表6—19　郑州市2013—2018年各区外迁市场总面积　　单位:亩

外迁市场所在区域	2013年	2014年	2015年	2016—2018年
中原区	567.3	216	64.5	226.5
二七区	951.8	574	946	1124.5
金水区	673.7	725	1074	996.2
管城回族区	1818	570.2	899.2	355
郑东新区	280	3098.15	1368	330
惠济区	183	20	—	3812

续表

外迁市场所在区域	2013 年	2014 年	2015 年	2016—2018 年
火车站地区	—	4.06	108	—
高新区	—	—	—	128
经开区	—	—	—	776
航空港区	—	—	—	126.3
总计	4473.8	5207.41	4459.7	7874.5

资料来源:郑州市政府服务网。

工业企业外迁方面,2013—2015 年郑州市外迁范围是郑州市三环内所有工业企业,2016—2018 年共外迁 42 家工业企业,2018 年郑州市推进大气污染防治工作,对重污染企业转移或"退城进园"。但由于资料搜集困难,所以不能查询到所有外迁企业名单、外迁方向与厂区面积。因此不能整理得出企业外迁置换的土地面积。但可以预计的是,同市场外迁一样,工业企业外迁同样能为郑州市中心城区腾留大片城市空间资源。

2. 置换空间重建原则

产业外迁为城市中心拓展了丰富的土地资源,为了实现土地资源整合利用,提升中心城区土地集约利用水平,不应盲目对置换空间进行规划建设,应详细、科学编制置换空间的控制性和修建性方案,避免求大求全、片面追求高经济回报,具体原则主要为以下三点:一是对置换空间的重建要以发展高端产业为主。二是根据中心城区的实际需要适当发展城市游憩绿地空间。三是对外迁置换空间的重建应以外迁置换空间、新建产业承接地和城市旧区的融合发展为前提。

(1)优先发展高端产业

根据国内外城市发展的经验,城市呈现组团式发展趋势,中心城区着重发展信息、高端服务、商贸物流和智能产业等,外围城市组团着重发展第二产业。郑州市主城区规划定位为国际陆路综合交通枢纽、国家级商贸中心、区域性金融服务中心、高新技术产业和都市型制造业基地。为了实现郑州市中心城区规划目标,要抓住产业外迁政策实施的机遇,规划建成国际高端产业集聚的中心城区,建设科技创新、现代金融、人力资源协同发展的现代产业体系。因此,产业外迁置换空间应优先发展高端产业,具体体现在优先发展现代服务业和先进制造业两个方面。

第一,优先发展现代服务业。中心城区应调整城市用地结构,实现"退二进三",减少工业企业用地比重,提高服务业用地比重。郑东新区建成区域金融中心,主要发展金融业和商贸业;金水区主要发展对外贸易、商业、知识产权服务、文化等总部型产业;二七区主要发展高端商务业;管城回族区建成生态型、现代化的市民服务中心;中原区增加现代服务业比重,主要发展商贸物流业;惠济区主要发展文化创意、休闲旅游产业。

同时,为了预防产业外迁带来城市空心化风险,中心城区可以适当考虑发展生产性服务业。如将制造业企业的总部、研发、销售、管理等部门设立在城市中心城区,以满足这些部门对人才和信息等要素的需求,将产业的物理生产环节外迁至城市外围,实现中心城区内生产性服务业与城市外围的制造业融合发展。

第二,优先发展先进制造业。要提升城市竞争力就应提高产业技术水平,做大做强战略性支撑产业,培育壮大战略性新兴产业,改造提升传统优势产业,推动制造业向规模化、高端化、智慧化、品牌化发展。产业外迁之前,郑州市老旧工业围城的现象尤为突出,传统产业呈现高污染、高能耗、低附加值的特点。郑州市产业外迁之后,城市中心的制造业发展应以发展科技化、绿色化、智慧化的高端制造业为主,加强对物联网、云计算、互联网大数据的运用,提升中心城区制造业的产业技术水平。郑州市产业外迁能带动产业布局实现"大进大出",这种改变是根本的、彻底的,能全面提高中心城区的产业水平。

(2)扩大城市游憩空间

过多地开发土地不可避免对生态环境造成影响,城市化与生态平衡之间天然具有难以调和的对立矛盾。根据环境库兹涅茨倒 U 型曲线,城市环境状况会随着城市化进程的推进呈现先恶化后有所好转的现象①。根据郑

---

① Berger A.R., Hodge R.A., "Natural Change in the Environment: A Challenge to the Pressure-State-Response Concept", *Social Indicators Research*, Vol.44, No.2(1988), pp.255-265.

州市城市总体规划(2010—2020年)(2017年修订版本),至2020年,规划中心城区人均公园绿地面积15.1平方米,而截至2017年,郑州市建成区人均公园绿地面积只有13平方米,与城市规划的要求还有很大差距。为了应对城市发展带来的环境问题,近两年来,郑州市陆续发布扩大城市游憩空间的建设规划。城市公共游憩空间是衡量城市社会文明和居民生活质量的重要表征,是现代城市的重要组成部分,是城市基本公共空间体系的重要内容。

城市外围区域存在着尚未开发利用的空间资源,但郑州市主城区发展较早,城市建设密度大,空间资源供应紧张,郑州产业外迁为规划建设郑州都市区生态体系腾留了宝贵的空间资源。郑州市老城区游憩绿地缺口较大,对郑州市外迁置换空间的重建应适当考虑扩大城市游憩空间,以此落实中央生态文明战略,提高城市生态质量,满足城市居民亲近自然和游憩休闲的需求。

(3)新旧空间功能融合

郑州市产业外迁伴随着产业置换空间的重建和产业承接地的新建,在产业外迁的不同阶段,外迁置换空间、新建产业承接地和城市旧区“三类空间”呈现出不同的发展状态,如图6—11所示。(1)在产业外迁前期,由于存在政策指导这个外生因素,要素流动的方向是确定的。生产资源、劳动力、技术、信息等要素以最快的速度流入产业承接地,集聚经济的内在吸引力也会吸引大量配套产业进入产业集聚区。在这一阶段,随着外迁产业的流入,产业承接地的产业发展水平迅速提升;同时,产业外迁政策的实施为中心城区腾挪大片置留空地。(2)在产业外迁中期,外迁置换空间逐渐得到规划重建,同时,产业承接地不断集聚要素发展,规模得到扩张,与城市旧区的互动关系日渐紧密。外迁置换空间、新建产业承接地和城市旧区开始呈现融合发展的趋势。(3)产业外迁后期,外迁置换空间全部规划建设完毕,产业承接地的规模进一步得到扩张,城市空间结构呈现全面有组织状态,最终形成布局合理、功能完善的城市网络体系。

由图6—12可知,产业外迁置换空间并不是一个独立存在的个体,对外迁置换空间的规划建设也应考虑与郑州市“其他空间”的发展相融合。因此,郑

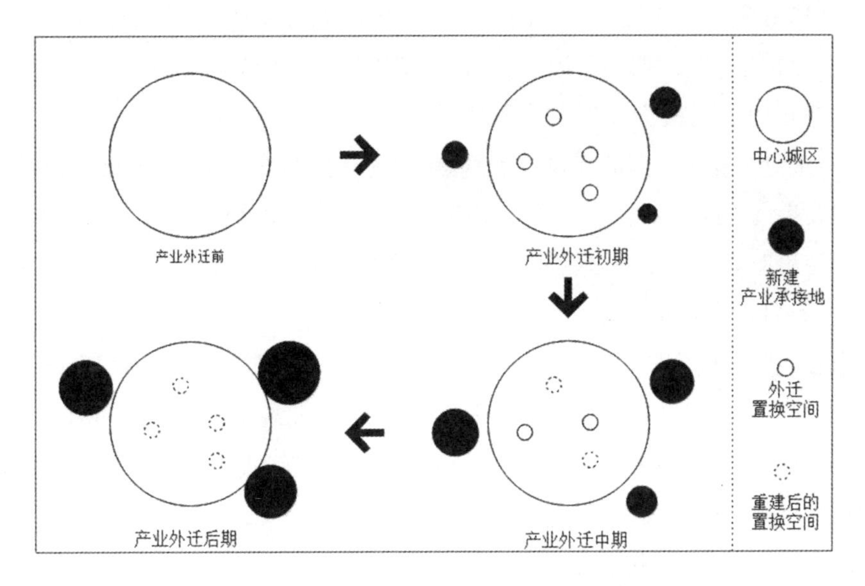

图 6—11　产业外迁过程中"三类空间"发展示意

州市新旧空间功能融合有三层含义：一是产业外迁置换空间与城市旧区的融合发展；二是城市新区与城市旧区的融合发展；三是城市新区与产业外迁置换空间的融合发展。

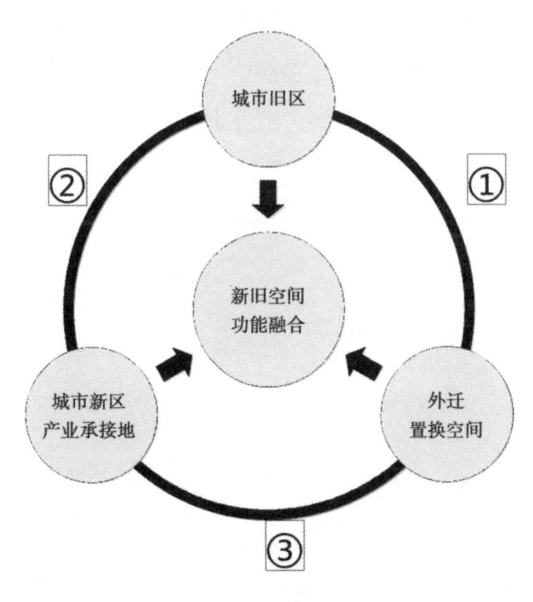

图 6—12　郑州市"三类空间"融合发展示意

（1）针对产业外迁置换空间与城市旧区的融合发展，重点在于要根据城市发展的实际需要规划重建产业外迁置留土地。不应片面追求发展“高端产业”，应正确审视城市发展的实际需要，合理布局中心城区商业及服务。同时，应避免对置换空间的建设过于密集，要适当保留城市空地，发展城市游憩空间及生态空间，留白增绿，弥补城市旧区生态失衡的缺陷，实现外迁置换空间和城市旧区功能互补，最终实现二者的融合发展。

（2）针对产业承接地与城市旧区的融合发展，重点在于加强产业承接地基本公共服务设施体系的建设。产业承接地多位于城市边缘区域，距离主城区较远，主城区对产业承接地的辐射作用较弱，产业集聚区可利用的旧城基础设施也就越少，城市基本公共服务设施和交通资源的匮乏是城市新区与城市旧区难以融合的主要原因。首先，要保障新区公共设施用地、道路与交通设施用地不受商业、服务业用地、工业用地的影响，并适当增加市政基础设施用地的比例。其次，要增加产业承接地市政基础设施建设的财政投资力度。例如，2016 年新郑新港产业集聚区引入社会资金，融资到 132.5 亿元参与公共基础设施的建设，提高了产业承接地市政基础设施水平，为产业集聚区承接人口流入做足准备，避免新区建成“鬼城”，降低城市新区空置率，促进产城融合。

（3）针对外迁置换空间和产业承接地的融合发展，重点在于实现产业的有序衔接转移。产业承接地和外迁置换空间在产业外迁过程中呈现“一进一出”的关系，产业承接地的打造要参考迁出地原有产业的种类，外迁了什么样的产业，就要相应地规划建设与外迁产业相匹配的产业承接地。外迁置换空间的重建也要区别于产业承接地的规划，避免无意义的重复建设。

第七章　城市空间的重构

城市空间置换的目的是适应社会经济发展和居民生活新的需求，置换后的空间通过科学规划和建设，实现城市使生活更美好的目标。城市空间置换后一般依次通过以下途径重构城市空间：(1)空间置换后最直观的表现是重构城市产业布局，通过将落后产业搬离中心城区、产业集聚区不断规划建设，外迁置换空间优先发展高端产业三个步骤得以实现；(2)产业布局得到重构后，通过大量人口向工业产业集聚区和市场集聚区流入，相关生活配套设施配套建设，产业承接地内形成稳定的居民居住区，城市居住空间布局得以重构；(3)空间置换促使城市框架不断拉大，为了解决伴随着居住空间重构而产生的职住分离现象，同时满足外迁产业发展的物流需要，城市交通体系不断得以完善，交通布局随之重构；(4)通过疏散中心城区的工业生产职能和商贸交易职能，区域内三次产业结构得到调整；(5)空间置换后，中心城区土地集约利用水平得到提高，工业用地、居住用地及交通用地的变化表现为城市土地利用类型的变化，即产业外迁重构了土地利用结构；(6)空间置换一定程度上缓解了城市中心城区城市面貌差、环境污染严重等问题，为中心城区规划建设公园绿地和游憩空间扩展资源，起到了重构城市生态空间的作用。

一、重构城市产业布局

自 2013 年郑州市产业外迁启动以来，市场外迁及工业企业外迁工作有序进行。经济发展和产业布局是城市空间发展的主要动力，我国城市空间的重

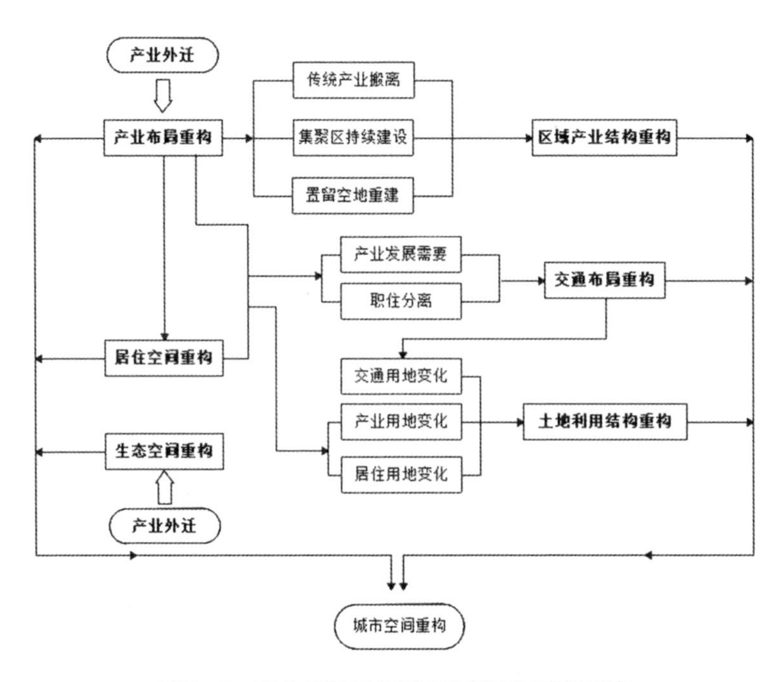

图 7—1　产业外迁重构城市空间实现路径示意

构首先表现在产业空间重构上①。郑州市产业外迁对城市空间重构的作用同样首先表现为城市产业布局重构,主要通过以下三个步骤得以实现:第一,传统市场和工业企业搬离城市中心区域;第二,专业市场承接地和产业集聚区持续建设;第三,产业外迁置换城市空间发展高端产业。

首先,传统产业在 2018 年底全部完成外迁工作。2013—2018 年,郑州市共完成 242 家传统市场的外迁工作,其中,2013—2015 年实际外迁 162 家,2016—2018 年实际外迁 80 家。2013—2015 年完成郑州市三环内所有工业企业外迁工作,2016—2018 年完成大围合区域不符合条件的 42 家工业企业外迁工作。

其次,专业市场承接地和产业集聚区持续建设。郑州市规划打造“一区两翼”及“十大市场集聚区”。根据郑州市市场发展局公布的郑州市市场集聚

① 郑国、邱士可:《转型期开发区发展与城市空间重构——以北京市为例》,《地域研究与开发》2005 年第 6 期。

区规划，郑州市十大市场集聚区除管城钢材集散市场、金水国际软件园、金马凯旋家具市场、CSD 国际时尚商贸中心和锦艺纺织园位于中心城区内，其余市场集聚区都位于郑州市中心城区以外。中心城区以内的市场集聚区占地总面积 14800 亩，中心城区以外的市场集聚区占地总面积 47800 亩。随着郑州市传统市场外迁至外围市场承接地，总体会呈现出传统市场由中心城区向城市外围地区的专业市场承接地迁移的趋势，郑州市专业市场布局得以重构。

工业产业承接地建设方面最突出的表现是着力打造工业产业集聚区。河南省 11 个产业集聚区在地理信息系统上的显示如图 7—2 所示，产业集聚区大多位于郑州市主城区之外。郑州高新技术产业集聚区和郑州经济技术产业集聚区位于中心城区以内，荥阳市产业集聚区和中牟汽车产业集聚区部分位于中心城区以内，部分位于中心城区以外，其他产业集聚区皆位于中心城区以外[①]。工业产业外迁过程中，企业向产业集聚区迁移，在空间上表现为城市产业布局的重构。

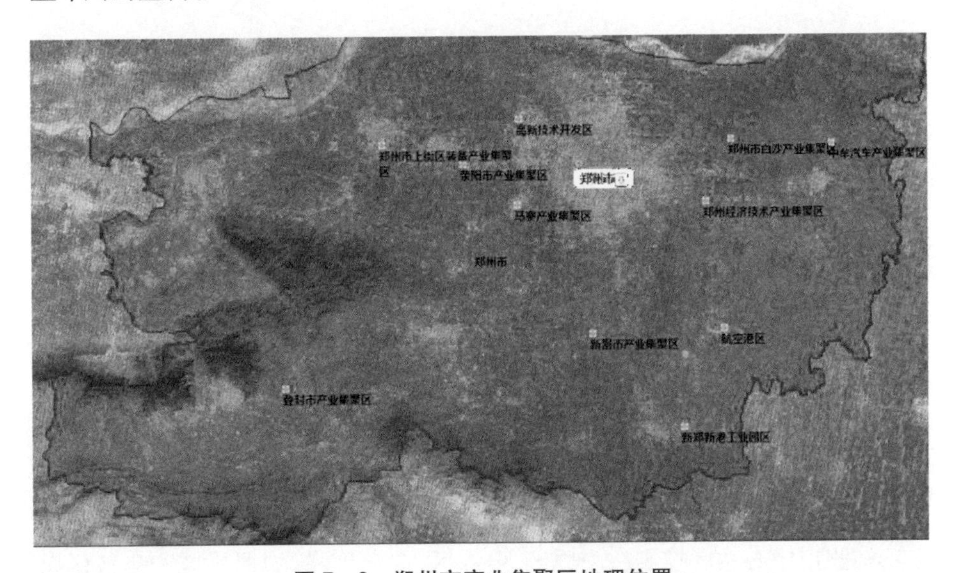

图 7—2　郑州市产业集聚区地理位置

资料来源：河南省产业集聚区地理信息系统。

① 郑州市自然资源和规划局：《郑州市土地利用总体规划（2006—2020 年）调整方案》，2018 年 1 月 9 日，见 http://zzland.zhengzhou.gov.cn/tdlygh/670217.jhtml。

最后,产业外迁置换城市空间发展高端产业。郑州市高端要素集聚不足就无法很好地发挥中心城区的集聚与辐射功能。外迁郑州市落后产业,同时引进先进的生产要素,才能实现产业布局“腾笼换鸟”式的转变。产业外迁为郑州市高端要素集聚腾挪空间,助力了郑州市产业布局的彻底重构。东部地区建立国际化区域金融中心,同时发展尖端制造业和高新服务业;西部地区建设高端商务会议中心、高端装备制造基地、高新技术产业基地、新材料基地、通航产业基地、医疗康复中心和创新创业中心;南部地区汇聚高端人才、高端产业、高端要素,建成集商务和居住功能为一体的国际化航空大都市;北部地区加强黄河两岸生态保护,建设沿黄生态经济带,加快一体化进程;中部地区降低人口密度,提高产业层次,强化金融服务、总部经济、国际交往、文化创意和都市休闲旅游等功能,建设环境优美、生活方便、交通便捷的现代化中心城区。

产业外迁通过将传统产业搬至城市外围的产业集聚区,同时在产业外迁置换空间内规划发展高端产业,实现郑州市产业布局的重构。

二、重构居住空间布局

产业外迁对城市居住空间布局产生了影响。从影响因素上看,地区经济发展状况、交通、通信发展水平、文化教育事业的发展和人口迁移政策的实施对城市居住空间布局产生了直接影响。考虑到经开区、高新区、郑东新区和航空港区的城市发展战略目标与其所属的行政区有很大的差别,为了更准确探究产业外迁政策对郑州市居住空间布局的影响,将经开区、高新区、郑东新区和航空港区作为独立的部分,确定了郑州市 16 个研究区域。根据郑州市人民政府 2018 年 1 月公布的《郑州市土地利用总体规划(2006—2020 年)调整方案》,郑州市中心城区控制在中原区、金水区、二七区、管城回族区和惠济区以内。而城市新区是指伴随着城市规模扩大和工业化的推进,规划建成的具有完整性和独立性的新型城市景观。根据上述标准对郑州市 16 个研究区域进行分类,可分为城市中心区域(中原区、二七区、管城区、金水区和惠济区)、城市外围区域(上街区、中牟县、巩义市、荥阳市、新密市、新郑市和登封市)和城市新区(经济技术开发区、高新技术开发区、郑东新区和航空港区)。

通过对2012—2017年末总人口数进行统计分析,发现截至2017年,郑州市中心区域年末总人口数共增加了7.09万人,但郑州市中心城区年末总人口占全市年末总人口的比重却下降了2.79%。郑州市外围区域年末总人口数2012—2017年下降了17.84万人,年末总人口占比降了6.02%。郑州市新区年末总人口数增加幅度最大,共增加了95.83万人,年末总人口数占比上升8.81%。具体变化情况如表7—1所示。

表7—1 郑州市各区域2012—2017年年末总人口

县(市、区)	年末总人口(万人)					
	2012年	**2013年**	**2014年**	**2015年**	**2016年**	**2017年**
中原区	72.24	73.24	74.32	75.13	76.16	76.88
二七区	73.86	75.24	76.64	78.14	79.25	80.15
管城区	52.29	52.64	53.65	54.60	55.51	56.16
金水区	140.21	141.53	143.65	145.33	128.65	130.12
上街区	13.45	13.53	13.61	13.68	13.84	14.05
惠济区	27.45	27.84	28.30	28.60	29.15	29.83
中牟县	71.06	46.69	47.19	48.14	49.32	50.06
巩义市	81.32	81.63	81.99	82.36	82.79	83.27
荥阳市	61.45	61.50	61.54	61.58	62.10	62.67
新密市	79.99	80.00	80.33	80.37	80.69	80.97
新郑市	68.74	63.88	64.61	65.67	63.58	64.20
登封市	67.76	68.34	68.89	69.43	70.14	70.71
经开区	12.31	18.47	20.01	22.03	24.63	25.58
高新区	22.42	23.49	24.66	24.77	27.20	27.92
郑东新区	29.14	40.30	43.53	47.05	62.36	65.45
航空港区	29.4	50.81	54.85	60.02	67.01	70.15

资料来源:郑州统计年鉴(2013—2018年)。

如图7—3所示,产业外迁政策实施以来,郑州市人口呈现由中心城区和城市外围区域向城市新区流动的趋势。由于政府政策的倾斜、产业发展和大量资本的注入,城市新区开始发挥集聚效应。集聚效应是重构城市居住空间布局的基础力量,城市新区的建立一方面促使郑州市建成区面积不断扩大,居民居住区向外迁移,中心城区人口密度增长缓慢甚至出现下降趋势,但近郊区人口密度增长迅速;另一方面,城市新区是产业外迁的重要承接地,伴随着产业外迁,产业承接地内迅速形成稳定的人口密集区,对郑州市居住空间布局产生影响。

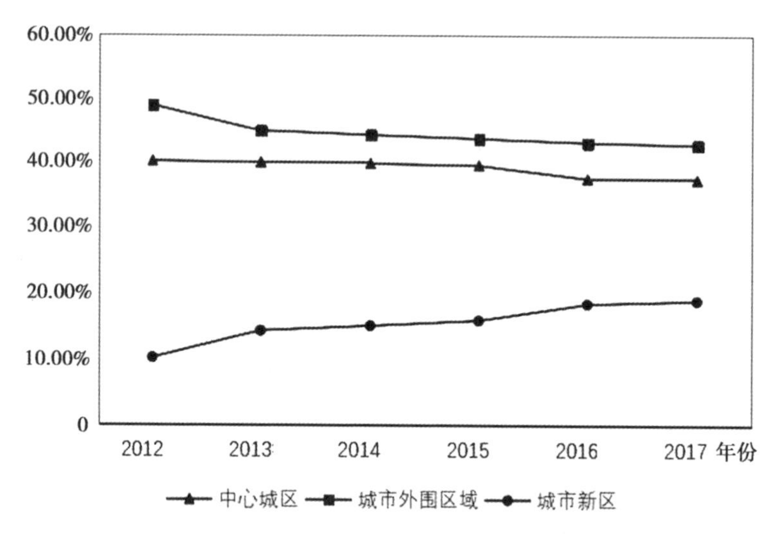

图 7—3 郑州市各区域 2012—2017 年人口变化趋势

三、重构城市交通布局

随着经济的发展,郑州市建成区面积不断扩大,但是早期的交通规划已不适应城市的发展现状,城市越扩张,人们生活与工作的距离越远。一方面,城市边缘区的交通通达性不高,职住分离又进一步降低了人们通勤的时间效率,在一定程度上降低了城市边缘区居民的生活质量;另一方面,由于城市建设初期的交通规划已经无法承载中心城区的密集人口,城市中心的交通压力也逐渐增大。

由上文可知,郑州市产业外迁重构了城市产业布局和居住空间布局,所产生的结果是城市新区产业发展迅速,产业承接地内形成了稳定的居民居住区,城市框架不断拉大，但新区交通资源稀缺，居民的通勤成本有所提升。为了降低通勤成本，同时满足外迁产业发展所需的交通运输条件，郑州市规划建设国际化、便利化、现代化的立体综合交通体系。产业外迁以重构城市交通布局为途径，重构了城市空间结构。

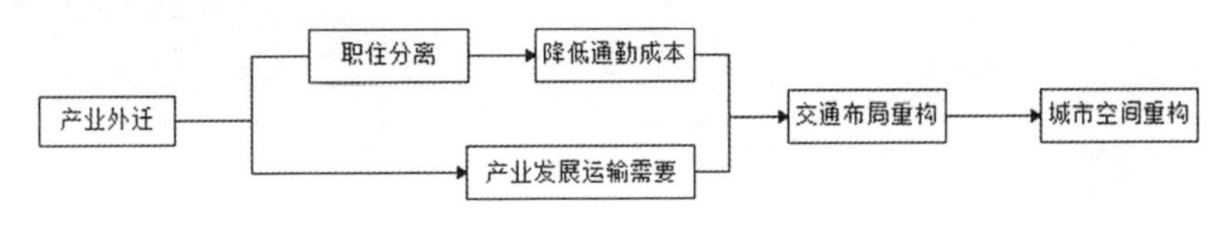

图 7—4　产业外迁重构城市交通布局示意

产业外迁通过以下两条途径重构城市交通布局：

(1)居民居住空间的变化促进城市公路、地铁等公共交通设施的建设。交通可达性是指交通网络中各节点相互作用的机会大小①。产业外迁政策的实施使得城市规模进一步扩大，居住区和产业集聚区、专业市场集聚区在空间上的分离使交通可达性降低，就业区与居住区进一步分化，加重郑州市"职住分离"的问题。郑州市"职住分离"问题产生的主要根源在于城郊开发区或城市副中心的功能单一化，忽略了较小空间尺度内居住与就业的交叉分布②。短期内，职住分离对居民生活的负面影响可以通过科学的交通规划得以补偿。根据《郑州市轨道交通线网规划(2015—2050)》，最新的郑州市轨道交通远景年线网方案由 21 条线路组成(主支线按一条线路统计)。其中，中心城区普线 8 条，外围组团普线 5 条，市域快线 8 条(含 2 条支线)，总里程 970.9km，共设车站 523 座(如图 7—5 所示)。市域快线深入郑州市市辖县及县级市，缩短了市域间往来通勤时间。同时，郑州市作为客运枢纽，不断提高城市轨道系统、公共交通系统的衔接换乘能力，实现"无缝衔接"与"零距离"换乘目标。地铁和公交枢纽的进一步建设和完善，缓解了郑州市因产业外迁而产生的"职住分离"问题。

① Walter G.，"Hansen. How Accessibility Shapes Land Use"，*Journal of the American Institute of Planners*，Vol.25，No.2(1959)，pp.73-76.

② 郭力：《中国大城市职住分离的成因及解决途径——以郑州市为例》，《城市问题》2016 年第 6 期。

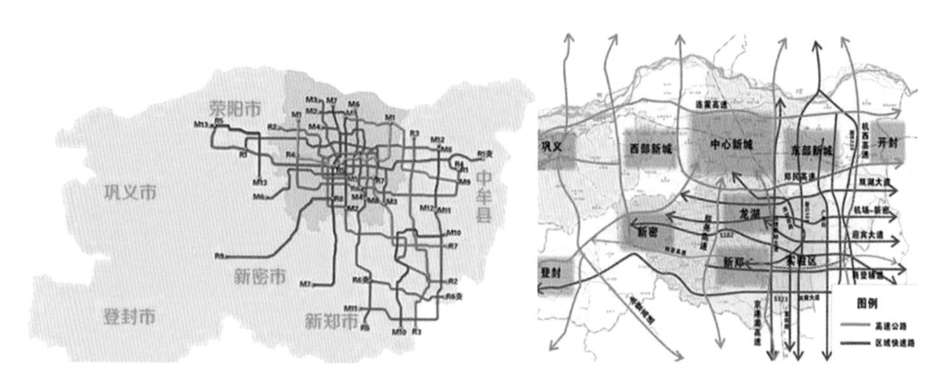

图 7—5　郑州市地铁规划与公路交通规划

资料来源：郑州市规划局、航空港经济综合实验区官网。

(2)制造产业产品交易和专业市场的商品流通对城市交通提出了更高层次的要求。主要通过以下三个方面得以体现。第一，业态落后的老旧市场迁入市场承接地进行转型升级，助力郑州建设国际商都，推动郑州商贸物流业发展，以“井字+环线”城市快速路网和内外环高速为骨架，加快“双环+放射”路网，实现中心城区 15 分钟内上快速路、快速路 15 分钟内上高速，全方位对接郑州主城区。第二，工业企业促进货运铁路和高铁布局完善。郑州位于京广铁路、陇海铁路站点上，是京港高铁、徐兰高铁的交汇点，成为沟通南北、连贯东西的交通要冲，具有“中国铁路心脏”之称。郑州北站大型编组站统一办理两大干线的列车编组和通过作业，郑州客运站（郑州站）承担旅客输送业务，货运站（郑州东站）担负以零担为主的货运业务。减少折角交换车、中转行包和中转零担货物等的重复作业，为郑州市工业企业货物运输减少交通成本。第三，郑州航空港综合实验区带动郑州市国际交通网络重构。郑州航空港经济综合实验区是郑州市规划面积最大的产业集聚区，高端产业迁入港区必然对港区交通条件提出更高层次的要求。同时，郑州航空港经济综合实验区战略定位之一为国际航空物流中心，航空物流业也是重点发展的三大产业之一。目前，港区货运机场连接世界重要枢纽机场，郑欧班列、“米”字形高铁枢纽、国家高速公路、干线公路构建多式联运体系，铁路集装箱中心站、中原国际港、航空和铁路一类口岸共同打造开放性国际平台。

四、重构区域产业结构

郑州市产业外迁的重构作用不仅体现在外部空间重构方面,还表现为内部空间重构后不同区域产业结构的调整。欧美大都市区城市空间发展表现出明显的郊区化和多中心化发展特征的同时,也经历了产业快速升级和产业结构调整的过程。郑州市实施产业外迁政策后,城市产业布局的调整带动郑州市各个行政区、县级市及市辖县三次产业结构发生了重大变化。将产业外迁政策实施后郑州市中心城区、城市外围区域和城市新区的三次产业生产总值占全市生产总值的比重进行对比,结果如图 7—6 所示。

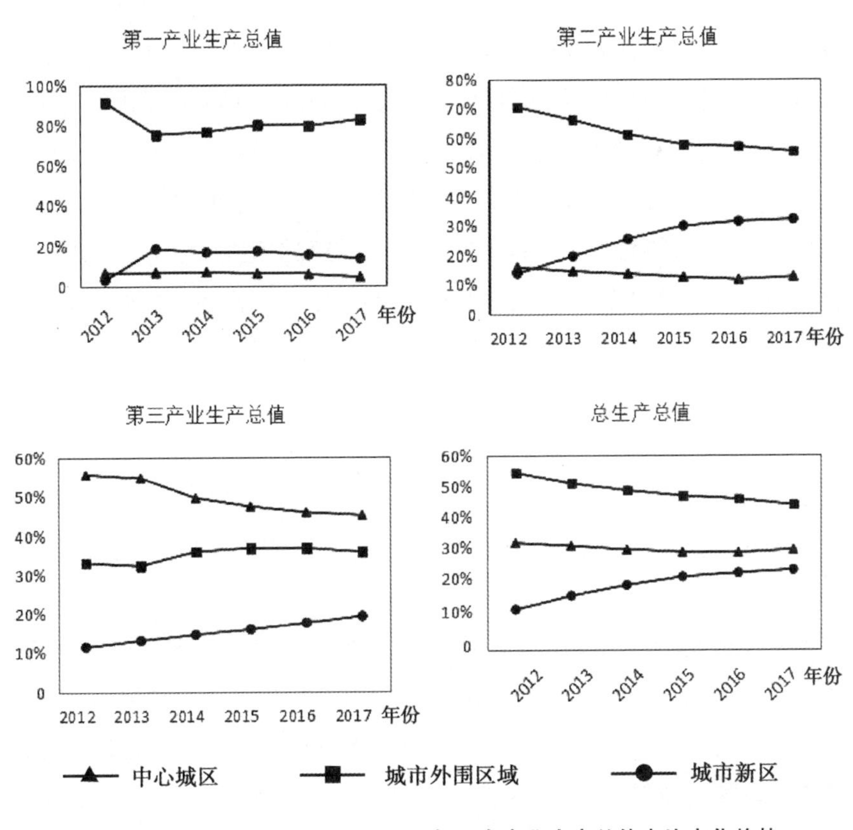

图 7—6　郑州市各区域 2012—2017 年三次产业生产总值占比变化趋势

就第一产业而言,郑州市中心城区、城市外围区域和城市新区第一产业生产总值占全市的比重变化不大。中心城区2012—2017年第一产业生产总值占比持续下降,但下降的幅度较小。值得注意的是,2013年郑州市城市外围区域第一产业生产总值占比骤然下降,而城市新区第一产业生产总值占比突然上升,这与郑州市航空港经济综合实验区的规划建设有关。2013年3月,国务院批复《郑州航空港经济综合实验区发展规划(2013—2025年)》,标志着全国首个国家级航空港经济综合实验区正式设立,航空港区规划面积415平方公里,规划建设初期,港区内大片土地仍然是农业用地或未开发利用土地,因此,航空港区2013年第一产业生产总值上升了约6.7倍,由2012年的17915万元上升至2013年的132779万元,城市新区2013年第一产业生产总值占全市的比重也大幅度提升。

就第二产业而言,郑州市中心城区第二产业生产总值占全市的比重逐渐下降,由2012年的15.78%下降至2017年的12.52%,符合郑州市工业企业外迁政策实施的预期效果。城市外围区域第二产业生产总值占全市的比重也有所下降,但其绝对值是有所上升的,由2012年的19567128万元上升到2017年的20249587万元。城市新区第二产业生产总值占全市的比重上升幅度最大。城市新区包括经开区、高新区、郑东新区与航空港区,除了郑东新区规划建设为国际化金融中心和国际化中央商务区,经开区、高新区和航空港区都着重发展第二产业。航空港区规划建成以航空经济为引领的现代产业基地,并布局了八大产业园区,承接电子信息、生物医药、智能终端制造等高端制造业。而高新区和经开区是为了发展郑州市高新技术产业和高端加工制造业而特设的发展区,是郑州市中心城区工业产业外迁的重要承接地。因此,随着郑州市产业外迁政策的实施,城市新区第二产业生产总值迅速增长,由2012年的13.72%上升至2017年的32.21%。

就第三产业而言,郑州市第三产业的发展呈现由中心向外围扩散的趋势。郑州市中心城区第三产业生产总值占比自2012年以来逐年下降,由2012年的55.89%下降至2017年的45.05%。而城市外围区域和城市新区第三产业生产总值占比自2012年以来逐年上升,城市外围区域第三产业生产总值占全市的比重由2012年的33.01%上升至2017年的35.69%,城市新区第三产业生产总值占全市的比重由 2012 年的 11.4%上升至 2017 年的 19.26%。郑州市产业外迁政策实施以来,规划建设了“一区两翼,十大市场集聚区”的专业市场承接地,市场承接地多位于郑州市主城区以外。以市场外迁为带动,郑州市中心城区的传统落后第三产业逐渐疏散到城市外围区域和城市新区,城市外围区域和城市新区第三产业生产总值占全市的比重有所提升。

产业外迁实现了郑州市产业布局的重构,疏散了中心城区的部分非核心功能,城市外围区域和城市新区就承担了更多的工业生产和商贸交易职能。伴随着产业布局的重构,郑州市各区域产业结构有所调整,总体表现为第二产业向城市新区扩散、第三产业向城市外围区域和城市新区扩散。

五、重构土地利用结构

土地利用结构是指一定范围内,各种用地之间的比例关系。21 世纪初,美国规划协会联合提出“精明增长”理论,倡导控制城市蔓延、集约利用土地和对现有社区进行重建。产业外迁政策的实施符合“精明增长”的理论,改变了以往“摊大饼”式的空间拓展方式,强调从城市内部挖掘空间资源。产业外迁政策对土地利用结构的影响具体体现在以下两方面:

(1)产业外迁促进中心城区土地集约利用。郑州市中心城区土地利用成本较高,以往粗放的发展方式显然已经不适应中心城区土地利用模式。为了提升中心城区土地集约利用水平,应将土地适度倾斜至低投入、高产出的行业。例如,中心城区应发展先进的制造业、高新技术产业、信息服务业等,提高土地利用效率,充分发挥土地资源的实质性功效和价值。为了对中心城区土地集约利用水平进行评价,以中心城区地均固定资产投资测算土地利用投入强度,以建成区面积占城市市区面积的比重测算土地利用强度,以中心城区地均 GDP 测算土地利用效益,通过以上三个方面衡量郑州市产业外迁政策实施后土地集约利用水平的变化,结果如图 7—7 所示。产业外迁政策实施以来,外迁置换空间不断集聚高端要素,发展先进制造业和现代服务业,郑州市中心城区土地集约利用水平有所提高。

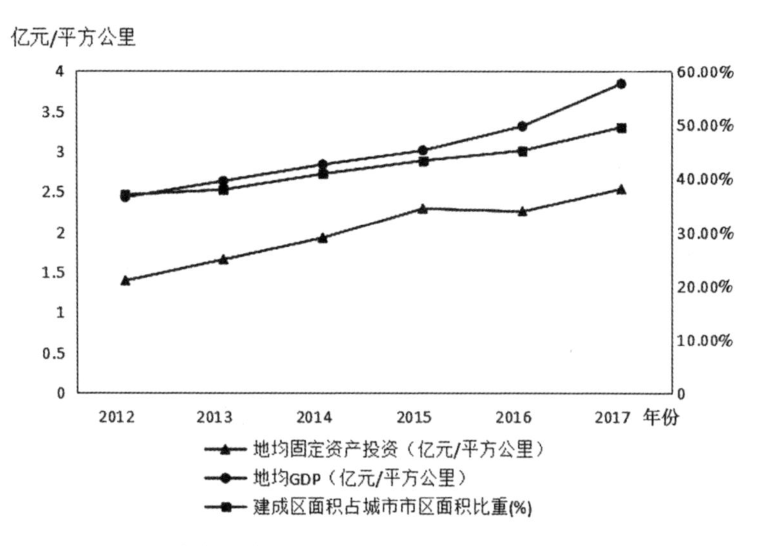

图 7—7　郑州市中心城区 2012—2017 年土地集约利用水平变化情况

(2)产业外迁改变城市土地利用类型。随着产业布局、居住空间布局和交通布局的重构,城市土地利用类型发生变化。产业外迁过程中伴随着产业承接地的建设,资本、劳动力等要素在此集聚,促进了郑州市外围区域和城市新区土地利用类型快速发生变化。例如,2009 年开始规划建设的新郑新港产业集聚区预计 2020 年达到发展成熟期,建成为以粮油储运与加工、电子工业为主导产业,物流商贸服务业为辅助产业的新型产业集聚区,是郑州市工业企业外迁的重要承接地之一。新郑新港产业集聚区建设完成后,土地利用类型由农业用地变更为工业用地。同时,产业外迁带动生产要素以最快的速度流入产业承接地,市场集聚区和工业产业集聚区快速发展,近郊区人口密度增长迅速,发展为新的城市人口密集区。房地产及基础设施投资规模不断扩大,产业承接区建设用地中住宅用地、公共管理与公共服务用地、交通运输用地比例也会相应有所提高,土地利用类型发生变化。

六、重构城市生态空间

2016 年郑州入选国家中心城市建设之列后,要求建成为有能力跻身国际竞争、展示国家形象的大都市。关于国际化城市，目前还没有形成一个公认的标准，根据联合国伊斯坦布尔城市年会提出的城市指标体系，城市交通、环境管理和基础设施都列入国际化城市的标准体系。而实际情况是，在产业外迁工作启动之前，200多家传统市场多位于郑州市中心城区，据郑州市人民政府公布的信息显示，外迁市场附近交通状况大多是“一般”“堵塞”“高峰期拥堵”，郑州市主城区的交通状况很大程度上受到了市场的干扰。同时，由于历史原因，一些污染严重的大型工业企业在主城区集聚，产生废气、废渣、废水的排放和工业噪音污染，这与国际化城市的要求背道而驰。

郑州市产业外迁改变了老城区这一城市形态，通过以下两个步骤得以实现：

(1)在产业外迁过程中，落后产业搬离中心城区快速改善了城市面貌。产业外迁至承接地后，引进先进生产技术，摒弃以往高投入、高消耗、高排放的生产方式，对专业市场进行规范管理，持续优化城市环境。产业外迁不是被动地撤退，不是污染、落后产能的转移，而是最彻底的脱胎换骨，寻求质量与效益并重、经济与社会协调的产业发展方式，有希望达到废水、固废零排放，提高郑州商贸服务业和工业产业的绿色水平。

(2)产业外迁为城市生态空间的扩展腾留空间资源。为了满足市民日常游憩需求，助力建设国家中心城市与国家生态园林城市，郑州市2018年以来陆续规划建设多个城市绿地及生态园林。城市外围存在着尚未开发利用的空间资源，但郑州市中心城区发展较早，城市建设密度大，空间资源供应紧张，拓展绿色空间的局限较大。

2018年10月，郑州市规划局发布《“300米见绿、500米见园”三年建设规划》(见表7—2)，结合中心城区居民对绿色游憩空间的需要，开展中心城区公园绿地的建设。“300米见绿、500米见园”是指即所有的居住区都能让居民出行300米就能见到一个2000平方米以上的公园绿地，出行500米就能见到一个5000平方米以上的公园绿地①。

---

① 郑州市规划局：《郑州“300米见绿、500米见园”三年建设规划》2018年10月19日，见http://cxghj.zhengzhou.gov.cn/ztgh/1293014.jhtml。

表 7—2 郑州市三年(2018—2020 年)建设公园绿地一览

	面积(公顷)	个数(处)	新增不少于 2000 平方米公园绿地(处)	新增不少于 5000 平方米公园绿地(处)	新增附属绿地(处)
金水区	102	54	14	10	24
惠济区	137	119	2	2	9
中原区	133	138	4	3	10
二七区	62	83	3	3	1
管城区	153	122	3	3	9
郑东新区	120	31	—	—	1
高新区	145	133	—	—	6
经开区	92	123	2	—	—
总计	945	803	28	21	60

2019 年 2 月,郑州市规划局发布《郑州市郊野公园专项规划(2018—2035)》(见表 7—3),在 2035 年前要在郑州市规划建设 61 个大郊野游憩空间,包括 1 个湿地公园、4 个风景名胜区、13 个省级以上森林公园和 43 个新增郊野公园①。

表 7—3 郑州市规划新增郊野公园信息

三圈层	规划区域	部分郊野公园	规划面积(公顷)
主城区圈层	郑州市绕城高速、黄河围合区域	枯河郊野公园、花园口郊野公园、龙子湖郊野公园、常西湖郊野公园等 10 个郊野公园	13845
都市核心圈层	东部新城、西部新城、南部新城、航空城及其周边区域	荥阳翠屏山郊野公园、新密袁庄郊野公园(郑州新植物园)、新郑古城郊野公园、港区清河郊野公园、中牟万滩郊野公园等 23 个郊野公园	33270
外圈圈层	巩义、登封和新密部分区域	巩义赵沟郊野公园、新密尖山郊野公园、登封唐庄郊野公园(郑州野生动物园)等 10 个郊野公园	20634

① 郑州市规划局:《郑州市郊野公园专项规划(2018—2035)》,2019 年 2 月 20 日,见 http://www.zhengzhou.gov.cn/ztgh/1583682.jhtml? tdsourcetag=s_pcqq_aiomsg。

根据郑州市规划局2018年10月提出的郑州市中心城区“300米见绿、500米见园”的规划目标,2018—2020年三年内郑州市中心城区将新增面积不小于2000平方米的公园绿地28处(包含面积不小于5000平方米的公园绿地21处,新增附属绿地60处),规划面积总计945公顷。2019年2月《郑州市郊野公园专项规划》发布后,郑州市中心城区将规划建设9个郊野公园,至少需要10573公顷①的城市空间,所需要的城市空间资源进一步加大。郑州市产业外迁为规划建设郑州都市区生态体系腾留了宝贵的空间资源,通过将郑州市中心城区的落后产业外迁至产业承接地,利用城市中心的外迁置换空间修建生态园林和游憩公园,扩展了中心城区生态绿色空间,重构了郑州市生态空间结构。

① 主城区规划郊野公园个数及面积根据《郑州市郊野公园专项规划(2018—2035)》相关资料计算所得。

第八章　空间置换与空间重构的保障措施

一、空间置换的保障措施

郑州市产业外迁工作从2012年计划实施以来，正如火如荼地进行着。虽然产业外迁是快速转变经济增长方式、推进产业结构升级、拓展城市空间、完善城市功能、优化生态环境、改善民生条件的千载难逢的机遇，但外迁工作包括迁出和承接两个部分，工作环节多、难度较大，存在着不可避免的困难。为了保障产业外迁工作的顺利进行，本部分提出如下政策建议：

1. 强化组织推进

在产业外迁的过程中，应从以下三个方面强化政府组织推进职能。第一，相关部门要按照分工建立外迁工作小组，制订产业外迁工作计划，建立考核督导体系，明确方案、细化责任、各司其职，提高外迁工作效率。同时要合理简化办事程序、优化审批流程，在规范办理的同时提高行政效能，推进郑州市产业外迁的进程。第二，政府应引导和支持产业有序外迁和科学承接，在财税、金融、投资、土地等方面给予必要的政策支持。例如，为了维护被搬迁企业的合法权益，对工业企业实行货币补偿或者土地置换，由企业选择补偿方式；因搬迁造成企业停产、停业的经济损失及过渡房费，给予被搬迁企业一次性经济补偿；企业在搬迁期间产生的搬迁收入和搬迁支出，可以暂时不计入当期应纳税所得额，在完成搬迁的年度，对搬迁收入和搬迁支出进行汇总清算。第三，应适当实施产业外迁强制措施。对未能在搬迁期限内完成搬迁工作的企业及市场，不再享有外迁优惠政策，并责令其在限期内搬迁，逾期仍不搬迁者，将依法予以强制搬迁，并收取强制执行费用和罚款。

2. 完善新区基础设施建设

产业外迁并不仅仅是工厂和市场的转移，还包括人才与劳动力等要素的转移。产业集聚区除了承担生产的核心功能，还要承担商务配套、公共服务和一定的居住功能。外迁承接地大多位于城市新区内，距离中心城区较远，整体发展较为滞后，缺少必备的生活配套设施，住房、交通、医疗、子女教育等问题是阻碍产业外迁顺利完成的一个重要原因，完善新区基础设施建设是推进外迁工作顺利进行的前提条件。首先，应增加对产业承接地基础设施建设的财政支持力度，在交通、水利、科技创新、生态保护修复和公共服务等方面予以财政支持，规划建设图书馆、医疗服务机构、学校、城市公园等生活必备的公共服务设施，完善新区市政基础设施的公共服务建设，为新区开展经济活动和其他社会活动的进行奠定基础。其次，要根据外迁的实际情况，给予相应的便利政策。例如，迁入地政府要根据迁入企业的占地面积，在保障企业生产用地的同时，考虑为企业员工和商户配备过渡性的职工宿舍，或提供居民住宅并给予相应的租用优惠。外迁企业员工与专业市场工作人员原有的养老、失业、医疗等社会保险关系和住房公积金缴纳比例应保持不变。外迁市场商户子女和企业职工子女应享受与新区居民子女同等的入学权利。各级市政公用部门要根据搬迁后的实际情况，及时调整和开辟新的公交线路，保障外迁企业职工与商贩的交通出行便利。最后，要多方面拓宽基础设施建设渠道，加大招商引资力度，促进新区生产区、生活区与商务区共同发展，提升新区承载力与发展活力。

3. 加大产业外迁宣传力度

郑州市产业外迁是拓展城市发展空间，优化城市空间格局的重要举措。相关部门要加强宣传，通过网络、报纸、电视等多种途径宣传产业外迁的积极意义，让社会公众理解在市场经济条件下要素流动的必要性与必然性，意识到产业外迁是郑州市区建设的重要组成部分，从而正确认识产业外迁的正面作用，以便为外迁工作的展开营造良好的社会舆论氛围，树立公众意识，全面支持政府工作，提高广大工业企业和市场商户的外迁积极性。

具体可以从以下两个方面加强政府宣传。首先，针对市场外迁，可以定期组织市场商户进入市场承接地进行实地考查，让外迁商户了解市场承接地和配套措施的建设进度，科普市场外迁承接地招商引资的优惠政策，提高外迁商户的发展信心。其次，针对工业企业外迁，可以整理其他城市、产业园区的招商政策和发展情况，发放给拟外迁企业，为其提供参考。同时采用“一对一”动员的方法，深入宣传承接地政策和资源情况，积极与企业进行沟通交流，对企业提出的用水用电、机械搬运和搬迁劳动力等困难提供“一对一”精准服务，促进不符合郑州市中心城区功能定位的产业进行疏散转移。

二、城市空间重构的保障措施

郑州市产业外迁优化了城市空间结构，具体体现在重构城市产业布局、疏散中心城区的密集人口、有益于完善城市交通体系、扩大城市生态空间等方面。但城市空间形成的过程较为复杂，外迁置换空间重建的范围广、持续的时间长，为了保障产业外迁对城市空间重构作用的顺利实现，达到优化城市空间结构的目标，本部分提出了相关政策建议。

1. 科学指导城市建设

城市空间的可持续发展需要科学地引导，应深化完善城市总体规划，科学指导城市建设。城市总体规划是指政府制定的在一定时期内对城市性质、发展目标、发展规模、土地利用、空间布局以及各项建设的综合部署和实施措施。制定城市总体规划时，首先要从科学的角度和全局的角度分析城市空间应是怎样的布局，合理确定城市空间发展阶段及空间发展趋势，避免城市规划“闭门造车”，造成城市空间的破碎发展。同时要根据经济社会发展的现实需求及时作出调整，增强规划的现实适应性。其次要关注规划的可实施性，现实情况中常常存在着规划理念与现实脱节的现象，例如政府可能对社会发展、环境保护、乡村建设、人的发展需求、可持续发展等方面关注不足，造成城市规划与居民的现实需求脱节。对此,应完善公共参与机制、充分调动群众智慧、提高管理者的业务水平,突破现有的程序束缚,增强城市总体规划的可实施性。最后要关注规划的严肃性及连续性,避免出现“一届政府一个规划”的现象,造成社会资源的浪费,不利于城市的可持续发展。

针对郑州市产业外迁情况,应在制定城市总体规划的同时,制定外迁置换空间重建工作的具体规划。首先,外迁置换空间的重建规划要建立在服务全局的角度上,规划要符合城市各片区的发展需求,符合城市总体发展方向,符合城市居民的实际需要。对此,置换空间的重建规划要在发挥专家咨询作用的基础上,充分听取社会各界意见。其次,重建外迁置换空间要杜绝利益驱动。产业外迁是为了实现中心城区空间的合理化发展,不是为实现经济利益腾挪空间,为此,要杜绝在外迁置换空间重建过程中盲目追求高层建筑、频繁开发商业楼盘等经济利益趋势,努力实现经济效益、社会效益和环境效益的统一。

2. 完善土地集约利用保障机制

土地集约利用是指对目前已经开发利用的土地,增加生产要素的投入,获得更高的投资产出。产业外迁之前,中心城区土地粗放利用的问题显著,城市发展要突破土地资源的瓶颈,就要将土地要素向有利于实现报酬最大化的方向调整,把有限的城市空间资源向发展高新技术、现代服务、现代金融、出口贸易等产业倾斜。

产业外迁拓展了丰富的城市空间资源,在对置换空间重建的过程中,为了提高置换空间的土地利用效率,应完善土地政策实施的保障机制,更好地推进政府主体对土地集约利用的保障作用。首先应对政府相关工作人员进行观念纠正,普及土地集约利用的积极意义,纠正管理部门对土地利用过程中倾向于将土地投资于投入小、见效快的产业的错误观念。通过对外迁置换土地的规模、结构、布局、开发次序进行控制,防止盲目低水平重复建设、无序开发和粗放利用。其次,必须创新思路,探索土地管理的长效机制,为此要建立土地集约利用的相关评价指标体系,量化土地集约利用的评判标准,主要包括单位面积土地投入强度、单位面积土地产出强度等方面的规定,并将责任层层落实到各级政府。最后,建立土地管理部门政绩考核规则和配套的监管机制,以此来强化土地集约利用规则对各地政府和用地单位的约束作用。通过纠正观念、建立土地集约利用评价体系和监管机制三个方面的共同作用,才能合理规划利用产业外迁后的置留土地,提高郑州市土地集约利用水平,促使郑州市城市空间结构向更科学、合理的方向发展。

3. 明确城市片区功能定位

城市片区作为城市的组成部分,并不是一个独立存在的经济系统,对城市片区的定位除了要考虑片区内现阶段发展现状、产业布局、人口、资源条件等,也要统筹片区发展与城市发展的关系,实现片区内资源充分利用,片区间资源共享、融合发展,使片区与城市发展方向相一致。郑州市城市空间拓展过程中,正是因为不同新区交叉重叠、功能混乱造成了城市空间发展出现种种问题。从城市发展的方向上来看,老城区应疏散产业及人口,弱化生产职能,城市新区应承担更多的生产及居住职能。

对此,郑州市老城区应充分利用地理优势和资源优势,将工业生产向中心城区内的郑州经济技术开发区和郑州高新技术开发区集中,弱化生产职能,着重发展商贸、金融服务、生产性服务等,逐渐发展为陆路综合交通枢纽、国家级商贸中心、区域性金融服务中心、高新技术产业和都市型制造业基地。新城应承担更多的生产职能,并以产业带动人口流动,促进新区城市更新与完善服务设施,实现产城融合。郑州市三大城市新区具体发展方向如下:南部新城区定位为服务航空的制造业集聚区、辐射中西部地区的商贸物流中心;东部新城区定位为中原经济区行政服务功能区、文化创意旅游产业中心、以汽车为主的先进制造业基地;中部新城区定位为制造2025先锋实验区、通用航空产业基地、区域性医疗健康中心、新材料生产基地。通过明确城市各片区在城市发展过程中的功能定位,突出片区核心功能,才能实现差别化发展、协调发展和联动发展。

4. 坚持生态首位原则

产业外迁提升了郑州市生态环境质量,拓展了城市生态空间,产业外迁的空间重构作用应建立在以下两条原则的基础上。首先,外迁过程中要坚持生态首位原则。产业外迁伴随着老旧工业基地和传统市场的拆除，同样也伴随着新型产业集聚区的持续建设。政府要对产业外迁过程进行规范管理，保证旧区拆除过程符合环境保护标准，新建工程也要采用能耗物耗少、污染物产生量少的清洁生产工艺，防止新建项目产生环境污染、破坏生态环境。对于环境污染较为严重的企业和专业市场，外迁后对原址的修复费用，政府可以提供相应的补贴。其次，产业集聚区的持续发展要坚持生态首位原则。产业外迁符合郑州市绿色发展途径，市场集聚区应进行规范管理，对废水、废物进行集中处理，优化市场环境；产业集聚区要发展壮大循环经济，构建高效的生态产业体系。对此，郑州市政府应该出台相关优惠政策。例如，对于通过在产业外迁过程中升级改造，搬迁后主要污染物（化学需氧量、二氧化硫等）达到减排要求，并且外迁方向符合政府规划要求的企业，可向政府申请污染治理专项资金。集聚区的生产活动是城市污染的主要来源，要严格控制产业集聚区生产企业的环境准入门槛，在大气污染、水环境污染、噪声环境污染和固定废物污染等方面建立入园标准，以此凸显产业集聚区集约、环保、节能、规范的优势，提升产业集聚区的生态环境水平。

第九章　城市空间扩展与发展质量

城市空间扩展作为我国快速城镇化进程中的伴生现象，对于经济发展的影响十分巨大。近年来，随着我国快速城镇化的推进，各地区的城市建设用地面积显著增加，城市人口数量不断攀升。到 2017 年末，城市建设用地面积 55155 平方公里，相比 2003 年增加了 31888 平方公里，年均扩张率 5.92%。同期城市人口规模增加 1.25 亿人，年增长率达到 0.74%。城市扩张在人口聚集、产业升级、资金投入等方面大大促进了经济增长，但城市扩张带来的人口密度增大，也产生了城市污染、资源损耗、公共服务设施不足等各种社会问题，保障经济增长数量和质量的协调发展成为当前我国经济发展的重要内容①。当前，我国经济已由高速增长阶段转向高质量发展阶段②。将质量作为评价经济发展的核心指标，是为了摆脱过去经济发展中只以 GDP 为目标的发展模式，更加注重在技术创新、社会福利改善、区域协调和开放包容等领域的共同发展，寻找新的经济发展路径，实现新常态下我国经济增长的健康良性发展。评估城市扩张对经济增长的效应，不能仅仅依靠增长数量和增长速度作出判断，而应该站在可持续发展的角度考察城市扩张对经济增长质量的影响。那么城市扩张是否能够促进经济高质量发展？其不同规模的城市对经济增长质量会产生什么影响？不同的区域之间的城市扩张效应是否存在差异？探究这些问题的答案，可以帮助我们厘清城市扩张对经济发展质量的影响机制，同时

① 魏敏、李书昊：《新常态下中国经济增长质量的评价体系构建与测度》，《经济学家》2018 年第 4 期。

② 叶初升、李慧：《增长质量是经济新常态的新向度》，《新疆师范大学学报（哲学社会科学版）》2015 年第 4 期。

为政府在推进经济高质量发展的过程中提供一定的政策参考建议，提升我国城市经济的核心竞争力。

一、相关理论研究

城市扩张与经济增长之间的关系一直都是学者们研究的重点，但大多数研究主要讨论了城市扩张对经济发展的影响，而且证实了城市扩张对于经济发展数量有显著的提升作用。李雅楠、王成新利用山东省 1991—2015 年的数据运用计量分析得出城市扩张与各地区 GDP 之间有着正向的长期均衡，城市每扩张 1%，GDP 就增长 1.8%，并且城市扩张对经济增长的促进作用达到 67.3%[①]。曲岩、王前以 1984—2013 年的时间序列数据测算出土地扩张、城镇化进程与经济发展之间密切相关，经济每增长 1%，城市扩张增速将同向变动 0.28%，城镇化水平将同向变动 0.15%[②]。邹薇、刘红艺利用 1997—2011 年间我国 30 个省区市的数据，采用空间面板模型分析得出城市扩张在一定程度上能够促进经济增长，但城市扩张幅度并非越大越好，政府应该制定出与经济增长和产业结构相匹配的城市发展规模[③]。

在经济新常态的发展背景下，高质量成为经济发展的核心目标，单纯的仍以经济增长数量和增长速度来衡量经济发展水平已经不再适合当前的发展特征，以发展质量作为经济发展水平的判别标准是准确衡量当前城市扩张与经济发展关系的重要条件。而目前仅有少数学者测度了城市扩张对于经济发展质量的影响，且对经济发展质量内涵的界定也有所差异。刘荣增、何春认为经济增长质量可以用经济效益来衡量，他们用中国 1996—2015 年 29 个省区的面板数据分析了城市扩张对经济效益的影响，得出城市扩张能够显著提高经

① 李雅楠、王成新：《城市建设用地扩张与经济增长的动态关联研究——以山东省为例》，《华东经济管理》2018 年第 2 期。

② 曲岩、王前：《城市扩张、城镇化与经济增长互动关系的动态分析》，《大连理工大学学报（社会科学版）》2015 年第 4 期。

③ 邹薇、刘红艺：《城市扩张对产业结构与经济增长的空间效应——基于空间面板模型的研究》，《中国地质大学学报（社会科学版）》2014 年第 3 期。

济发展效率,但对于不同地区的提升作用有所差别的结论①。毛伟利用1996—2011年的省区面板数据,构建面板VAR模型得出了短期内城市建设用地扩张会抑制经济增长效率,但长期影响不显著的结论②。赵可、徐唐奇、张安录用测算出的2001—2012年各省市的全要素生产率指数来衡量经济增长质量水平,采用扩展的索洛模型分析表明城市用地扩张能够提升集聚效益和规模经济水平,但当城市扩张突破最优的规模状态后会对经济增长质量产生负影响③。岳雪莲、刘冬媛则将效率、协调、稳定、共享、绿色5个方面测算后作为经济增长质量的综合指标,基于2009—2015年的数据构建桂、黔、滇三省的协调度测度模型,发现三省(区)城镇化发展速度明显高于经济增长质量的提升,城镇化进程与经济增长质量的提高并不协调④。何兴邦认为经济增长质量应该包括经济、结构、稳定、环境、民生和公平6个方面,研究表明中国城镇化对综合经济增长质量有明显的提升作用,但对6个分项指标的影响并不相同,对经济、结构和民生的促进作用较大,对环境的提升作用不明显⑤。

综上所述,相关研究都是基于省级层面数据进行分析,很少采用地级市层面的数据,其结果具有一定的局限性,并且在衡量城市扩张时也基本仅仅以城市空间扩张为主,反映城市人口扩张对经济增长质量影响的研究较少。基于此,本书参照国内学者詹新宇、崔培培的做法⑥从"五大发展理念"出发构建综合经济发展质量指标体系的研究思路,基于2003—2017年285个城市的面板数据,全面分析城市人口扩张和空间扩张与经济发展质量的关系,以期为协调城市扩张和经济高质量发展提供理论依据。

---

① 刘荣增、何春:《城市扩张对经济效率的影响》,《城市问题》2017年第12期。

② 毛伟:《城市建设用地扩张与经济增长效率关系的动态分析》,《贵州财经大学学报》2015年第4期。

③ 赵可、徐唐奇、张安录:《城市用地扩张、规模经济与经济增长质量》,《自然资源学报》2016年第3期。

④ 岳雪莲、刘冬媛:《新型城镇化与经济增长质量的协调性研究——基于桂、黔、滇三省(区)2009—2015年的数据》,《广西社会科学》2017年第5期。

⑤ 何兴邦:《城镇化对中国经济增长质量的影响——基于省级面板数据的分析》,《城市问题》2019年第1期。

⑥ 詹新宇、崔培培:《中国省际经济增长质量的测度与评价——基于"五大发展理念"的实证分析》,《财政研究》2016年第8期。

二、城市扩张与经济发展质量效应的检验

1. 模型设定

本书选取2003—2017年中国285个地级市的面板数据，全面考察城市扩张对于经济发展质量的效应。为增加数据的平稳性，更直观反映城市扩张与经济发展质量的关系，$Grow-quality_{i,t}$ 和 $\mathrm{expand}_{i,t}$ 及各控制变量均取对数。设定如下回归模型：

$$Grow-quality_{i,t} = \alpha_0 + \alpha_1 expand_{i,t} + \alpha_2 fiscal_{i,t} + \alpha_3 pgdp_{i,t} + \alpha_4 industry_{i,t} + \alpha_5 road_{i,t} + \alpha_6 f-assets_{i,t} + \alpha_7 consume_{i,t} + \varepsilon_{i,t}$$

式中，$Grow-quality_{i,t}$ 表示经济发展质量水平，$expand_{i,t}$ 表示城市扩张，其他变量为影响经济发展质量的控制变量，分别为财政支出水平（$fiscal$）、经济发展水平（$pgdp$）、工业化水平（$industry$）、城市基础道路建设（$road$）、固定资产投资水平（$f-assets$）和社会消费情况（$consume$），$\varepsilon_{i,t}$ 为随机扰动项。

2. 变量的选取和数据来源

（1）被解释变量

经济发展质量（$Grow-quality$）。经济发展质量的衡量有狭义和广义之分，狭义视角下的经济发展质量侧重于从反映经济发展的某一特定指标入手，刻画经济发展质量的局部特征，在一定程度上反映经济发展质量的优劣；广义视角下的经济发展质量则全面整合与经济发展密切相关的各层次指标，通过构建指标体系反映综合经济发展质量水平①。宋明顺、张霞等认为经济发展质量可以从竞争质量、社会民生和生态文明这三个维度来体现②。魏敏、李书昊认为经济发展质量包含经济动力转变、开放包容共享、经济结构改善、

① 李强、李新华：《新常态下经济增长质量测度与时空格局演化分析》，《统计与决策》2018年第13期。

② 宋明顺、张霞、易荣华、朱婷婷：《经济发展质量评价体系研究及应用》，《经济学家》2015年第2期。

生态可持续发展和人民美好幸福这五个方面的内容①。钞小静、任保平将经济发展质量定义为经济结构优化、经济发展稳定、社会福利提升、资源配置有效和生态文明和谐的集合②。自“创新、协调、绿色、开放、共享”五大发展理念提出以来,我国经济在发展过程中更加强调要实现科技创新、区域协调、环境绿色、开放共享的全面推进,要以创新为向导,保障协调发展,实现绿色中国,开放中国和发展成果由人民共享的伟大目标。基于此,本书在借鉴国内学者从“五大发展理念”的举措上构建了经济发展质量的评价体系(表9—1)。

表9—1　经济发展质量指标体系

一级指标	二级指标	基础指标	计量单位	属性
经济发展质量	创新	科学技术支出占财政支出的比重	%	+
		第三产业增加值占比	%	+
	协调	城乡储蓄余额占GDP比重	%	+
		单位产出工业废气排放	立方米/万元	-
	绿色	单位产出工业废水排放	吨/万元	-
		建成区的绿化覆盖率	%	+
	开放	外商直接投资的合同项目数	个	+
		外商直接投资额的比重③	%	+
	共享	各地区人均GDP占全国人均GDP的比重	%	+
		各地区教育投入程度	元	+

对各个指标进行综合测算有多种方法,其中最常用的有主成分分析法和熵值法,为了保证测算结果的客观性,本文采用熵值法计算经济发展质量综合

① 魏敏、李书昊:《新常态下中国经济增长质量的评价体系构建与测度》,《经济学家》2018年第4期。

② 钞小静、任保平:《中国经济增长结构与经济增长质量的实证分析》,《当代经济科学》2011年第6期。

③ 根据当年国家外汇管理局公布的人民币兑美元的年均汇率,将外商直接投资额换算为人民币价格。

指数。为解决各个指标不同质问题,需要对各个指标数据进行同质化处理。标准化处理后,采用熵值法[①]计算出表 9—1 中各个指标所占的权重,运用得到的权重对各个指标进行加权后得到经济发展质量的综合指数,即衡量经济发展的水平。

(2)解释变量

城市扩张:经济的发展带动了城市向周边的不断延伸,促使城市建设用地不断增加,同时农村人口也不断向城市地区迁移,城市人口规模逐年上升。城市扩张的程度可以用各地区城市人口规模的大小和城市建设用地的面积来测算,因此本书将这两个变量均作为衡量城市扩张程度的指标。

(3)主要控制变量

财政支出水平:国家对于某一地区经济发展的支持作用集中体现在对该地区的财政支出上,财政支出的增加有利于城市建设和人民福利的提高,能够在整体上促进经济质量的发展。借鉴何兴邦[②]的做法,本书采用财政支出占 GDP 的比重来衡量财政支出水平。

经济发展水平:一个地区的经济发展水平通常由该地区的 GDP 总量来反映,但由于各地区人口规模差异较大,仅根据总量的大小无法全面衡量各个地区的社会福利情况和人民生活水平。故本书采用人均 GDP 来衡量各地区的经济发展水平。

工业化水平:工业是国民经济的主导,是真正具有强大造血功能的产业,对经济的持续发展具有重要作用。黄祖辉等以第二产业占比来测度工业化程度,故本书借鉴他的做法采用第二产业占比来衡量地区工业化水平[③]。

城市基础道路建设:城市道路的发展能够减少运输成本,促进地区间的人力资本流动,优化资源配置,促进地区间的交往和经济发展。魏敏[④]将人均城

---

① 因篇幅有限,具体方法步骤不在文中列出。

② 何兴邦:《城镇化对中国经济增长质量的影响——基于省级面板数据的分析》,《城市问题》2019 年第 1 期。

③ 黄祖辉、邵峰、朋文欢:《推进工业化、城镇化和农业现代化协调发展》,《中国农村经济》2013 年第 1 期。

④ 魏敏、李书昊:《新常态下中国经济增长质量的评价体系构建与测度》,《经济学家》2018 年第 4 期。

市道路面积作为交通福利的测算指标。故本书采用该指标来衡量城市道路建设。

固定资产投资水平:固定资产投资作为资本形成的核心要素,是推动城市扩张的关键力量。固定资产的投资水平对一个地区的经济发展起到重要的提升作用。本书采用社会固定资产总额占 GDP 的比重来衡量固定资产投资水平。

社会消费情况:消费作为社会生产的重要环节,对生产结构和消费结构有着关键的协调作用,对经济增长的促进作用也在不断增强。本书采用人均社会消费品零售额表示社会消费情况,并以 2003 年为基期,消除其物价指数的影响。

(4)数据来源说明

本书所用数据主要来源于中经网统计数据库、中国城市统计年鉴以及省市统计年鉴等。考虑到个别行政区域的调整以及数据的可得性,本书最终选取 2003—2017 年 285 个地级市的面板数据,对个别年份和个别地区的缺失值采用移动平均法予以补充。各变量的描述性统计见表 9—2。

表 9—2　变量的描述性统计结果

变　量	观测值	平均值	标准差	最小值	最大值
经济发展质量综合水平(grow-quality)	4275	0. 0394	0. 0389	0. 0067	0. 6249
城市人口数量(population)	4273	433. 291	306. 523	16. 37	3392
城市建设用地面积(land)	4235	0. 0128	0. 0198	0. 0003	0. 2916
财政支出占 GDP 的比重(fiscal)	4270	0. 1892	0. 2223	0. 0154	6. 0406
人均 GDP(pgdp)	4258	3. 5046	3. 0517	0. 1892	29. 0477
第二产业占比(industry)	4268	0. 4835	0. 1106	0. 090	0. 9097
人均道路面积(road)	4234	10. 620	7. 7203	0. 020	108. 37
固定资产投资额占 GDP 的比重(f-assets)	4269	0. 670	0. 384	0. 0823	13. 151
人均社会消费零售额(consume)	4274	1. 227	1. 395	0. 0187	13. 896

3. 城市扩张对经济发展质量效应的实证检验结果

为增加检验结果的准确性,对模型进行参数估计时,本书采用混合回归、固定效应回归、随机效应回归以及差分 GMM 和系统 GMM 五种估计方法检验了城市扩张对经济发展质量的效应。其中,在运用 GMM 模型进行分析时,引入被解释变量的一阶、二阶滞后项作为解释变量反映经济发展质量指标的惯性趋势,回归结果见表 9—3。

表 9—3 中显示了城市扩张中人口规模增加维度对经济发展质量的检验结果,从表中可以看出,虽然五种模型的参数估计结果有所差异,但差异很小,检验结果都表明城市扩张对于经济发展质量的效应是正向并且显著的。表明在城市扩张进程中,人口的迁移和集聚为城市(尤其是大城市)带来了丰富的人力资源,产生显著的知识外溢,使城市成为知识和创新的最佳场所,促进城市向"智慧城市""创新城市"发展①;并且在人口聚集的过程中,政府需要增加对基础设施和公共物品的建设,投入的资金拉动市场竞争,促进经济发展,基础设施和公共服务的均等化也使得整体贫富差距缩小,促进城乡协调发展。总体上表明在人口增长的过程中所产生的集聚效应对整个经济增长质量有着显著地正向促进作用。

表 9—3　城市扩张对经济发展质量效应的回归结果

变量	混合回归	固定效应	随机效应	差分 GMM	系统 GMM
L1.grow-quality	—	—	—	0.2325*** (0.0277)	0.342*** (0.0204)
L2.grow-quality	—	—	—	0.0362*** (0.0084)	0.0904*** (0.0069)
population	0.0799*** (0.0092)	0.0625 (0.0626)	0.1010*** (0.0299)	0.1053*** (0.0391)	0.0295*** (0.0146)
fiscal	−0.1395*** (0.0118)	0.0763*** (0.0119)	0.04401*** (0.01168)	0.0769*** (0.0083)	0.0243*** (0.0068)
pgdp	0.1919*** (0.0222)	0.2395*** (0.0185)	0.2331*** (0.0179)	0.1903** (0.0136)	0.152*** (0.0122)
industry	−0.3763*** (0.0297)	−0.2108*** (0.0298)	−0.2112*** (0.0290)	−0.0356 (0.0345)	−0.125*** (0.031)

① 蒋冠、霍强:《中国城镇化与经济增长关系的理论与实证研究》,《工业技术经济》2014 年第 3 期。

续表

变量	混合回归	固定效应	随机效应	差分 GMM	系统 GMM
road	0. 0851*** (0. 0124)	0. 0301** (0. 0124)	0. 0393*** (0. 0121)	0. 0158 (0. 0108)	0. 0396*** (0. 0091)
f-assets	0. 1419*** (0. 0098)	0. 0796*** (0. 0086)	0. 0804*** (0. 0084)	0. 0437*** (0. 0085)	0. 0194*** (0. 0064)
consume	0. 2294*** (0. 0194)	-0. 0034 (0. 0165)	0. 0211 (0. 0164)	0. 1710*** (0. 0148)	0. 0257*** (0. 0077)
常数项	-4. 4060*** (0. 0845)	-3. 915*** (0. 3688)	-4. 207*** (0. 1856)	-2. 883*** (0. 3033)	-2. 341*** (0. 1390)
R^2	0. 577	0. 693	—	—	—
F	818. 74***	541. 31***	—	—	—
AR(2)	—	—	—	0. 9666	0. 8173
观测值	4210	4210	4210	3361	3649

注:括号内为各变量估计系数的标准误差,***、**、*分别表示该变量估计系数通过了1%、5%和10%的检验,AR(2)的输出结果为P值,下同。

同时,从控制变量的回归结果来看,尽管其影响有所差异,但与预期的结果基本相符合。地区经济发展水平对经济发展质量有显著的积极影响。人均GDP每增长1%,经济增长质量就会增加0. 176%,表明地区间的经济发展水平越高,越能够产生循环的正向促进,经济发展质量会产生显著的提升。财政支出占比也对经济发展质量有明显的促进作用。一个地区的财政支出主要用于该地区的社会公共事业和地方民生建设,财政支出占比反映了地区的基础建设程度,促进了社会福利的共享,推动社会进步。城市道路建设也推动了经济发展质量的提高。人均道路面积增加1%,经济发展质量水平提升0. 04%,城市的道路建设能够促进区域间的资源流动和人力资本转移,同时道路增加所带来的交通便利也会减少城市拥堵,扩大城市的产品市场,助力产业发展,推动经济发展。固定资产投资也有效拉动了经济发展质量。投资具有乘数效应,扩大投资会带来数倍的经济增长,且固定资产投资会形成未来的生产和服务,可以增加未来的财富创造能力,扩大社会再生产,也会增加就业岗位,减少社会失业,对提升经济发展质量发挥着重要作用。社会消费水平对经济发展质量的影响表现出明显的正效应。市场经济体制下的市场运行是以需求为导向,消费作为整个生产结构的最后一环,充足的消费需求能够提高生产能力,促进生产结构的完善,形成与经济发展的相辅相成,带动经济发展质量的提升。而工业化水平降低了经济发展质量。其可能原因是我国仍处在工业化、城镇化的快速推进时期,工业发展从高能耗、高污染转向绿色发展的过程中需要转换周期,工业生产对环境的污染仍未完全改善,对于包含绿色发展的经济发展质量的影响具有副作用。

4. 稳健性检验:替换城市扩张衡量指标的检验结果

为更进一步验证结论的准确性,本书采用替换城市扩张衡量指标的方法对模型进行稳健性检验。城市建设用地是城市扩张过程中农地转化为城市用地的结果,城市建设用地面积会随着城市扩张程度的增大而增加。因此,使用城市建设用地面积作为城市扩张的另一衡量指标进行回归分析,其回归结果见表 9—4。

表 9—4　城市扩张对经济发展质量效应的回归结果:替换城市扩张衡量指标

变量	混合回归	固定效应	随机效应	差分 GMM	系统 GMM
L1.grow-quality	—	—	—	0. 4922*** (0. 0167)	0. 326*** 0. 021)
L2.grow-quality	—	—	—	0. 1138*** (0. 0069)	0. 082*** (0. 007)
land	0. 1404*** (0. 0101)	0. 0463*** (0. 0133)	0. 0988*** (0. 0129)	0. 0321*** (0. 0106)	0. 0395*** (0. 0122)
fiscal	−0. 090*** (0. 0123)	0. 2259*** (0. 0109)	0. 1919*** (0. 0109)	0. 0946*** (0. 0067)	0. 0257*** (0. 0071)
pgdp	0. 1751*** (0. 0215)	0. 2497*** (0. 0292)	0. 2803*** (0. 0099)	0. 1829 (0. 0154)	0. 142*** (0. 0119)
industry	−0. 3453*** (0. 0295)	−0. 0469 (0. 0290)	−0. 0509* (0. 0284)	−0. 0545* (0. 0283)	−0. 118*** (0. 0313)
road	0. 0739*** (0. 0123)	0. 1421*** (0. 0122)	0. 1530*** (0. 0120)	0. 0584*** (0. 0119)	0. 038*** (0. 0098)
f-assets	0. 1262*** (0. 0097)	0. 1382*** (0. 0088)	0. 1380*** (0. 0086)	0. 0698*** (0. 0081)	0. 0279*** (0. 0069)

续表

变量	混合回归	固定效应	随机效应	差分 GMM	系统 GMM
consume	0.1581*** (0.0201)	0.0174 (0.0274)	0.0451** (0.0169)	0.0794*** (0.0148)	0.025*** (0.0082)
常数项	-4.4415*** (0.0723)	-3.210*** (0.0805)	-2.2341*** (0.1358)	-1.266*** (0.0965)	-2.02*** (0.1175)
R^2	0.585	0.4193	0.657	—	—
F	836.91***	563.02***	—	—	—
AR(2)	—	—	—	0.6406	0.794
观测值	4172	4188	4204	3316	3623

注：括号内为各变量估计系数的标准误差，***、**、* 分别表示该变量估计系数通过了 1%、5%和 10%水的显著性检验，AR(2)的输出结果为 P 值。

对比前文的回归结果，由表 9—4 可以看出，采用城市建设用地面积来衡量城市扩张的回归结果与采用人口规模衡量的回归结果大致相同，仅估计系数有一定的差异，结果仍均显著且为正向促进作用。主要结论并没有发生改变，这主要是因为城市扩张所带来的空间范围的增加，吸引不同产业的进入，加快了资本、技术和信息等生产要素的流动，提升资源的集约利用，促进产业结构优化，实现产业发展的多元化与专业化；且空间扩张带动城市建设的快速增长，促进城乡居民融合，提高人民生活幸福感，实现城乡协同发展。在一定程度上可以证明前文的实证结果是稳健的。

三、城市空间扩展与经济发展质量效应的规模空间差异

1. 城市扩张影响经济发展质量的城市规模样本检验

考虑到我国 285 个城市的规模大小有着显著差异，不同规模的城市扩张对经济发展质量的影响可能有所不同。因此为进一步考察不同城市规模对经济发展质量影响的差异，本书依据 2014 年国务院印发的《关于调整城市规模

划分标准的通知》中的新标准对各个城市进行规模等级划分①。由于特大城市的数量较少,不具有代表性,故分级时将其归为大城市级别,现将全国城市规模分为三个等级,分别为大城市(包括常住人口数量大于200万的特大城市和人口数量为100—200万的大城市)、中等城市(人口数量在50—100万之间)和小城市(人口数量小于50万)。

对三个不同城市规模的样本进行系统GMM回归分析,得到的结果见表9—5,分别表示大城市、中等城市、小城市三种城市规模的扩张对经济发展质量的效应。从表中可以看出,只有大城市的城市扩张对经济发展质量有明显的正向效应,中小城市的城市扩张对经济发展质量的效应均为负。说明大城市在城市扩张的进程中,大量技术资源和人力资本的进入对城市发展产生了明显的集聚效应,能够完善城市布局,改善产业结构,提高城市的创新能力。同时通过近几年对“大城市病”的合理调控,人口的集聚所带来的正效应远高于负效应,整体上提高了经济发展质量。对于中小城市而言,城市扩张对于经济发展质量的正向效应不明显,甚至城市扩张制约了经济发展质量。原因可能在于中小城市的经济发展水平低,城市的扩张尽管使得更多的人进入城市,但整体人力资本的质量水平不高,很难形成集聚效应。此外,结果显示小城市对经济发展的负效应比中等城市更大,中等城市在城市扩张的过程中,可能由于过多的追求经济发展速度,而忽视了绿色发展、社会福利以及收入分配均衡等一系列问题,从而影响经济发展质量的提高。而小城市的人口规模不足,集聚度较低,存在着无序蔓延的现象,公共品的利用效率低②。城市扩张所带来的经济发展无法抵消所耗费的人力物力财力成本,造成资源的浪费,产业闲置和出现“空城”现象,也制约了经济发展质量的提升。

---

① 刘芳、钟太洋:《城市人口规模、空间扩张与人均公共财政支出——基于全国285个城市面板数据分析》,《地域研究与开发》2019年第2期。

② 彭宇文、谭凤连、谌岚、李亚诚:《城镇化对区域经济增长质量的影响》,《经济地理》2017年第8期。

表 9—5　不同人口规模的城市扩张对经济发展质量效应的回归结果

变量	大城市	中等城市	小城市
L1.grow-quality	0. 453*** (0. 0080)	0. 2815*** (0. 0646)	0. 4504*** (0. 0582)
L2.grow-quality	0. 1409*** (0. 0026)	0. 0434*** (0. 0034)	0. 0966*** (0. 0469)
population	0. 2334*** (0. 0431)	-0. 0245** (0. 0102)	-0. 4910*** (0. 1125)
fiscal	0. 0335*** (0. 0023)	0. 0185*** (0. 0034)	0. 0884*** (0. 0174)
pgdp	0. 045*** (0. 0052)	0. 1922*** (0. 0073)	0. 0904*** (0. 0333)
industry	-0. 1647*** (0. 0168)	-0. 0607*** (0. 0421)	-0. 0687 (0. 0485)
road	0. 0689*** (0. 0054)	0. 0585*** (0. 0062)	-0. 0801*** (0. 0480)
f-assets	0. 0191*** (0. 0040)	0. 0049 (0. 00425)	0. 0518*** (0. 0110)
consume	0. 0321*** (0. 0051)	0. 0349*** (0. 0057)	0. 0602*** (0. 0286)
常数项	-3. 061*** (0. 3109)	-2. 792*** (0. 1542)	1. 1721 (0. 7344)
AR(1)	0. 0003	0. 0013	0. 0000
AR(2)	0. 2726	0. 6086	0. 1373
Sargan 检验	0. 134	0. 0664	0. 3358
观测值	1310	1675	664

注:括号内为各变量估计系数的标准误差,***、**、*分别表示该变量估计系数通过了 1%、5%和 10%的检验。AR(1)、AR(2)和 Sargan 的输出结果为 P 值,下同。

2. 城市扩张影响经济发展质量的地区样本检验

尽管从全国范围看,城市扩张对经济发展质量的效应是显著为正的,但我国各个地区的城市格局和经济发展有着明显的差异。为分别考察东、中、西部地区的城市扩张对经济发展质量的效应,本书运用系统 GMM 模型分别对三个地区进行了回归分析,结果见表 9—6。可以看到,对于东部而言,城市扩张对于经济发展质量有显著的正效应，但对中、西部的经济发展质量有显著的负效应。主要原因在于东部地区作为我国经济发展的高地，其发展环境和竞争优势都使得东部地区在扩张过程中聚集了大量的物质资源和人力资本，人口和资源的集聚带来有效的规模经济，促进产业升级和布局优化，带来技术创新的进步，因此城市扩张对经济发展质量的正向效应较大。中部地区人多地少的特征使得在城市扩张进程中，大量人口涌入城市，人力资本水平参差不齐，人口密度大所产生的城市拥堵、环境污染、公共服务不足及社会福利分配不均等问题无法满足人民美好生活的需要，制约了经济发展质量的提高。西部地区属于我国经济欠发达地区，地域广阔但人口数量较少，城市扩张所带来的人口集聚效应不足，不能形成有效的规模经济；并且西部地区产业发展受地理条件的影响较大，产业层次相对较低和经济基础薄弱，产业集聚所产生的影响力不足，难以带动整个地区经济高质量的发展。

表 9—6　不同地区的城市扩张对经济发展质量效应的回归结果

变量	东部地区	中部地区	西部地区
L1.grow-quality	0.4140*** (0.0044)	0.2301*** (0.0041)	0.3594*** (0.0056)
L2.grow-quality	0.0406*** (0.0028)	0.0756*** (0.0031)	-0.0345*** (0.0035)
population	0.2917*** (0.0216)	-0.0925*** (0.0109)	-0.0626** (0.0096)
fiscal	0.0480*** (0.0027)	0.0492*** (0.0027)	0.0114*** (0.0019)
pgdp	0.1269*** (0.0064)	0.1618*** (0.0075)	0.1730*** (0.0081)
industry	0.1084*** (0.0139)	-0.1988*** (0.0140)	-0.1162*** (0.0138)
road	0.0559*** (0.0096)	-0.0371*** (0.0038)	0.0429*** (0.0065)
f-assets	0.0334*** (0.0046)	0.0691*** (0.0031)	0.00775*** (0.0021)
consume	-0.0419*** (0.0052)	0.0951*** (0.0070)	0.0878*** (0.0047)

续表

变量	东部地区	中部地区	西部地区
常数项	−3.459*** (0.1304)	−1.792*** (0.0647)	−2.367*** (0.0778)
AR(1)	0.0027	0.0005	0.0001
AR(2)	0.2167	0.8029	0.2889
Sargan 检验	0.2002	0.1751	0.6526
观测值	1288	1291	1070

注:括号内为各变量估计系数的标准误差,***、**、* 分别表示该变量估计系数通过了 1%、5%和 10%水的显著性检验,AR(2)的输出结果为 P 值。

四、结论与启示

本书基于 2003—2017 年中国 285 个地级市的面板数据,运用多种估计方法检验了城市扩张对经济发展质量的效应。研究结果表明:

第一,从全国范围看,城市扩张促进人力资本转移和产业集聚,产生集聚效应和规模效应,能够有效地提升经济发展质量。同时,财政支出水平、地区经济发展水平、城市基础道路建设、固定资产投资和社会消费对经济发展质量的提升均有促进作用,但工业化水平对经济发展质量的提升有所制约。

第二,分城市规模来看,大城市的城市扩张对经济发展质量具有有效的正效应,而中小型城市的城市扩张对经济发展质量有着明显的制约作用,且小城市的制约作用比中等城市更大。分地区范围来看,东部地区的城市扩张均对经济发展质量的效应为正,中、西部地区的城市扩张对经济发展质量的效应则为负,且中部地区相对于西部地区而言,城市扩张对经济发展质量的制约作用更大。

本书的研究结论主要有以下三点的政策启示:

第一,注重经济发展质量,倡导合理城市扩张。在保持经济新常态发展的时代背景下,追求速度的经济发展正在逐渐转化为追求高质量的发展。这一重要转型表明,我国经济发展的粗放型增长模式正在被集约型增长模式所取代,以科技创新为导向,提高经济增长效率,推动区域均衡发展,成为我国经济增长新模式的主要目标[1]。保证经济持续增长所面对的问题不再是数量的增加,而是质量的提升。如何在这一重要转型期实现经济高质量发展的目标,政府要以"五大发展理念"为导向转变发展思路,更加注重城市扩张对于鼓励创新、实现协调、环境保护和开放共享领域的积极作用,推动城市扩张在更大程度上带动经济发展质量的进一步提升。

第二,从城市规模来看,应避免虹吸效应,促进中小城市共同发展。研究结果发现大城市充分享受了城市扩张所带来的经济效益和社会福利,提升了整体的经济发展质量。但中小型城市由于受人口、资源和技术等要素的限制,在城市扩张的过程中出现城市化发展与经济发展相背离的情况[2]。这种现象的原因可能在于大城市扩张过程中由于自身强大的集聚效应,吸收了周围小城市的资源、人力及资本,逐渐拉大了彼此的差距。因此,政府应当在鼓励大城市加速发展的同时,给予小城市适当的生存空间和生存条件,避免大城市出现虹吸效应。中小城市要寻找自身的比较优势,选取不同的发展道路和模式,避免区域之间的产业同质。此外,中小城市在发展过程中要避免过度追求经济增长速度忽视绿色发展的要求,在提高经济增长水平的同时,确保经济持续高效地发展。

第三,从区域来看,应注重区域间协调发展,均衡发展。中西部地区的发展水平与东部发达地区的发展水平差距很大,经济增长的影响因子各有不同,因此城市扩张过程中不能单纯以统一模式来促进各区域经济发展。东部地区大城市要发挥自身的扩散效应,促进区域之间的相互渗透,实现发展的协调性和均衡性。中部地区要在解决居民住房问题,改善城市拥堵和环境污染等方面下工夫,促进城市收入分配合理化,推动生态文明建设,使得中部地区更加绿色健康发展。西部地区基础设施不足,经济基础薄弱,更加需要政府加大财政支出,制定多种政策鼓励产业优化升级,积极配合"西部大开发"战略,充分发挥大城市都市圈辐射带动作用,因地制宜地推动城市经济高质量的发展。

---

① 周彬、周彩:《土地财政、产业结构与经济增长——基于285个地级以上城市数据的研究》,《经济学家》2018年第5期。

② 冷智花、付畅俭:《工业化促进了城市扩张吗》,《经济学家》2016年第1期。

第十章 居民低碳出行与城市空间优化

在城市化快速发展和气候持续变暖的背景下，城市空间组织和肌理的优化成为可持续交通研究的重要议题①。居住区是居民日常活动的最基本空间单元，其建成环境会对居民的生活方式和行为习惯产生锁定效应②。然而城市蔓延、无序开发、“以车为本”和利益至上等城市规划和建设问题依然严重制约着居民的低碳出行③。因此，如何进行城市社区因地制宜地分区治理，既能有效应对气候变化和空气污染，又能保持城市不断发展和居民生活质量不受影响成为摆在世界各国政府部门面前的关键挑战④。

---

① 方创琳、鲍超、黄金川等：《中国城镇化发展的地理学贡献与责任使命》，《地理科学》2018 年第 3 期。Zhou Q., Leng G., Huang M., "Impacts of future climate change on urban flood volumes in Hohhot in northern China: benefits of climate change mitigation and adaptations", *Hydrology & Earth System Sciences*, Vol.22, No.1(2018), pp.305-316.

② Heinonen J., Jalas M., Juntunen J.K., et al., "Situated lifestyles: I. How lifestyles change along with the level of urbanization and what the greenhouse gas implications are—a study of Finland", *Environmental Research Letters*, Vol.8, No.2(2013), pp.1-13. Heinonen J., Jalas M., Juntunen J.K., et al., "Situated lifestyles: Ⅱ. The impacts of urban density, housing type and motorization on the greenhouse gas emissions of the middle-income consumers in Finland", *Environmental Research Letters*, Vol.8, No.3(2013), pp.1402-1416. 荣培君、张丽君、杨群涛等：《中小城市家庭生活用能碳排放空间分异——以开封市为例》，《地理研究》2016 年第 8 期。

③ Shi K., Chen Y., Li L., et al., "Spatiotemporal variations of urban CO_2 emissions in China: A multiscale perspective", *Applied Energy*, Vol.211, No.12(2018), pp.218-229. 黄经南、高浩武、韩笋生：《道路交通设施便利度对家庭日常交通出行碳排放的影响——以武汉市为例》，《国际城市规划》2015 年第 3 期。

④ Xie R., Fang J., Liu C., "The effects of transportation infrastructure on urban carbon emissions", *Applied Energy*, Vol.196, No.2(2017), pp.199-207. Fremstad A., Underwood A., Zahran S., "The Environmental Impact of Sharing: Household and Urban Economies in CO_2 Emissions", *Ecological Economics*, Vol.145, No.9(2018), pp.137-147.

建成环境是指日常生活中与人们生活、工作、休憩有关的人造空间[①]。城市建成环境对居民出行的影响引起学术界的广泛关注。在都市区层面，密度（density）、可达性（accessibility）和邻近度（proximity）是三个较为常用的建成环境指标，三者往往与交通能耗和CO_2排放存在负向相关关系，学者们从而提出精明增长和紧凑型城市发展策略是减少二氧化碳的有效手段[②③]。但也有学者认为这些研究未能消除能源价格、城市规模和城市不同发展阶段等关键外部因素的影响而对此提出质疑[④]。在社区层面，20世纪末国外基本上已经有了较为系统的指标体系。住房密度（residential density）、步行可达性（pedestrian accessibility）、公交可达性（transit accessibility）和商业可达性（neighborhood shopping）是最早被公认用来刻画社区建成环境的指标[⑤]。随着尽端路口密度（percentage of cul-de-sac）和十字交叉口密度（percentage of 4-way intersection）等路网设计指标的引入[⑥]，密度（Density）、多样性（Diversity）和设计（Design）三个维度，即"3D"体系初步形成[⑦]。随后，距公交站点距离（Distance to Transit）和目的地可达性（Destination Accessibility）两个维度也引起关注[⑧]，最终形成了"5D"体系，为以后的研究提供了较为统一的思路。国

---

① 申犁帆、王烨、张纯等：《轨道站点合理步行可达范围建成环境与轨道通勤的关系研究——以北京市44个轨道站点为例》，《地理学报》2018年第12期。

② Lee S., Lee B., "The influence of urban form on GHG emissions in the U.S.household sector", *Energy Policy*, Vol.68, No.1(2014), pp.534-549.

③ Muñiz I., Sánchez V., "Urban Spatial Form and Structure and Greenhouse-gas Emissions From Commuting in the Metropolitan Zone of Mexico Valley", *Ecological Economics*, Vol. 147, No. 2 (2018), pp.353-364.

④ Jones C., Kammen D.M., "Spatial distribution of U.S.household carbon footprints reveals suburbanization undermines greenhouse gas benefits of urban population density", *Environmental Science & Technology*, Vol.48, No.2(2014), pp.895-902.

⑤ Holtzclaw J., "Using residential patterns and transit to decrease auto dependence and costs", *San Francisco, CA: Natural Resources Defense Council*, 1994, pp.58-64.

⑥ Cervero R., Gorham R., "Commuting in transit versus automobile neighborhoods", *Journal of the American Planning Association*, Vol.61, No.2(1995), pp.210-225.

⑦ Cervero R., Kockelman K., "Travel demand and the 3Ds: Density, diversity, and design", *Transportation Research Part D Transport & Environment*, Vol.2, No.3(1997), pp.199-219.

⑧ Ewing R., "Travel and the built environment: A synthesis", *Transportation Research Record*, Vol. 1780, No.1(2001), pp.265-294.

内外诸多研究表明:一方面,圈层或郊区化程度①会促进出行碳排放的增加;另一方面,地铁、公交等公共交通的便利程度②、居住地的土地混合度③和社区人口密度④会对出行碳排放产生一定程度的负向影响。但是这些因素对不同目的的出行行为又显示出不同程度的差异。

目前,建成环境对城市居民出行碳排放的影响存在不同程度的争议,主要集中于两个方面的问题:第一,建成环境对居民出行碳排放到底有没有起到主要或者决定性的作用?第二,哪种尺度的研究更利于揭示建成环境对居民出行碳排放的作用?这个尺度体现在建成环境的空间尺度,也体现在研究对象的个体、家庭和居住区/社区的差异。而后者又是回答前者问题的基础。一个不争的事实是在研究居民的认知、偏好、决策等思考和行为模式时,个体或者家庭的微观解剖可能更精细和准确。然而,在研究居住区尺度的问题时,如果真正把居住区本身作为基本单元,以多个居住区为研究对象,很有可能发现更有价值的规律。事实上,选择典型小区进行居民个体层面的研究较为普遍,鲜有把居住区当作一个具有相似属性的整体来看待的,这样很有可能会突出个体社会经济因素的影响而降低建成环境的作用。但是近几年,随着时空行为

① 曹小曙、杨文越、黄晓燕:《基于智慧交通的可达性与交通出行碳排放——理论与实证》,《地理科学进展》2015 年第 4 期。黄晓燕、刘夏琼、曹小曙:《广州市三个圈层社区居民通勤碳排放特征——以都府小区、南雅苑小区和丽江花园为例》,《地理研究》2015 年第 4 期。

② Yang Y.,Wang C.,Liu W.L.,"Urban daily travel carbon emissions accounting and mitigation potential analysis using surveyed individual data", *Journal of Cleaner Production*, Vol. 192, No. 5 (2018),pp.821-834.Ma J.,Zhou S.H.,Mitchell G.,"CO_2 emission from passenger travel in Guangzhou,China:A small area simulation",*Applied Geography*,Vol.98,No.7(2018),pp.121-132.

③ Cao X.S.,Yang W.Y.,"Examining the effects of the built environment and residential self-selection on commuting trips and the related CO_2 emissions:An empirical study in Guangzhou, China",*Transportation Research Part D*,Vol.52,No.3(2017),pp.480-494. Alexander R., Christian H.R.,Joachim S.,"GHG emissions in daily travel and long-distance travel in Germany-Social and spatial correlates",*Transportation Research Part D*,Vol.49,No.9(2016), pp.25-43.

④ 杨文越、李涛、曹小曙:《广州市社区出行低碳指数格局及其影响因素的空间异质性》,《地理研究》2015 年第 8 期。Tirumalachetty S.,Kockelman K.M.,"Nichols B G.Forecasting greenhouse gas emissions from urban regions:microsimulation of land use and transport patterns in Austin,Texas",*Journal of Transport Geography*,Vol.33,No.33(2013),pp.220-229.

理论的不断发展，自选择理论在居住区的适用性不断被证实[①]，即同一居住区是由相似的社会经济特征的特定居民群体组成，并且有近乎一致的建成环境。这些结论为将居住区作为独立基本单元来揭示建成环境对出行碳排放的影响提供了坚实的理论支撑。

基于此，本研究以典型中小城市为突破口，将开封市主城区所有规模以上、住房类型一致的 248 个居住区为研究对象，开展成规模小区的全覆盖研究。通过大样本调查、百度 POI、规划图件和遥感影像获取基础数据，进行居民出行碳排放的核算和建成环境指标的挖掘，探索其空间分异规律。以期更精确地揭示建成环境对居民碳排放的影响机理，为低碳社区和低碳城市的空间治理提供数据和理论支撑。

一、研究对象、方法与数据来源

1. 研究对象

（1）研究区概况

开封市位于黄河中下游，地处河南省中东部和豫东大平原的中心位置。以开封为研究区域主要基于以下考虑：第一，开封是著名的历史文化名城，具有 2400 多年的历史，有八朝古都之称，北宋时期曾是世界上最繁华的大都市。历史的巨大变迁和发展的不断变革，使开封的建成环境具有历史叠加的厚度，更有新老城区的城市二元结构特征，还存在丰富的生活形态和多样的居住区类型。第二，开封是中原城市群核心区的中心城市之一，城市化发展迅速。开封的城镇化率从 1988 年的 18%上升至 2018 年的 48%，私家机动车的数量近三年以平均 17%的速度增长，居民出行方式变化明显。第三，开封属于占全国绝大多数的中小城市之一，不仅为本书探索性的研究提供了可能，也可以为众

① 杨文越、曹小曙：《居住自选择视角下的广州出行碳排放影响机理》，《地理学报》2018 年第 2 期。周素红、宋江宇、宋广文：《广州市居民工作日小汽车出行个体与社区双层影响机制》，《地理学报》2017 年第 8 期。

多其他同类城市提供参考和借鉴。

(2)居住区的界定及选取

借鉴国外居民低碳发展的经验和标准,居住区比社区在规划设计、物业及能源管理方面有更强的可操作性,因此本书选取居住区而非行政单元的社区为研究对象。“居住区”在一些建筑学和城乡规划学的文献中也被称为“住区”“住宅区”,但是在《城市居住区规划设计规范》中其实包含居住组团、居住区和居住小区三个层级。此外,一些文献中还用到“小街坊住区”“住宅街坊”“街道社区”“街道(住宅)小区”等概念,其所指对象基本一致,即“由城市道路或居住区道路划分,无固定规模的住宅用地”。因为本书需要尽可能多地覆盖所有类型、多个数量的居住区,因此将住房类型、建造年代一致的封闭或开放居住区组团,以及由末级道路围城的街道小区均列为研究对象。具体选取遵循人口大于1000人或者面积大于1km^{2}的同类型建筑构成的居住用地,以及入住率高于10%的两个原则。根据遥感影像和实地考察相结合的方式,共识别出符合条件的开封市主城区的248个居住区,如图10—1所示。

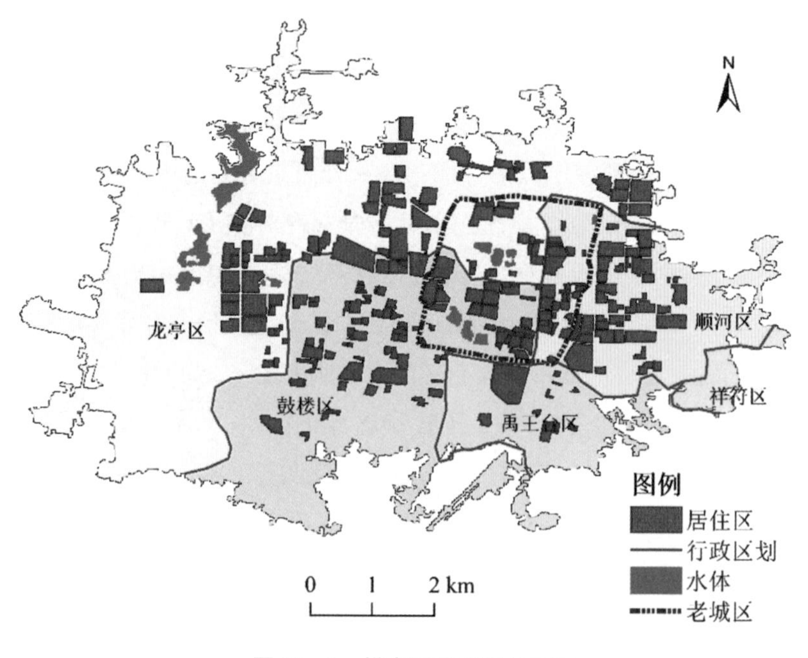

图10—1 样本居住区空间分布

2. 研究方法

(1)居民出行碳排放核算方法

国际上通用的出行碳排放的核算方法是基于燃料①和基于距离②的碳排放系数法。其中,国外因不同出行类别耗能的统计数据较为详细,故基于燃料的碳排放系数法应用较为广泛。而我国由于居民日常出行的能源统计数据和交通能耗标准的缺失,因此基于距离的出行碳排放核算方法较为适用。本书根据调查问卷的数据,在核算总出行碳排放时选用基于燃料的核算方法,在分不同出行目的分别研究时采用基于距离的核算方法,具体公式和步骤见文献③。

(2)居住区建成环境指标选取及度量方法

居住密度:居住密度指标包括人口密度、建筑密度和容积率几类④,其中容积率比单纯的建筑密度又增加了小区楼层高度的因素,更有利于反应居住区的建筑和人口的密度。通过规划资料、遥感图像与实地调研,获取了开封市建成区的容积率,其公式为:

$$V = \frac{S_t}{S_l} = \frac{\sum (S_b * n)}{S_l}$$

式中,V 为容积率, S_t 为地上建筑总面积, S_l 为用地面积。S_b 为建筑基地面积, n 为建筑楼层数。

---

① Jain D., Tiwari G., "How the present would have looked like? Impact of non-motorized transport and public transport infrastructure on travel behavior, energy consumption and CO_2, emissions- Delhi, Pune and Patna", *Sustainable Cities & Society*, Vol.22, No.9(2016), pp.1-10.

② Ma J., Mitchell G., Heppenstall A., "Exploring transport carbon futures using population microsimulation and travel diaries: Beijing to 2030", *Transport. Research Part D*, Vol.37, No.5(2015), pp.108-122.柴彦威、肖作鹏、刘志林:《基于空间行为约束的北京市居民家庭日常出行碳排放的比较分析》,《地理科学》2011 年第 7 期。

③ Rong P.J., Zhang L.J., Qin Y.C., et al., "Spatial differentiation of daily travel carbon emissions in small- and medium-sized cities: An empirical study in Kaifeng, China", *Journal of Cleaner Production*, Vol.197, No.6(2018), pp.1365-1373.

④ 秦波、田卉:《社区空间形态类型与居民碳排放——基于北京的问卷调查》,《城市发展研究》2014 年第 6 期。

可达性道路:可达性是城市网络形态的一种重要表现形式,选取全局整合度来反映开封市居住区可达性的情况,公式为①:

$$RA_i = \frac{2(MD_i - 1)}{n - 2}$$

式中,RA_i 为全局整合度值,$MD_i = \sum_{j=1}^{n} \frac{d_{ij}}{(n-1)}$,为平均深度值。

常用设施密度:各类设施密度是居住区功能形态的重要表现形式。具体指居住区 500 米半径范围内的公交站点、餐饮购物点、教育资源、生活服务场所等类型设施的数量。关于缓冲区范围的选择,500 米、800 米和 1000 米较为常用,考虑到开封作为中小城市的典型代表,且在问卷中设置了居民能接受的步行距离的选项,选择 500 米以内和 500—800 米的占 82%,且缓冲区测量的是直线距离,居民的实际出行距离要远于此,因此本研究选取 500 米作为缓冲区半径。

土地利用混合度信息熵是国内外普遍认可的一种测量土地利用混合度的方法,其计算公式为②:

$$T_h = (-1)\sum_{i=1}^{n}(b_i/a)\ln(b_i/a)$$

式中,T_h代表土地利用混合度,a 指 500 米缓冲区内影响居民出行的全部用地类型的总面积,b_i 指缓冲区内某一类用地类型的面积,n 为用地类型数量。参考相关文献③,与居民出行相关的用地类型包括居住用地、工业用地、公共管理与公共服务设施用地、商业服务业设施用地、城市道路用地等。

道路交叉口密度:交叉路口密度是道路设计维度较为常用的指标,本研究采用 500 米缓冲区范围内的十字路口和丁字路口数量的总和。根据矢量化的道路数据,采用 ArcMap 的网络分析模块计算。

---

① Jabbari M., Fonseca F., Ramos R., "Combining multi-criteria and space syntax analysis to assess a pedestrian network: the case of Oporto", *Journal of Urban Design*, Vol.23, No.1 (2018), pp.23-41.

② 满洲、赵荣钦、袁盈超等:《城市居住区周边土地混合度对居民通勤交通碳排放的影响——以南京市江宁区典型居住区为例》,《人文地理》2018 年第 1 期。

③ 满洲、赵荣钦、袁盈超等:《城市居住区周边土地混合度对居民通勤交通碳排放的影响——以南京市江宁区典型居住区为例》,《人文地理》2018 年第 1 期。

区位一方面可以体现居住小区地理位置的圈层性及商圈可达性,另一方面在很大程度上反映了房价水平,从而体现居民的收入和消费水平。研究采用居住区的几何中心到市中心的距离来计算居住区的区位形态,其中市中心选取标志性建筑——鼓楼来代表。

(3)空间统计分析方法

核密度分析:核密度分析主要用于计算要素在其周围邻域中的密度,通过探析其分布密度在空间上的特征来反映该要素的分散或集聚状态。公式如下①:

$$f(x) = (1/nh^d) \sum_{i=1}^{n} k[(x - x_i)/h]$$

式中,x 为网格中心处的核密度,x_i为点核密度,n 为阈值范围内的居住区个数,h 为阈值,d 为数据维度, $k[(x - x_i)/h]$ 为核密度方程。

(4)地理加权回归分析

地理加权回归(Geographical Weighted Regression,GWR)对传统的经典回归模型进行了改进与加工,充分考虑了影响因素的空间位置,提供了局部回归的参数估计值,可以更加客观实际地探测数据的空间非平稳性。计算公式为②:

$$y_i = \alpha_0(S_i, T_i) + \sum_{j=1}^{n} \alpha_j(S_i, T_i) x_{ij} + \varepsilon_i$$

式中,y_i为第 i 个居住区的出行碳排放平均值;(S_i, T_i)为第 i 个居住区几何中心的地理坐标;$\alpha_0(S_i, T_i)$为第 i 个居住区的回归常数;$\alpha_j(S_i, T_i)$为第 i 个居住区的第j 个回归参数;n 为建成环境指标个数;x_{ij}为独立变量 x_j在第 i 个居住区的值;i 为方程的随机误差。

3. 数据来源

(1)问卷调查

根据遥感影像和实地观测,将居住区按照人口规模大小分为 A、B、C 三个等级,其中 A 类居住区(89 个),人口规模为 100—300 户,样本数为每小区 15

① 谢宏、李颖灏、韦有义:《浙江省特色小镇的空间结构特征及影响因素研究》,《地理科学》2018 年第 8 期。

② 胡艳兴、潘竟虎、王怡睿:《基于 ESDA-GWR 的 1997—2012 年中国省域能源消费碳排放时空演变特征》,《环境科学学报》2015 年第 6 期。

户；B类居住区（118个），人口规模为300—600户，样本数为每小区20户；C类居住区（41个），人口规模为600户以上，样本数为每小区30户，这样能保证均大于国家调查的抽样数量标准。每个居住区采用入户或小区内访谈的形式随机调查，问卷内容涉及家庭的基本社会经济属性特征、家庭成员通勤、接送孩子上下学、购物、娱乐等活动的主要出行方式、时间、距离、往返次数等信息。2016—2017年，项目组共获取有效样本4925份。需要说明的是，为保证样本间的可对比性及对教育资源分布合理性的有效研究，研究选取的均为有学龄的孩子且无职住异地成员的家庭。

（2）POI数据

研究通过获取百度地图的POI数据进行居住区的土地利用混合度的计算，各类数据准确度采用该类百度POI数据与实地勘察结果存在误差的个数除以该类实地勘察总数量。检验结果显示，各类兴趣点数据完整性和准确性能达到95%以上，整体来看数据准确可靠。

表10—1 本研究涉及的POI种类划分

一级分类	二级分类	具体内容
公共管理服务设施	教育服务	幼儿园、小学、初中、高中
	交通设施	公交站点
	娱乐设施	城市公园、景区、KTV
商业服务设施	餐饮购物	各类餐厅、星级酒店、超级市场、购物中心、副食店、菜市场
	生活服务	汽车服务、家政服务、报刊亭、物流点、洗衣店、摄影店、健身房洗浴中心等

（3）遥感影像和基础图件

研究采用的遥感影像为Google航拍图，时间为2017年10月，分辨率为0.49m。首先采用控制点方式进行几何矫正，结合ArcGIS 10.2和ENVI 5.0软件，提取开封市建成区，并对居住区、建筑和道路进行矢量化处理，进而构建开封市建成区、居住区、道路数据库。基于空间分析方法的模型基础，获取表征居住区，简称为“环境的各种参数”（可达性、混合度、区位条件等），同时结合其强大的多元数据整合、数据分析与可视化表达能力，分析并表征各因素的分异机制。此外,为获取居住区的空间形态和城市建成区的行政区划及土地利用情况数据,从开封市规划局城建档案馆获取了各居住区的总平面图及经济技术指标数据,从开封市城市勘探设计院获取了主城区土地利用现状图和行政区划图。

二、城市居住区空间及出行碳排放特征

1. 居住区空间社会经济属性特征

开封城墙是城市历史的见证也是影响城市交通的重要建筑。以开封市城墙为边界将建成区划分为老城区和新城区,根据前述居住区界定原则,开封市主城区共有 248 个居住区,其中老城区有 71 个居住区,新城区有 177 个居住区。以每个居住区各因素的平均值建立开封城市居住区数据库,从而对居住区的属性特征加以剖析(表 10—2)。

从居住区类型来看,可以发现以下特征:第一,私人建房在开封市老城区中占比为 64.8%,是老城区最主要的住房类型,且在新城区中也占有不小的比重(18.5%),这些居住区基本上是街道社区(内城棚户区)以及城乡结合部未被开发的私宅;第二,商品房是新城区的主要住房类型,占比为 51.1%,在老城区中也占到 23.9%,且存在少量高档别墅商品房小区;第三,单位集资房在新老城区分别占有不小的比重(9.9%和 17.0%),需要指出的是,老旧家属院中大型企业占多数,但随着 20 世纪 90 年代末开封市大量企业的衰败,近 10 年的单位家属院是以机关事业单位为主集资建造的;第四,开封的经济适用房基本是在 21 世纪初建成的,因此基本上都在新城区,但为了使居民生活方便,又建在离中心城区不远的圈层中。

从平均楼层来看,开封的高层(12 层—30 层)和超高层(31 层以上)建筑不多,以低层(1 层—3 层)和多层(4 层—6 层)住宅为主,且开封老城区基本没有高层住宅,新城区中的高层住宅均是 2000 年以后新建的商品房或者安置房小区。事实上,很多小区存在两种或多种楼层的住宅相混合的现象。

从家庭平均建筑面积来看,新城区的大户型住宅比例远高于老城区,尤其

是户均居住面积在200 m^2以上的住宅只存在于新城区。这与市场经济条件下居民改善居住条件的诉求和能力相吻合，但也成为低碳城市构建的制约因素之一。

从居住区户均家庭月收入情况来看，平均家庭月收入在3000元以下的居住区仅占5.8%，基本是老城区的街道社区和新城区中未被开发的城郊农村私宅；平均家庭月收入在3000元—9000元的居住区是开封市居住区的主体，占80.0%；收入在12000元以上的居住区仅占3.1%，基本都在新城区中。需要说明的是，在收入项，居民会存在保守填写的现象，尤其是对奖金、福利等容易产生忽略，且高收入群体可能会存在顾虑，统计结果可能会存在数值偏低的现象。

从居住区的建造年代情况可以看出，新老城区的居住区建成年代有显著的差别，老城区2000年以前建造的居住区有73.2%，新城区2001年以后建造的居住区占50.6%，老城区只有一个小区是2010年以后建成的。20世纪80年代末和90年代初建成时间较长的小区基本在老城区及以东区域。

此外，小汽车拥有量在各居住区之间存在较大差异，其中高档商品房小区或者别墅小区户均小汽车拥有量超过1.5辆，而一些街道社区、老旧商品房小区的户均小汽车拥有量不足0.5辆。

表10—2 新老居住区基本属性对比

指标	分类	老城区(%)	新城区(%)	指标	分类	老城区(%)	新城区(%)
住房类型	商品房	23.0	51.1	平均楼层	3层以下	32.0	9.0
	单位集资房	9.9	17.0		4—6层	59.2	62.9
	经济适用房	1.4	8.4		7—11层	9.9	14.0
	私人自建房	64.8	18.5		12层以上	0	14.0
	拆迁安置房	0	4.9	建筑年代	1980年以前	4.2	2.2
建筑面积	50—100m^2	54.9	26.4		1981—1990年	23.9	7.9
	100—150m^2	36.6	59.0		1991—2000年	45.1	39.3
	150—200m^2	8.5	8.4		2001—2010年	25.3	39.9
	200m^2以上	0	6.2		2010年以后	1.4	10.7

续表

指标	分类	老城区(%)	新城区(%)	指标	分类	老城区(%)	新城区(%)
家庭月收入	3000 元以下	14.1	1.7	小汽车拥有量	0.5 辆以下	56.3	21.9
	3000—6000 元	49.3	27.5		0.5—1 辆	35.2	61.8
	6000—9000 元	26.6	57.3		1—1.5 辆	7.1	11.2
	9000—12000 元	7.0	13.5		1.5—2 辆	1.4	5.1

注:若一个小区中是商品房和拆迁安置房混合,因房价受到一定影响,因此该小区认定为拆迁安置房小区。

2. 居住区空间建成环境特征

根据相关文献①,主要考察建筑密度、居住区周边土地利用混合度及各主要类型设施的分布情况(图 10—2)。

土地利用的混合度可以体现居住区综合生活设施供给的便利性。其中混合度较高的是市中心附近的街道小区和商品房小区。混合度较低的是城乡结合带的城郊居住区以及外圈层的部分小区,这些小区以拆迁安置房、经济适用房和新建商品房为主。

在教育资源方面,不同的居住区 500 米缓冲区内的幼儿园数量差异显著。

① 曹小曙、杨文越、黄晓燕:《基于智慧交通的可达性与交通出行碳排放——理论与实证》,《地理科学进展》2015 年第 4 期。黄晓燕、刘夏琼、曹小曙:《广州市三个圈层社区居民通勤碳排放特征——以都府小区、南雅苑小区和丽江花园为例》,《地理研究》2015 年第 4 期。Yang Y., Wang C., Liu W.L., "Urban daily travel carbon emissions accounting and mitigation potential analysis using surveyed individual data", *Journal of Cleaner Production*, Vol.192, No.5(2018), pp.821-834. Ma J., Zhou S.H., Mitchell G., "CO_2 emission from passenger travel in Guangzhou, China: A small area simulation", *Applied Geography*, Vol.98, No.7(2018), pp.121-132. Cao X.S., Yang W.Y., "Examining the effects of the built environment and residential self-selection on commuting trips and the related CO_2 emissions: An empirical study in Guangzhou, China", *Transportation Research Part D*, Vol.52, No.3(2017), pp.480-494. Alexander R., Christian H.R., Joachim S., "GHG emissions in daily travel and long-distance travel in Germany-Social and spatial correlates", *Transportation Research Part D*, Vol.49, No.9(2016), pp.25-43. 杨文越、李涛、曹小曙:《广州市社区出行低碳指数格局及其影响因素的空间异质性》,《地理研究》2015 年第 8 期。Tirumalachetty S., Kockelman K.M., Nichols B.G., "Forecasting greenhouse gas emissions from urban regions: microsimulation of land use and transport patterns in Austin, Texas", *Journal of Transport Geography*, Vol.33, No.33(2013), pp.220-229.

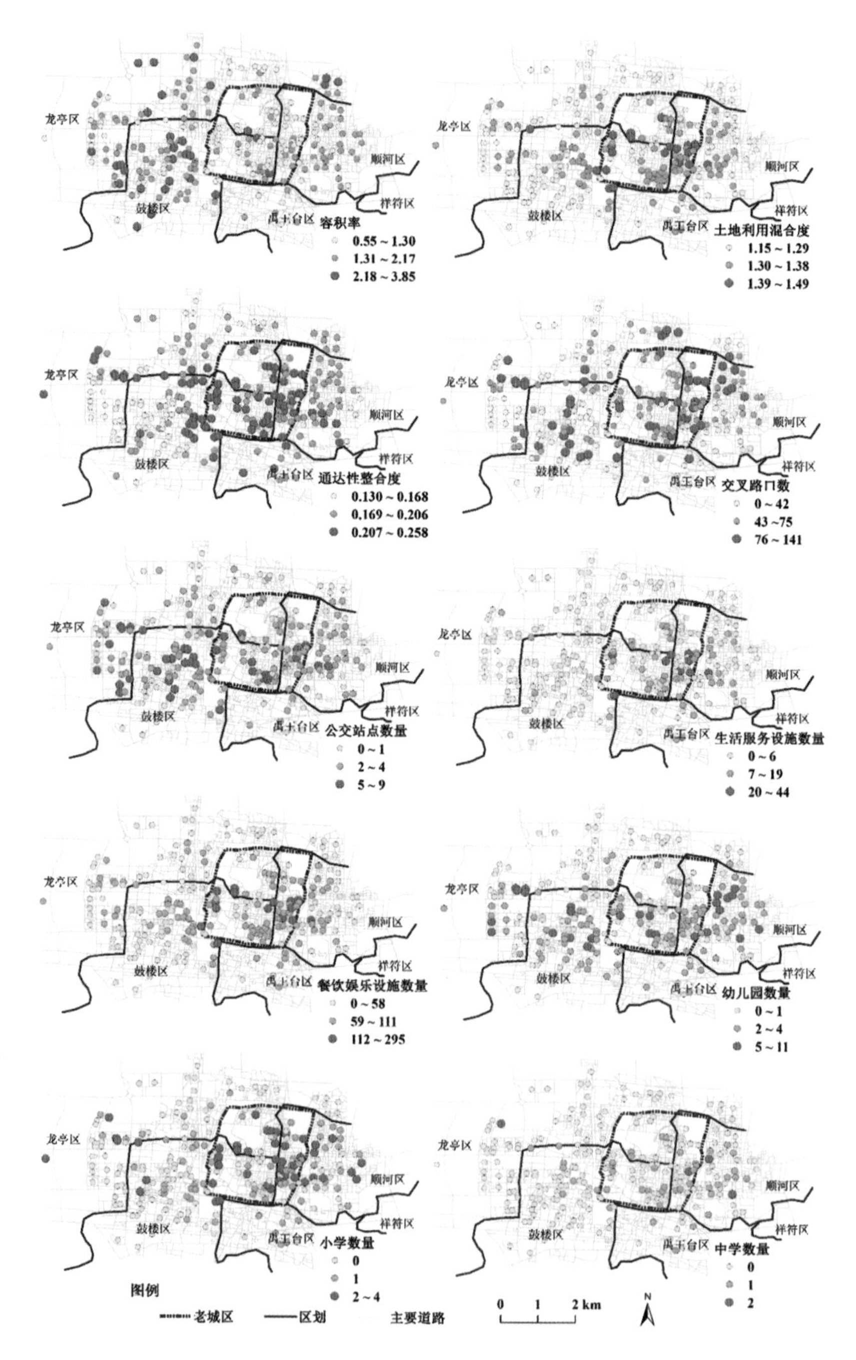

图 10—2 居住区建成环境指标空间分布

1/4 左右的小区 500 米缓冲区内尚无一所幼儿园，这些居住区类型多样，散落于新老城区中，但是在新城区中的比例较高。缓冲区内有 3—4 所小学在老城区中占比达 11.27%，新城区中占比为 6.74%。对比而言，从大量周边没有小学的居住区来看，老城区内周边没有小学的居住区占 29.58%，新城区这一比例为 63.48%。周边中学数量的分布在空间上的规律更为明显，有中学分布的居住区绝大多数分布在老城区及老城区以东区域，老城区以西的新城区鲜有居住区周边拥有中学的。需要指出的是对于中学而言，500 米缓冲区的范围可能比居民实际能接受的步行上学距离偏小，但为了和其他兴趣点的核算保持一致，并未变动。

在交通方面，有 31 个居住区 500 米缓冲区内没有公交站点，多数是因为居住区不临二级以上道路或者较为偏僻造成公交线路不能途经。根据空间句法得到每条道路的全局整合度，将围城居住区的若干条道路整合度的平均值作为居住区的可达性指标。其中，通达性较好的居住区以老城区偏南部为中心，通达性较差的小区基本分布在城市的外圈层。随着开封西区的快速发展，开封市正在向多中心城市转变，但从道路可达性来看，目前依然是单中心同心环的发展模式，在这种情况下，城市的圈层结构依然会在社会经济和生态环境方面有所体现。此外，周边道路设计较为合理（交叉路口数量较多）的居住区有一定的空间集聚效应，集中分布于老城区中部、城市偏东北部、北门外、西城墙外和老城外西南角区域。交叉路口数量较少的居住区空间分布规律也较为明显，基本分布在城市的外圈层，其中，里仁居、药厂家属院、橡树庄园等几个居住区周边 500 米缓冲区内交叉路口数不足 10 个，虽然有的小区周边有其他规划建设的道路，但截至调研期间并未开始建设。

在商业服务设施方面，餐饮购物是居民日常生活不可或缺且发生频率较高的活动，对居民的生活方式和出行方式有重要影响。周边餐饮购物场所达 100 个以上的居住区大多分布于老城区及其以东开发较成熟的区域内，西区主要在个别大型商场所在地附近，如三毛购物广场、开元广场等区域。然而有的居住区周边的餐饮购物场所不足 10 个，这些小区多为外圈层的封闭式住宅小区，餐饮购物活动的便利程度较差。周边生活服务设施密集的小区基本上全部集中于老城区及东临区域。

3. 居住区空间出行碳排放特征

通过 ArcGis 10. 2 的空间分析模块，得出开封市居住区出行碳排放的核密度分布情况（图 10—3）。从中可知，居民各类碳排放均存在较大差异，空间集聚效应明显，说明空间位置对其有一定的锁定效应。但是从多中心极核来看，区位并非决定因素，说明建造时间、功能混合度、建筑密度等因素综合影响使之形成目前的格局。其中，总出行碳排放、通勤和通学出行碳排放布局较为相似，只是程度上存在差异。这三类均存在多核的高值区，大多分布于城西新建开发区，但城东的外圈层也存在较大的极核。购物出行碳排放的核密度分布与之不同，不存在较大极核，但在城市各区域都分散有小面积的高值集聚区，说明购物场所的辐射范围有限，其便利程度受市场调控影响较大。

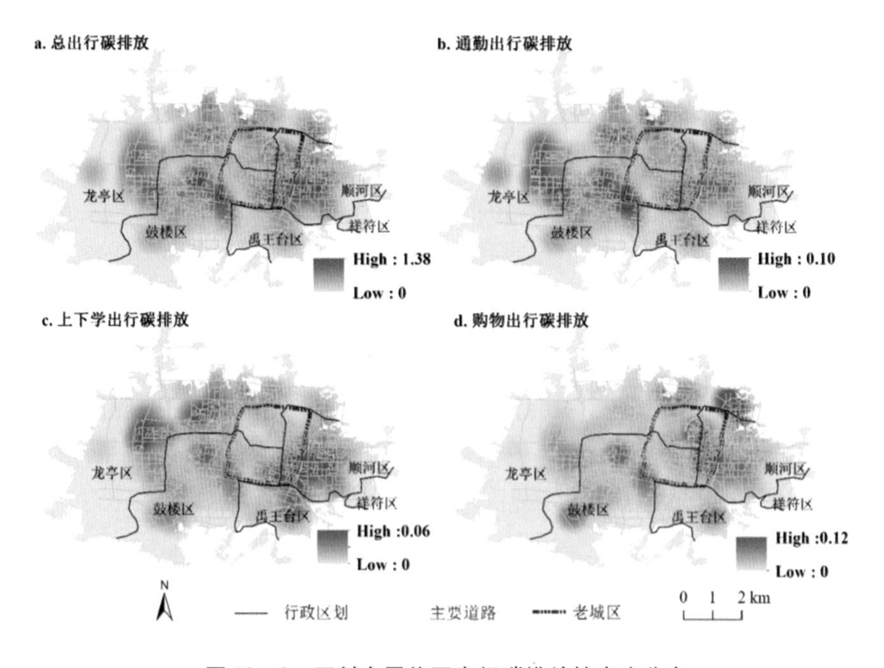

图 10—3　开封市居住区出行碳排放核密度分布

4. 不同出行碳排放结构的居住区空间建成环境特征

将居民出行碳排放的三个主要构成部分通勤、通学和购物的碳排放水平按照分位数方法分别分为高、中、低三个层次，排列组合后形成27种类型的出行碳排放（表10—3），其空间分布情况如图10—4所示。其中，HHH、HHM、HHL、HMH、HMM均分布于城市外圈层，其通勤碳排放均较高，说明此类居住区职住分离现象严重。但一些居住区因大型商场等购物场所配套设施完善，购物出行碳排放反而较低，但多数区域通学碳排放依然较高，说明教育资源跟进的难度较大、滞后程度较高。这几类居住区从建成环境指标来看，属于外层高密度欠通达低混合型居住区。相反，LLL、LMM、LLM、MLL、LML型居住区各类碳排放均较低，且基本分布在老城区内，说明老城区发展相对成熟，居民生活便利程度较高。这些居住区从建成环境指标来看，属于内层低密度高通达高混合型居住区。

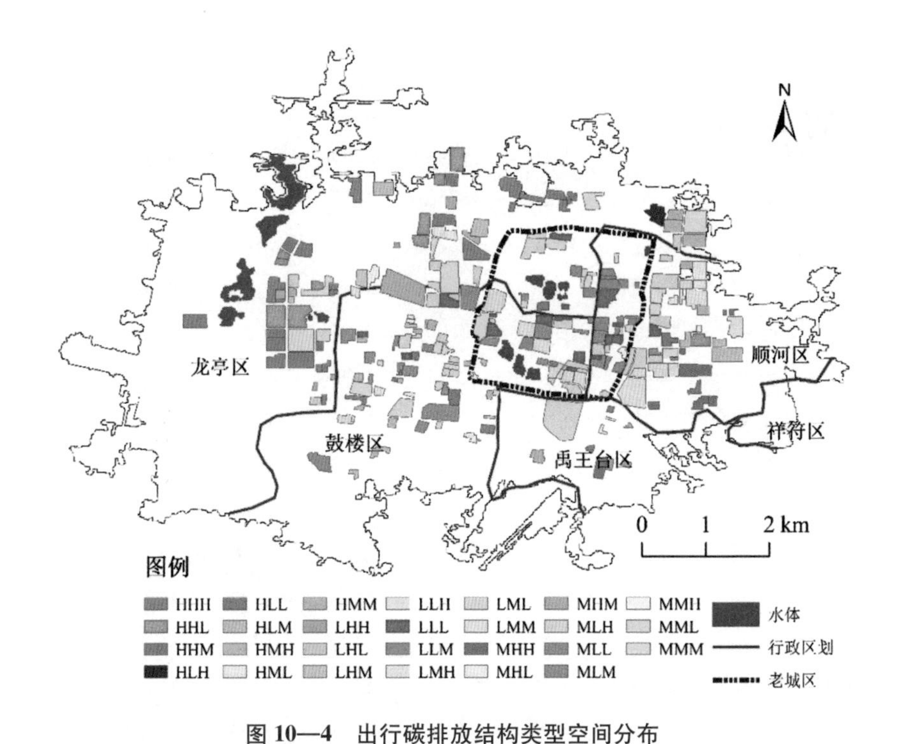

图10—4　出行碳排放结构类型空间分布

注：第一个字母表示通勤出行碳排放水平的层级，第二个字母表示上下学出行碳排放水平的层级，第三个字母表示购物出行碳排放水平的层级。

表 10—3　不同出行碳排放结构类型居住区建成环境特征

碳排放结构类别	容积率	距市中心距离（km）	通达性整合度	周边交叉路口（个）	周边公交站点（个）	周边学校（个）	周边餐饮娱乐设施（个）	土地利用混合度
HHH	2.96^{+}	6.96^{+}	0.13^{-}	18.29^{-}	0.96^{-}	1.33^{-}	19.95^{-}	1.17^{-}
HHM	2.54^{+}	5.19^{+}	0.15^{-}	27.58^{-}	0.85^{-}	2.21^{-}	35.12	1.26
HHL	2.54^{+}	5.56^{+}	0.13^{-}	24.36^{-}	1.23^{-}	3.02	55.63^{-}	1.18^{-}
HMH	2.43^{+}	5.31^{+}	0.14^{-}	45.16	0.96^{-}	4.05	22.21^{-}	1.18^{-}
HML	2.09^{+}	4.53	0.15^{-}	56.32	1.96	4.16	68.32^{+}	1.36^{+}
HLH	1.89^{+}	5.36^{+}	0.15^{-}	42.36	2.58	6.93^{+}	29.65^{-}	1.20^{-}
HLM	1.95^{+}	5.11^{+}	0.16^{-}	62.45	3.26	5.35^{+}	35.16	1.26
HLL	1.56	4.95	0.14^{-}	57.13	3.75	6.87^{+}	75.28^{+}	1.39^{+}
MHH	1.73	3.68	0.17	30.36^{-}	1.34^{-}	2.05^{-}	17.36^{-}	1.19^{-}
MHM	1.62	4.65	0.19	28.52^{-}	3.65	2.16^{-}	34.26	1.23
MHL	1.35	3.96	0.19	50.45	2.96	1.95^{-}	40.26	1.30^{+}
MMH	1.63	4.87	0.18	19.93^{-}	2.65	4.13	36.63	1.20^{-}
MMM	1.52	4.52	0.20	46.52	3.17	5.12	35.11	1.26
MML	1.46	3.56	0.17	49.35	4.06	6.02	70.03^{+}	1.38^{+}
MLH	1.53	3.95	0.21	51.23	3.12	3.06^{+}	42.69^{-}	1.21^{-}
MLM	1.42	4.90	0.20	50.63	2.58	3.58^{+}	34.36	1.32
MLL	1.46	3.68	0.19	69.11^{+}	3.95^{+}	4.06^{+}	69.84^{+}	1.35
LHH	0.96^{-}	2.19^{-}	0.24^{+}	39.42	$^{-}1.02$	2.06^{-}	44.33	1.34
LHM	1.09^{-}	2.08^{-}	0.23^{+}	40.26	2.69	1.95^{-}	23.63^{-}	1.27^{-}
LHL	1.21	2.36	0.26^{+}	70.42^{+}	2.35	2.22^{-}	71.36^{+}	1.44^{+}
LMH	1.05^{-}	2.05^{-}	0.23^{+}	55.26	3.06	2.16^{-}	39.96^{-}	1.20^{-}
LMM	1.06^{-}	1.86^{-}	0.25^{+}	53.25	4.26^{+}	2.03^{-}	34.05	1.26
LML	1.15	1.09^{-}	0.24^{+}	73.56^{+}	3.89^{+}	1.66^{-}	61.39^{+}	1.45^{+}
LLH	1.18	2.23	0.23^{+}	85.28^{+}	4.62^{+}	6.92^{+}	21.96^{-}	1.20^{-}
LLM	0.93^{-}	1.84^{-}	0.24^{+}	78.34^{+}	4.35^{+}	7.23^{+}	33.98	1.34
LLL	0.95^{-}	1.95^{-}	0.22^{+}	79.49^{+}	4.02^{+}	7.12^{+}	72.13^{+}	1.48^{+}

注：出行碳排放结构类别的三个字母依次代表通勤出行碳排放的层级、上下学出行碳排放的层级和购物出行碳排放的层级，H、M、L 分别代表高、中、低三类层级，“+”表示 0.75 分位数以上，“-”表示 0.25 分位数以下。

三、城市空间组织与居民出行碳排放的作用机理

1. 综合影响

在微观尺度上将社会经济因素和建成环境因素同时纳入研究的文献并不是很丰富，但是从个体尺度的研究发现，许多学者认为社会经济因素的作用相对较强，建成环境能解释的力度有限。本书的数据从个体尺度来分析亦得到相似结论。但是基于自选择理论在中国居住区适用性的验证及本书拟揭示问题的本质，研究将每一个居住区视为独立的基本单元，进行回归分析的拟合。为消除量纲影响，首先将以上空间形态因素与居住区人均各类出行碳排放进行标准化处理，而后为消除共线性问题，进行逐步向后回归分析，各类出行碳排放的最终模拟结果见表 10—4。可以看出，居住区尺度的研究证明了建成环境对居民出行碳排放存在显著影响，且贡献率较大。其中对总出行碳排放影响显著的指标有区位、建筑密度、交叉路口数、公交站点密度、土地利用混合度及教育设施密度。

表 10—4　建成环境对出行碳排放的回归分析结果

碳排放类别	区位	建筑密度	通达性整合度	交叉路口数	公交站点密度	土地混合度	餐饮购物设施密度	教育设施密度	R^2
总出行	0.006	-0.048	/	-0.191	-0.112	-0.104	/	-0.041	0.692
通勤	0.216	/	-0.041	-0.059	/	/	/	/	0.628
上下学	/	/	/	-0.041	/	/	-	-0.147	0.580
购物	0.037	/	/	/	/	/	-0.209	/	0.639

注："/"表示未通过 5%置信水平下的显著性检验。

2. 作用机理的空间差异

根据上述结果，以总出行碳排放为例，选择对其有显著影响的 6 个因素构

建地理加权回归模型,使用 AIC 准则法进行模型的检验。结果得到 R^2 为 0.71,AIC 为 136.52,说明地理加权回归的拟合结果优于 OLS。为增强可视化效果,将 GWR 结果中各变量的参数值进行了克里金插值(图 10—5)。

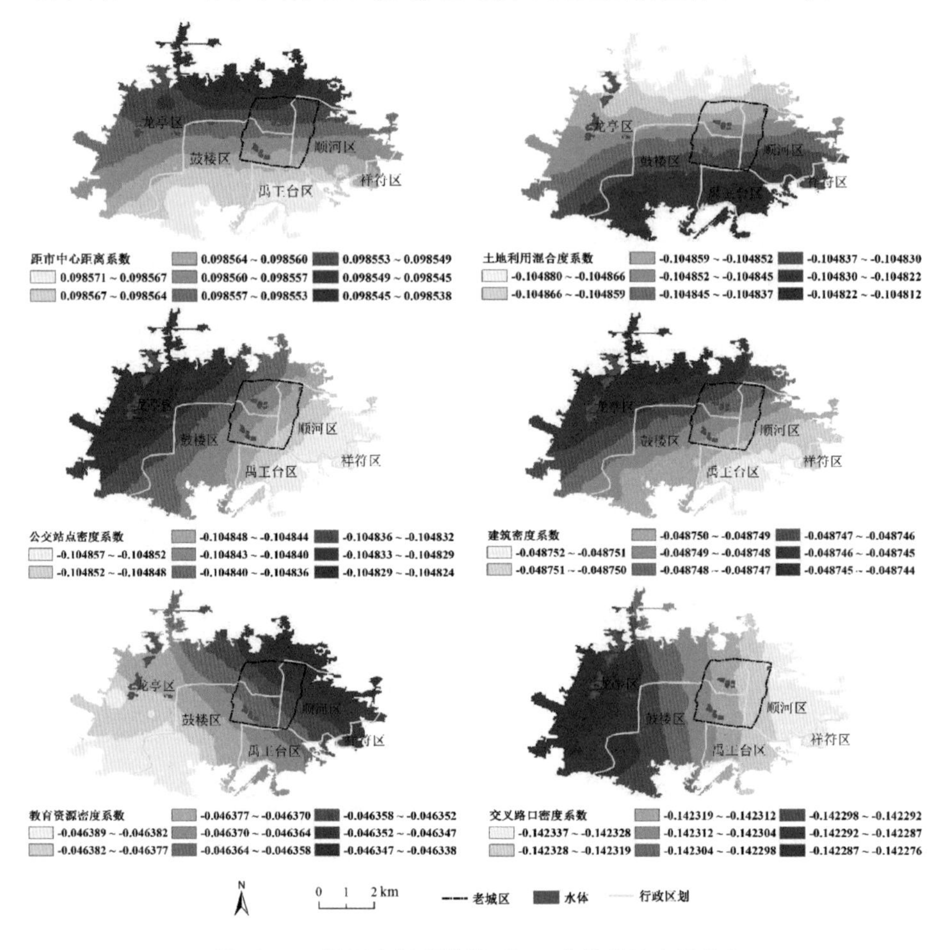

图 10—5 居民出行碳排放 GWR 参数估计空间分布

从结果可以看出,各参数值的空间渐进规律明显。其中,区位因素对居民出行碳排放的影响是自南向北递增,土地利用混合度回归系数的绝对值也呈现同样的规律。究其原因,开封城市南郊以空军机场为界基本已经没有可以扩展的空间,而向北有连霍高速和黄河大堤,因此在南北向扩张的过程中,连霍高速以南的复兴大道和东京大道的城郊区域成为了仅有的可开发空间,存在大量城郊自建房和新开发高层商品房小区,但是各类公共和商业设施跟进滞后，居民生活便利程度较差。公交站点密度和建筑密度的参数值规律较为相似，其绝对值均是从西北向东南递增。事实上东南区域是建成时间较早的区域，各类设施相对完善，但是也基本是停滞发展的区域，说明这个区域的居民对公交的依赖程度更高，此外被忽视开发的区域缺乏大型的购物中心、便民服务网点等设施也是对居民出行影响较大的因素之一。从教育资源参数的绝对值可以看出，开封市在向省会郑州快速扩张的过程中，西部新城区在建造大量商品房的同时，教育资源的及时跟进将发挥重要作用。相反，小区周边的交叉路口数参数的绝对值自西向东递增，说明其对东区居民影响更大，这与老旧城区人口密度较大且早期建造的道路较为狭窄、容易造成拥堵有较大关系。

四、结论与讨论

本书尝试以城市发展周期较长、城市化快速发展的典型中小城市开封市为案例区，以主城区内所有成规模的居住区为研究对象，通过大样本调查数据和高分辨率遥感影像，探索居民各类出行碳排放的空间差异规律，剖析居住区尺度建成环境对居民出行碳排放的影响。得到以下结论：

(1)城市内部居民出行碳排放空间差异显著，居住区公共服务供给的公平性差异较大。基于自选择理论，研究将居住区视为基本单元，以其样本的平均值作为居住区的特征表现，发现各居住区的社会经济属性、建成环境指标和碳排放水平均存在较大差异。随着城市的不断扩张，外圈层的土地利用混合度较低，生活服务功能未能平衡发展，教育、就业等资源供给滞后，故城市外圈层快速扩张区域应成为低碳减排防控的关键区域。

(2)居住区尺度能较好地揭示建成环境对居民出行碳排放的影响。建成环境对居民出行碳排放的影响存在尺度上的差异，若从个体尺度研究，把相似建成环境的同一个居住区内的个体剥离开来，就必然突出了个体社会经济因素的作用，从而使研究倾向于得出建成环境对居民出行碳排放的影响微乎其微的结论，而本书恰恰证实了情景化生活方式理论在居民出行碳排放研究中的适用性，验证了居住环境对居民行为的锁定效应，且居住区尺度建成环境的影响大于个体和家庭。

(3)居民碳排放及建成环境的综合类型划分可为碳排放分区治理提供新的思路。碳减排政策的不断细化是必然趋势,也是科学有效减排的关键。虽然国家提出“分区治理”的指导性意见,但是如何分区依然存在较大的不确定性。在目前发达国家已经提倡“零碳社区”的背景下,我国如何将居住区进行科学划分并制定针对性的减排策略至关重要。传统的、将居住区定性分类或单指标分类方法对低碳社区的治理存在局限性,居住区的建成环境因素的综合作用是造成居民行为模式和碳排放状况差异的重要制约因素。根据居住区各类碳排放等级组合及主要建成环境指标,可识别出外层高密度欠通达低混合型、内层低密度高通达高混合型等典型居住区,能够较为系统地综合与居民碳排放相关的空间形态因素,为社区的低碳可持续发展提供科学的理论支撑。

(4)建成环境对居民出行碳排放的空间渐进作用规律可为新城区建设和老城区治理提供借鉴。新建区域中的非重点区域应注重各类设施市场调节滞后情况下的政府支持;新建区域中的黄金地带应注重一系列教育资源的及时跟进。老城区中的保持活力区域应注重街道管理以保持道路的畅通性;老城区中的发展停滞区域需要保障公共交通的供给。此外,教育资源是一个特殊和复杂的问题,一方面,要克服城市蔓延和“以车为本”的城市开发建设模式,避免造成学生通勤距离的增加、城市交通压力的增大、机动车环境下的安全隐患及家庭生活品质的降低;另一方面,优质教育资源的稀缺和不均衡问题仍需要行政力量和市场力量的共同干预和调节。

需要指出的是,因数据获取难度较大,本书只采用了一个时间截面的数据进行了探索,未来若能获取后续数据,比如基于已有调查进行跟踪,重点调查拆迁安置居民及其他城市内部流动居民的出行行为特征变化,对比后或许能更进一步揭示建成环境对居民出行碳排放的影响。

第十一章　城市就医空间公平性评价与优化

公共服务设施的公平性是指人人都具有平等的机会和权利获取同等分配的公共资源①。许多经典的区位理论，如位置分配模型和公共设施区位理论，都强调公共设施分配的合理性②。因此在公共服务设施布局的过程中，就需要考虑不同区域对公共服务设施需求的差异性，而空间公平性则是用于衡量公共服务设施布局是否合理的重要指标③。空间公平性源于"社会公平"理念，指民众能被平等地对待，不受种族、收入、阶层或其他任何社会经济状况的差异化特征影响④。空间可达性被表述为"基于某种既定交通方式从某地到达目的地的难易程度"⑤。空间公平性和空间可达性两者均强调可获得资源的差异性，空间公平性是从供需视角强调不同区域或不同社会群体享有设施的差异，某种程度

---

① 许基伟、方世明、刘春燕：《基于G2SFCA的武汉市中心城区公园绿地空间公平性分析》，《资源科学》2017年第3期。

② Teitz M.B.，"Toward a Theory of Urban Public Facility Location"，*Papers in Regional Science*，Vol. 21，No.1(1968)，pp.35-51.Bach L.，"Locational models for systems of private and public facilities based on concepts of accessibility and access opportunity"，*Environment and Planning A*，Vol.12，No.3(1980)，pp.301-320.

③ Omer I.，"Evaluating accessibility using house-level data：A spatial equity perspective"，*Computers Environment & Urban Systems*，Vol.30，No.3(2006)，pp.254-274.

④ Dadashpoor H.，Rostami F.，Alizadeh B.，"Is inequality in the distribution of urban facilities inequitable? Exploring a method for identifying spatial inequity in an Iranian city"，*Cities*，Vol. 52 (2016)，pp.159-172.

⑤ 邓羽、蔡建明、杨振山等：《北京城区交通时间可达性测度及其空间特征分析》，《地理学报》2012年第2期。刘常富、李小马、韩东：《城市公园可达性研究——方法与关键问题》，《生态学报》2010年第19期。

上也是对可达性概念的延伸①。而空间可达性主要体现不同空间单元克服成本（时间、距离等）到达所需设施的便利程度，它的分布特征是影响空间公平性的重要因素之一②。同时，空间可达性的评价方法能够有效识别出公共服务设施的稀缺区域，从而为空间公平性研究奠定了量化基础③。因此，可达性的研究方法被广泛地应用到公共服务设施的空间公平性评价中。

城市医疗设施是城市公共设施的重要组成部分，也是城市居民最基本的生命健康需求，与公众的身体健康密切相关，其空间分布可达性的优劣直接关系到居民接受医疗服务的机会④。国外学者对可达性的研究多从社会属性的角度，如年龄、肤色、收入等非空间因素来探讨居民在获得公共服务资源中的公平与公正⑤。国内主要侧重于从可达性的空间属性视角探讨医疗设施的选址和布局优化⑥；对不同交通出行的医院可达性空间对比研究⑦。近年来，也有学者开始将公平性概念纳入可达性研究中，比如唐子来等基于社会正义理念，分别采用基尼系数的方法和份额指数的方法，对城市绿地分布的绩效进行

① 吴健生、司梦林、李卫锋：《供需平衡视角下的城市公园绿地空间公平性分析——以深圳市福田区为例》，《应用生态学报》2016 年第 9 期。

② 顾鸣东、尹海伟：《公共设施空间可达性与公平性研究概述》，《城市问题》2010 年第 5 期。

③ Tsou K.W., Hung Y.T., Chang Y.L., "An accessibility-based integrated measure of relative spatial equity in urbanpublic facilities", *Cities*, Vol.22, No.6(2005), pp.424-435.

④ 曾文、向梨丽、李红波等：《南京市医疗服务设施可达性的空间格局及其形成机制》，《经济地理》2017 年第 6 期。Tobias M., Silva N., Rodrigues D., "A107 PERCEPTION OF HEALTH AND ACCESSIBILITY IN AMAZONIA: an approach with GIS mapping to making decision on hospital location", *Journal of Transport & Health*, Vol.2, No.2(2015), pp.60-61.

⑤ SchultzC.L., Wilhelm StanisS.A., et al., "A longitudinal examination of improved access on park use and physical activity in a low-income and majority African American neighborhood park", *Prev.Med.*Vol.95(2017), pp.95-100.Neutens T., "Accessibility, equity and health care: review and research directions for transport geographers", *Journal of Transport Geography*, Vol.43(2015), pp.14-27.Wang L., "Unequal spatial accessibility of integration-promoting resources and immigrant health: A mixed-methods approach", *Applied Geography*, Vol.92(2018), pp.140-149.

⑥ Fahui W., "Measurement, Optimization, and Impact of Health Care Accessibility: A Methodological Review", *Ann Assoc Am Geogr*, Vol.102, No.5(2012), p.1104.孙瑜康、吕斌、赵勇健：《基于出行调查和 GIS 分析的县域公共服务设施配置评价研究——以德兴市医疗设施为例》，《人文地理》2015 年第 3 期。

⑦ Cheng G., Zeng X., Duan L., et al., "Spatial difference analysis for accessibility to high level hospitals based on travel time in Shenzhen, China", *Habitat International*, Vol.53(2016), pp.485-494.侯松岩、姜洪涛：《基于城市公共交通的长春市医院可达性分析》，《地理研究》2014 年第 5 期。

评价[1],陈秋晓等从空间公平视角对公园绿地的可达性进行评估[2],许基伟等采用改进的两步移动搜索法,探讨不同等级公园绿地的空间公平性,刘少坤、丁愫等分别基于GIS空间分析技术对城市医疗资源布局现状的空间可达性和公平性进行评价研究[3]。常见的可达性定量化模型包括:2SFCA(两部移动搜寻模型)[4]、潜能模型[5]、网络分析模型[6]等。与其他可达性模型相比,潜能模型能综合考虑居民需求和空间阻隔(时间、距离等),并能精确反映较小的空间尺度研究单元内居民获得设施资源的情况。

综上所述,现有研究对医疗设施空间公平性探讨较少,在选取医疗设施空间可达性模型的研究单元时,大多以县(区)、街道为研究单元,并且可达性测算中往往忽略与时间成分有关的实际交通状况(例如交通堵塞、速度限制、等待时间、限制转弯和单向行驶等)。因此本书在前人研究基础上,引入人口规模因子和医疗设施等级规模影响系数改进潜能模型,对郑州市三环内就医可达性进行计算。为提高可达性评价的精度,采用互联网地图实时导航数据测算出行交通成本[7],以最小聚居单元(居住建筑)来测算实际人口数量。在此基础上,分别从空间视角、非空间视角,对居住区到达医院就医的公平性进行了评价,以便更为科学地衡量医疗设施的空间分布情况及其合理性,从而为政府进一步优化医疗设施配置提供参考。

---

① 唐子来、顾姝:《再议上海市中心城区公共绿地分布的社会绩效评价:从社会公平到社会正义》,《城市规划学刊》2016年第1期。唐子来、顾姝:《再议上海市中心城区公共绿地分布的社会绩效评价:从社会公平到社会正义》,《城市规划学刊》2016年第1期。

② 陈秋晓、侯焱等:《机会公平视角下绍兴城市公园绿地可达性评价》,《地理科学》2016年第3期。

③ 刘少坤、关欣、王彬武等:《基于GIS的城市医疗资源可达性与公平性评价研究》,《中国卫生事业管理》2014年第5期。丁愫、陈报章:《城市医疗设施空间分布合理性评估》,《地球信息科学学报》2017年第2期。

④ 钟少颖、杨鑫、陈锐:《层级性公共服务设施空间可达性研究——以北京市综合性医疗设施为例》,《地理研究》2016年第4期。

⑤ 廖志强、江辉仙:《基于改进潜能模型的城市医院空间可达性研究——以福州市仓山区为例》,《福建师大学报(自然科学版)》2018年第1期。

⑥ 张纯、李晓宁、满燕云:《北京城市保障性住房居民的就医可达性研究——基于GIS网络分析方法》,《人文地理》2017年第2期。

⑦ 浩飞龙、王士君、谢栋灿等:《基于互联网地图服务的长春市商业中心可达性分析》,《经济地理》2017年第2期。

一、研究区域及数据来源

1. 研究区概况

郑州市地处华北平原南部，是中部人口大省河南省省会城市，同时是国家重要的综合交通枢纽、中原经济区的核心城市。城市规模扩张迅速，从 1954 年郑州市不到 10 km^2 的城区范围，到 2017 年 202 km^2 的主城区大三环闭合，面积扩大了 200 多倍，是区域城市扩张的典型。截至 2016 年底，市中心城区建成区面积约 443.04 km^2，预计到 2020 年，中心城区户籍人口将达 410 万人。就扩张形式而言，郑州在城市新一轮扩张中形成了以同心圆型扩张为主的"圈层"环线结构，居民的居住趋势也逐渐由核心区域向外偏移。二环内街区形态主要为高层围合式和多层围合式，城市功能和建筑密度相对较高，其中一环内主要以二七商圈和火车站商圈为中心的商业功能为主；三环的楼层高度相和城市功能密度相对较低，以居住功能为主。本书选取郑州市三环公路以内作为研究区域，是城市各项社会经济活动的主要发生地，总面积约为 202.7 km^2，研究区域如图 11—1 所示。

图 11—1　研究区域

2. 数据来源及处理

(1)城市医疗机构数据

医疗设施具有典型的层级特征,不同等级规模的医院对居民就医需求的吸引力也有所不同。一级医院主要承担一般常见病、多发病的全科诊疗及分诊,满足周边居民基本公共卫生等服务;二级医院可为区域内居民提供常见病专科门诊、急诊、重症医疗、手术和住院服务,但不会吸引较远地区的居民;三级医院设施不仅规模较大,而且技术力量雄厚,可承担重疑难病症的诊治任务,因此除满足周边居民的需求外也会吸引距离较远的居民。为便于研究,选取并筛选出郑州市二级及二级以上的专科、综合医院共 55 所(图 11—1),其中三级医院 35 所,二级医院 20 所,医院数据主要来源于郑州市卫计委、各医院官网,各类基础要素数据的描述性统计见表 11—1。

表 11—1　数据要素

城市环线	环内面积(km^2)	居住区数量(个)	人口规模(人)	医院数量(个)			床位(张)
				二级	三级	总数	
一环	11.96	921	179639	2	8	10	14916
二环	57.43	4338	799067	9	14	23	21338
三环	133.37	7513	1405921	9	13	22	21433

注:这里的"一环、二环和三环"之间不存在包含现象。

(2)居住区人口数据

医疗机构的空间公平性除了取决其等级、床位、区位等本身的属性之外,还需要考虑人口数量对医疗机构的潜在需求。为了使研究结果更加可靠,本书以居住建筑的空间分布来测算评价区域内常住人口空间分布(图 11—2)。研究所采用的居住建筑轮廓和层数矢量数据由极海地理大数据云平台提供(https://geohey.com),人均居住面积参考郑州市 2015 年底的统计数据,为 $32m^2$。据此测算出研究区人口规模约 238 万人,根据相关统计数据,认为结果比较合理。计算公式为:

$$P = S * N/R \tag{1}$$

式中，P 为居住区潜在人口数量，S 为居住建筑基底面积，N 为楼层数，R 为人均居住面积。

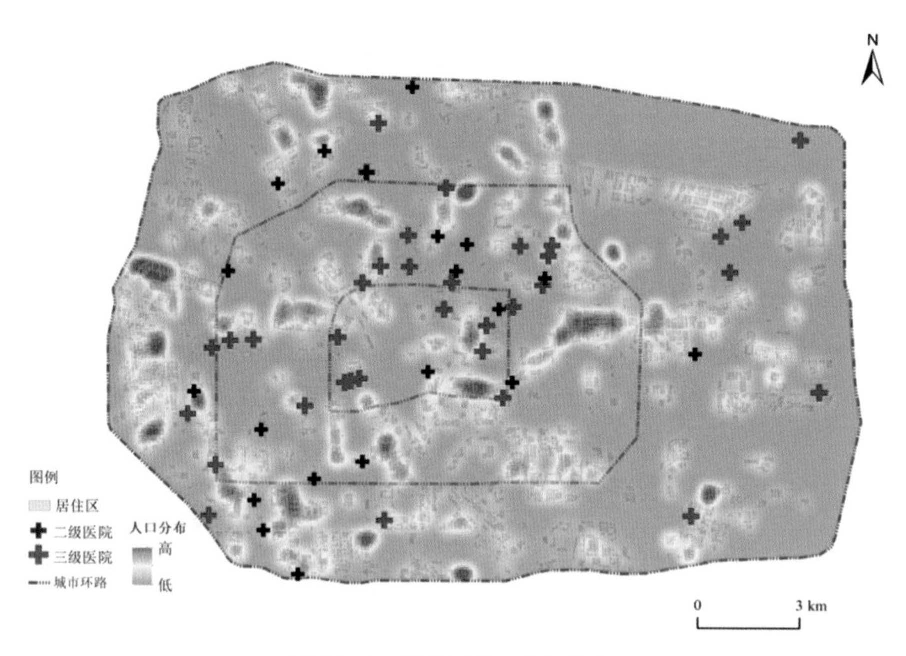

图 11—2 居住区人口空间分布

(3) 交通导航数据

对于交通导航数据的获取依赖于高德网络地图 API 服务模块，开发者通过 API，利用 python 脚本语言实现与网络地图的丰富交互，以此批量获取两点间的交通时距。具体技术路线：①起始点，在 ArcGIS 中提取居住建筑面积要素的质心作为起点坐标；②目标点，向高德批量请求医院 POI，将其转换后的坐标位置作为目的地点；③交通线路和时耗，这里选取某个居住面和一家医院为例。将准备好的对应 OD 矩阵导入 ArcGIS，在调用高德地图导航功能时，系统会推荐 3 条路径，通常系统推荐路径 1 耗时最短（图 11—3），故本书统一选用高德推荐路径 1 作为采集的数据源，通过设置自驾出行方式，生成所有居住区到达样本医院的最优导航路径和时距。

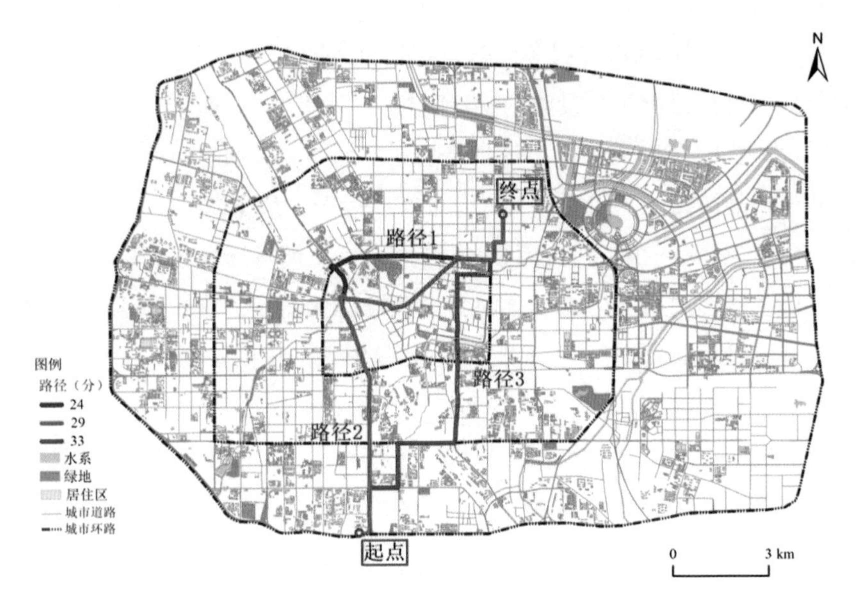

图 11—3　导航路径和时距

二、研究方法

1. 潜能模型及改进

潜能模型是借鉴物理学万有引力的定律来研究社会、经济空间相互作用的经典模型之一①。它在计算过程中综合考虑了供需双方之间的规模、空间阻隔、距离衰减作用等因素，广泛用于比较、评价城市建成环境中基础设施空间的可达性。潜能模型基本表达式为：

$$A_i = \sum_{j=1}^{n} A_{ij} = \sum_{j=1}^{n} \frac{M_j}{D_{ij}^{\beta}} \tag{2}$$

式中，A_i 为居住区 i 的医疗服务设施空间可达性，及研究区域中所有医院

① 宋正娜、陈雯、车前进等：《基于改进潜能模型的就医空间可达性度量和缺医地区判断——以江苏省如东县为例》，《地理科学》2010 年第 2 期。

对居住区所产生的潜能的总和;A_{ij}表示出行摩擦系数为 β 时,医院 j 对居住区 i 所产生的潜能;M_j 为医疗服务设施的服务能力(床位数、就诊量、医护数等);D_{ij}表示居住区到医疗服务设施的出行阻抗因子(距离或时间),β 为出行摩擦系数。由公式(2)可看出,A_i 的值越高表示居民点就医的空间可达性越好。

然而潜能模型的一般形式只考虑了医疗设施的服务能力(本书以病床数表示)和人们就医的出行阻抗因素,未考虑人口规模对居民就医的影响,即同一医疗服务设施周边服务人口之间对设施资源的竞争。在出行阻抗 D_{ij} 相同的情况下,假设两所医院的服务能力相等,这时两所医院辐射人口数量的差异不会影响可达性的结果,明显是不成立的。为了解决该问题,Joseph①、Guagliardo② 等考虑了供需之间的竞争,将人口规模因子 V_j 增加到基本公式中,从而进一步完善了潜能模型,表达式为:

$$A_i = \sum_{j=1}^{n} \frac{M_j}{D_{ij}^{\beta} V_j},\text{其中 } V_j = \sum_{k=1}^{m} \frac{P_k}{D_{kj}^{\beta}} \tag{3}$$

式中,n 和 m 分别为医疗设施和居住区数量;V_j 为人口规模影响因子;P_k 表示居住区 k 的人口数量;D_{kj}为居住区 k 到医疗设施 j 的出行阻抗(距离或时间,本研究以时间表示)。公式(3)中通过引入人口规模影响因子,考虑了居民到同一医疗设施就医造成对有限资源竞争,但并未考虑不同等级医疗设施规模对居民就医选择的影响。医院自身具有等级性,不同等级规模的医院对于居民就医需求的吸引力也有所不同,宋正娜等研究发现居民通常会根据自身病情严重情况的不同选择到不同的医院就医,在选择时更多考虑的是医疗设施的医疗技术水平。本研究通过设置不同的极限出行时间来体现医疗设施等级规模对居民就医选择行为的影响。改进后的潜能模型如下:

$$A_i = \sum_{j=1}^{n} \frac{S_{ij} M_j}{D_{ij}^{\beta} V_j},\text{其中 } V_j = \sum_{k=1}^{m} \frac{S_{kj} P_k}{D_{kj}^{\beta}},\ S_{ij} = 1 - \left(\frac{D_{ij}}{D_j}\right)^{\beta} \tag{4}$$

式中,S_{ij}为医疗设施 j 对居住区 i 的等级规模影响因子;S_{kj}表示医疗设施 j

① Joseph A.E., Bantock P.R., *Measuring potential physical accessibility to general practitioners in rural areas: a method and case study*, Williams & Wilkins and Associates Pty, 1982, pp.85-90.

② Guagliardo M.F., "Spatial accessibility of primary care: concepts, methods and challenges", *International Journal of Health Geographics*, Vol.3, No.1(2004), p.3.

的等级规模对居住区 k 的就医行为的影响；D_{ij} 为 ij 之间的交通时间成本；D_j 表示不同等级医院极限出行时间，当 $S_{ij} \leqslant 0$ 时，表示该医院对部分居住区没有吸引力，居民不选择该医院就医。本书对模型中的出行阻抗进行了改进，采用基于互联网地图的实时导航时耗数据作为居住区到医院的交通成本。关于不同等级医院的极限出行时间的设定综合考虑了居民实际就医时间和国家卫生部提出的“15 min 健康服务圈”概念和学者研究结果，将二级医院的 D_j 设为 15 分钟；对于三级医院，不仅医疗技术先进，并且在重疑难病症的诊治方面具有独特优势，相对其他等级的医院对居民更有吸引力，因此将三甲医院的 D_j 设为 $+\infty$ ①。

关于出行摩擦系数 β 的取值，学术界认为 β 会随人群特征、设施服务类型等因素的影响而不同，一方面 β 的取值的变化性使得潜能模型可以应用于更广泛的领域；另一方面也使得如何确定 β 的取值成为难题。较为理想的做法是依据设施的实际使用情况，采用回归分析计算得到不同距离衰减函数下的 β 值②，但其数据量庞大且成本较高，较难以实现，实际研究中多采用对 β 的取值进行多情景分析的方法③。从现有研究看，学者们通常将 β 取值在[1,2]之间。具体有 1④、1. 5⑤、1. 8⑥ 和 2⑦。也有学者将 $\beta=1$ 和 $\beta=2$ 作对比研究，并

① 廖志强、江辉仙：《基于改进潜能模型的城市医院空间可达性研究——以福州市仓山区为例》，《福建师范大学学报（自然科学版）》2018 年第 1 期。程敏、连月娇：《基于改进潜能模型的城市医疗设施空间可达性——以上海市杨浦区为例》，《地理科学进展》2018 年第 2 期。宋正娜、陈雯、车前进等：《基于改进潜能模型的就医空间可达性度量和缺医地区判断——以江苏省如东县为例》，《地理科学》2010 年第 2 期。

② Reggiani A., Bucci P., Russo G., “Accessibility and Impedance Forms: Empirical Applications to the German Commuting Networks”, *International Regional Science Review*, Vol.34, No.2(2011), pp.230-252.

③ 陶卓霖、程杨、戴特奇等：《公共服务设施空间可达性评价中的参数敏感性分析》，《现代城市研究》2017 年第 3 期。

④ Ortega E., López E., Monzón A., “Territorial cohesion impacts of high-speed rail atdifferent planning levels”, *Journal of Transport Geography*, Vol.24, No.4(2012), pp.130-141.

⑤ Siegel M., Koller D., Vogt V., et al., “Developing a composite index of spatial accessibility across different health care sectors: A German example”, *Health Policy*, Vol.120, No.2(2016), pp.205-212.

⑥ 程敏、连月娇：《基于改进潜能模型的城市医疗设施空间可达性——以上海市杨浦区为例》，《地理科学进展》2018 年第 2 期。

⑦ 汤鹏飞、向京京、罗静等：《基于改进潜能模型的县域小学空间可达性研究——以湖北省仙桃市为例》，《地理科学进展》2017 年第 6 期。

发现当$\beta=2$时能更好地揭示就医空间可达性差异和资源不均衡特征。综合上述研究观点,本书将出行阻抗系数β取值为2。

2. 公平性评价方法

(1)基尼系数和洛伦兹曲线

洛伦兹曲线和基尼系数广泛应用于公共服务设施均等性评价中。洛伦兹曲线是将不同地区所占资源的平均值按照从小到大排序,然后按照人口累积百分比和相应的人口占有的资源累积的百分比绘制曲线,每一点表示一定比例的人口所占有的资源总量。基尼系数是建立在洛伦兹曲线的基础上,表示资源分布均等性的定量指标。其计算公式为:

$$G = 1 - \sum_{i=1}^{n} (P_k - P_{k-1})(T_k + T_{k-1}) \tag{5}$$

式中,P_k为居民需求力的累积比例,$k=0,\cdots,n$,$K_0=0$,$K_n=1$;T_k为医院供给力的累积比例,$k=0,\cdots,n$,$T_0=0$,$T_n=1$。基尼系数的取值在0—1之间,按照国际基尼系数划分标准,基尼系数值为0—0.2、0.2—0.3、0.3—0.4、0.4—0.5和0.5—1,分别表示绝对公平、比较公平、相对合理、公平较差和差距悬殊。

(2)区位熵

改进过的潜为模型将医疗设施的等级规模及服务能力、社区居民的需求规模以及空间阻力等因素均纳入可达性计算因子中,可较为全面地评价医疗服务设施的空间可达性。但是该模型计算的引力值受各因子单位不同的影响,是一个无量纲。为方便研究区域内可达性的差异性分析,可借助区位熵的概念来表示居民利用医疗设施的相对难易程度。公式为:

$$Q_i = \frac{A_i}{\frac{\sum_{i=1}^{n} A_i}{n}} \tag{6}$$

式中,Q_i表示居民点的区位熵;n表示居住区的总数量;当$Q_i>1$时,表明居住区i可享有就医水平高于研究范围内的平均水平;当$Q_i<1$时,表明居住区i可享有的就医水平低于研究范围内的平均水平。

三、可达性与公平性评价结果

1. 基于潜能模型可达性评价结果

为判定测量点和周边未知区域的就医空间可达性，这里采用空间插值对潜能模型计算结果进行分析，按几何间隔分级的医疗设施空间插值可视化如图 11—4 所示。

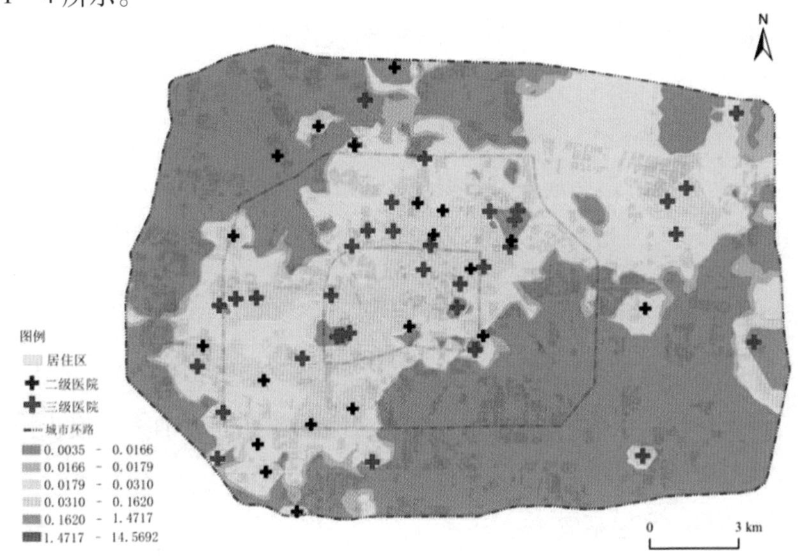

图 11—4　就医空间可达性插值分析

从插值结果来看，就医空间可达性基本延东北和西南方向呈带状蔓延趋势，各环内部医疗设施服务存在一定差异和不均衡。在可达性空间布局上与北京、上海、武汉等城市不大相同，这些城市就医可达性以城市中心区为核心的圈层式结构非常明显，抛开医疗资源本身布局来讲，这与研究方法尤其研究尺度密切相关，现有研究大多以行政区为研究单元，没有识别出居民居住区，而实际居住区在空间上并非是紧密连接的，这是由可达性精度造成的差异，但城市中心区资源密集可达性较好，外围区域可达性较差是中国城市普遍存在的问题。研究区中二环内医疗设施规模和数量具有明显优势，但存在同等级医院邻近布置，导致医疗资源过度集中。其中一环内面积和人口数量最少，综合可达性明显高于全区平均水平；三环内虽然医院规模和数量与二环相似，但其人口数量最多，供需比最小，且在环路周边和东南与西北地区几乎覆盖不到医院，其就医可达性明显低于全区平均水平。

结合居住区的人口分布（图 11—2），居民就医可达性空间特征可大致分为三种情况。①高享型（资源多，人口稀疏），分别以省人民医院、省妇幼、市第一人民医院和省骨科医院为中心，这些医院周边往往以商业功能和混合功能为主，居住区相对分散、人口稀少，且医院资源多重叠分布，资源供给远大于居民需求。②一般型（资源一般，人口集中），在西三环和二环边缘以及 CBD 周边，居住区密集、人口众多，居民需求量较大造成就医可达性相对一般。③滞后型（资源少，人口稀疏），主要以三环边缘、五龙口附近、北林路街道和管城区为主，空间可达性最差，该地区人口相对分散，周边几乎没有二级及二级以上医院分布，因此该区域缺医现象最为严重。

2. 基于基尼系数的公平评价结果

本书利用各行政单元和各城市环内的医院床位数占区域总量的比重，分别计算医疗机构床位数的累计比，以此与各空间单元测算的人口累积构成比绘制成洛伦兹曲线（图 11—5），并根据洛伦兹曲线分别计算行政单元和城市环按人口分布的基尼系数。

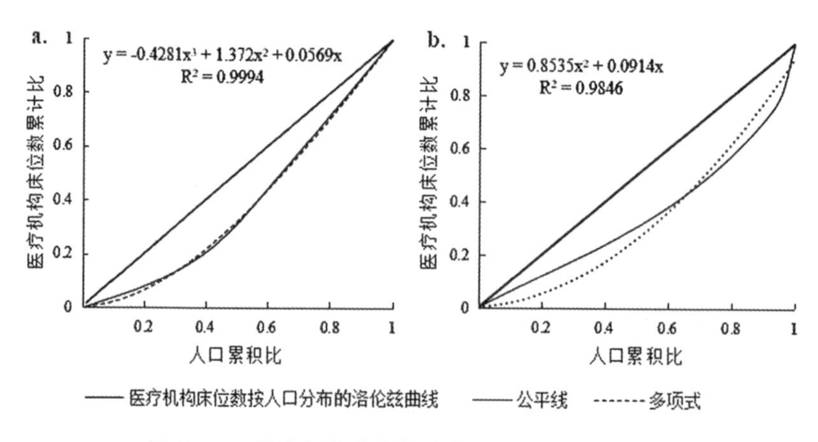

图 11—5　医疗机构床位数按人口分布的洛伦兹曲线

通过计算得到行政单元内按人口分布的基尼系数为 0. 24，城市环按人口分布的基尼系数为 0. 40。根据基尼系数的评价标准，郑州市三环内按行政单元分配的医院床位数在人口配置上的公平性较好，按城市环线分配的医院床位数在人口配置上也相对合理，医疗设施床位数与人口呈正相关关系。体现出郑州市医疗机构服务人口分布相对合理，资源总量供给与人口需求较为均衡，即现有医疗设施在数量上能够满足大部分居民的就医需求。现有研究在武汉、广州就医公平性评价中，同样表现出按人口分配的医疗设施较为公平，但在空间区位上的分配存在一定的不公平。也说明大多数情况下城市医疗资源（床位数、医护数等）是根据区域人口数量分配的，但仅仅是在整体数量上满足人口需求，在远离中心区的城市外围仍普遍存在医疗资源稀缺现象。

3. 基于区位熵的公平评价结果

根据区位熵的评价结果将其分为 5 个等级，分别为极低（<0. 50）、较低（0. 50—1. 00）、中等（1. 00—1. 50）、较高（1. 50—10. 00）、极高（>10. 00）。并统计各等级居住区数量和人口比重（表 11—2），以及各环内区位熵等级中居住区数量比（图 11—6）。

表 11—2　区位熵值分级的空间单元数量和人口比重

区位熵值	<0. 50	0. 50—1. 00	1. 00—1. 50	1. 50—10. 00	>10. 00
等级	极低	较低	中等	较高	极高
居住区数量（个）	3167	6645	2048	853	23
人口比重（%）	24. 49	52. 20	15. 23	7. 86	0. 21

通过计算居民点就医可达性的区位熵指数，整体区位熵的值域区间为 0. 15—100 以上，值域范围差距较大，平均值为 1. 00，标准差为 7. 48，相比武汉市中心城区就医可达性区位熵值结果①，郑州市各环内就医空间可达性存在明显差异，较为不均衡。表 11—2 中，52%的居住区区位熵处在较低水平，仅

① 吴文俊、蒋洪强、段扬等：《基于环境基尼系数的控制单元水污染负荷分配优化研究》，《中国人口·资源与环境》2017 年第 5 期。

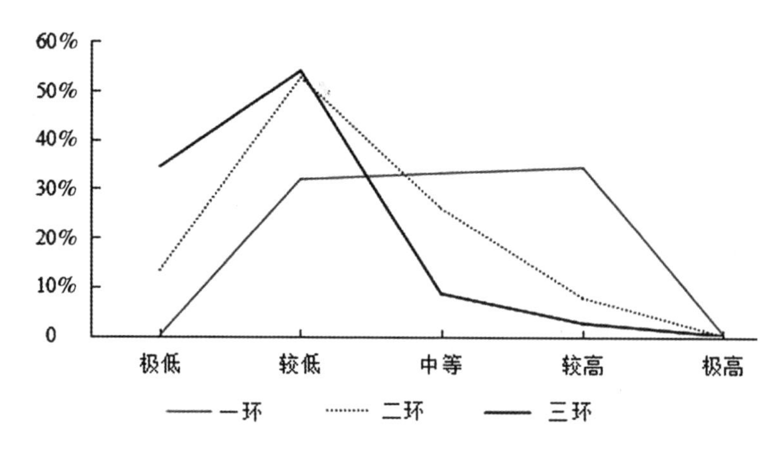

图 11—6　各环内区位熵值分级的居住区数量比重

有 0.21%的居住区达到极高水平。另外，Q_i <1 的居住区数量占比约 78%，人口数量也达到 77%，说明研究区中绝大多数的居住区就医可达性处于平均水平之下。从各环内居住区占比来看，大多也都集中在较低等级，极高水平数量较为平均。其中，一环内居住区整体就医可达性水平明显高于全区平均水平，但也存在几个低值区域，主要分布在火车站附近人口较为密集处；三环就医可达性水平低于全区平均水平，绝大多数居住区处在极低和较低等级中，该区域交通网络相比一环、二环区较为稀疏，医院数量分布极不均衡，就医可达性最差。就整个趋势而言，三环波动幅度与二环的波动相似，均从较低等级开始随区位熵的增大而降低；一环从较低等级到较高等级波动趋于平稳上升，且不存在极低水平。可见研究区内医疗设施规划仍有很大的完善空间，应采取相关措施改善低值区的就医可达性和整体就医均衡性。

四、结论与讨论

本书在改进潜能模型基础上，依托互联网地图导航服务和 GIS 空间分析技术平台，以郑州市为例，从城市环线的圈层空间结构视角，对郑州市医疗资源的空间可达性和公平性做了较为精细的评价研究。

（1）可达性结果：研究区域内就医空间可达性基本延东北和西南方向呈带状蔓延趋势，各环内部医疗设施服务存在一定差异和不均衡，表现为一环内就医可达性最好，二环内其次，三环内最差。空间上，根据居民就医需求与医疗资源供给分配情况，大致分为“高享型”（资源多，人口稀疏）、“一般型”（资源一般，人口集中）、“滞后型”（资源少，人口稀疏）三类典型区域，依次对应就医可达性最好、可达性一般和可达性最差。

（2）公平性结果：①基尼系数和洛伦兹曲线结果表明，研究区内按行政单元和城市环分配的医院床位数在人口配置上的公平性较好，医疗设施床位数在数量上能够满足大部分居民的就医需求。②从居民区的就医可达性的区位熵指数来看，研究区中绝大多数的居住区就医可达性处于平均水平之下，且各内区位熵值同样表现为一环内最优，三环内最差。可见尽管研究区内医院资源总量能满足居民需求，但由于可达性水平较差，不同城市空间的居民在一定时间内可到达的医院数量有限，越远离中心城区，可选择医院资源越少。

（3）根据本研究结果，对于研究区内未来医疗设施的规划和布局，应避免同等级医院距离过近，而部分区域医疗设施空白的情况，尽可能减少重复建设和资源冗余。从整体医院数量和床位数来看能较好满足区域内居民的就医需求，而研究区优质医疗资源主要集中在二环内，故对于二环以内应保持现有市级综合性医院数量不再新增。此外，应该提高现有医院的医疗技术水平，鼓励居民邻近就医，减轻部分医院负担过重。同时，为实现供需平衡，应将二环内可达性高值区域医疗服务能力向低值区域疏导和延伸，提升居民就医可达性。并考虑在三环周边和东南与西北地区新增设医院，使研究区内居民的就医可达性趋于均衡，以满足服务的公平性。

（4）最后，本部分出行路径数据只选取了某一天的非高峰时段进行采样，因此在不同的日期和时间段都会出现不同的结果。在对就医可达性空间格局以及影响因素的分析中，由于缺乏居民就医行为偏好和社会经济因素，研究结果与实际就医可达性仍存在偏差，这些问题是今后研究需要努力改善的方向。

第十二章　城市居住空间环境评价与优化

随着中国城市化的快速推进，城市新区建设和旧城改造衍生出一系列城市剥夺现象，如医疗、教育设施等资源空间配置的不合理；生活服务设施空间发展的不均衡；快速交通建设产生的局部噪音干扰。鉴于此，本书将城市居住环境剥夺现象定义为城市化过程中由于政府政策和市场排斥的作用，某些区位（如居住小区）对城市绿地空间、公共服务设施、生活和商业设施等具有较低的可获得性，以致感受到针对其群体的高度歧视，并产生强烈的不公平感和失落感。在中央政府强调"以人为本"的背景下，城市内部不同维度剥夺现象开始受到各级政府和社会的广泛关注。

近年来，国内外学者分别从不同角度对城市化进程中居住剥夺现象进行探讨[①]。公共管理学者从政府管制视角研究财政资源分配、土地政策、设施建设等政策措施的制定及其实施。如财政资源分配对社会公平的影响[②]；土地利用政策对绿色公共空间可获得的影响[③]；城市规划对居民步行和健康的影响[④]。社会学者从社会公平角度研究社会资源剥夺与健康、就业、出行、贫困

① 王兴中、王立、谢利娟等：《国外对空间剥夺及其城市社区资源剥夺水平研究的现状与趋势》，《人文地理》2008 年第 6 期。

② 张敏、陈锐、李宁秀：《中国公共卫生财政资源分配公平性研究——基于社会剥夺的视角》，《公共管理学报》2009 年第 3 期。

③ Li H., Liu Y., "Neighborhood socioeconomic disadvantage and urban public green spaces availability: A localized modeling approach to inform land use policy", *Land Use Policy*, Vol. 57, No. 11 (2016), pp.470-478.

④ Su S., Pi J., Xie H., et al., "Community deprivation, walkability, and public health: highlighting the social inequalities in land use planning for health promotion", *Land Use Policy*, Vol. 67, No. 9 (2017). pp.5-326.

等方面的关系。如交通可达性对城市居民贫困和就业的影响①;城市外来人口对公共服务设施的可获得性②;不同性别儿童的多维剥夺与贫困关系③。地理学者侧重从人本主义角度出发揭示社区资源水平的空间分布、影响因素及对生活质量的影响。如城市绿色公共空间、医疗教育④等公共服务设施可获得性;道路交通噪音对居民生活质量的影响⑤;空间剥夺模式及形成机制⑥;多维环境剥夺与生活质量水平间的空间关系⑦。这些研究主要依靠人口普查数据和问卷调查数据对特定群体的剥夺问题进行研究,难以对整个城市居住环境剥夺进行实时精准的地理识别。

随着开放数据所构成的新数据环境的形成,从微观层面构建基础数据对城市居住环境剥夺开展较为精准的地理识别成为可能。鉴于此,本书尝试以郑州市街道为研究单元,从与居民日常生活密切相关的设施入手构建居住环境评价框架与指标体系,综合运用多边形面积法、地理探测器等方法,并借助地理信息系统技术对居住环境进行评价,揭示居住环境剥夺的空间分异格局,

---

① Ahern A., Vega A., Caulfield B., "Deprivation and access to work in Dublin city: The impact of transport disadvantage", *Research in Transportation Economics*, Vol.57, No.9(2016), pp.44–52.

② 田莉、王博祎、欧阳伟等:《外来与本地社区公共服务设施供应的比较研究——基于空间剥夺的视角》,《城市规划》2017年第3期。

③ Wong Y.C., Wang T.Y., Xu Y., "Poverty and quality of life of Chinese children: From the perspective of deprivation", *International Journal of Social Welfare*, Vol.24, No.3(2015), pp.236–247.

④ 曾文、向梨丽、张小林:《南京市社区服务设施可达性的空间格局与低收入社区空间剥夺研究》,《人文地理》2017年第1期。

⑤ Carrier M., Apparicio P., Séguin A., "Road traffic noise in montreal and environmental equity: What is the situation for the most vulnerable population groups", *Journal of Transport Geography*, Vol.51(2016), pp.1–8.

⑥ 袁媛、吴缚龙、许学强:《转型期中国城市贫困和剥夺的空间模式》,《地理学报》2009年第6期。Reinaldo Paul Pérez Machado、Violêta Saldanha Kubrusly, Ligia Vizeu Barrozo 等:《圣保罗大都市区社会空间分异研究——多元统计方法在城市连绵区的应用》,《地理研究》2016年第7期。Niggebrugge A., Haynes R., Jones A., et al. "The index of multiple deprivation 2000 access domain: A useful indicator for public health", *Social Science & Medicine*, Vol. 60, No. 12 (2005), pp.2743–2753.

⑦ Wan C., Su S., "China's social deprivation: Measurement, spatiotemporal pattern and urban applications", *Habitat International*, Vol.62, No.4(2017), pp.22–42. Pearce J.R., Richardson E.A., Mitchell R.J., et al., "Environmental justice and health: A study of multiple environmental deprivation and geographical inequalities in health in New Zealand", *Social Science & Medicine*, Vol.73, No.3(2011), pp.410–420.

在此基础上进行居住环境剥夺的地理识别和类型划分，进而为改善居民生活质量提出相关政策建议和措施。

一、研究区域、数据来源与研究方法

1. 研究区概况

郑州市是人口大省河南省省会、国家重要的综合交通枢纽、中原经济区核心城市，国家发展改革委员会支持建设的9个国家中心城市之一。陇海铁路、京广铁路在这里交汇，京港澳高速公路和连霍高速公路、107国道、310国道穿境而过，还拥有亚洲最大的列车编组站郑州北站、中国最大的零担货物转运站郑州货运东站以及高速铁路十字枢纽站郑州东站。2010—2016年间，城市建成区面积从354.66 km^2增加到422.35 km^2，其中居住用地面积由82.39 km^2增加到105.07 km^2。同时，郑州中心城区人口从309.75万人增加到498.80万人，年均增加31.51万人。城市化的快速推进给一些居住小区造成不同类型的剥夺。一方面，新城区建设没能及时配套教育、医疗、交通等设施，给新建小区居民造成诸多不便；另一方面，老城区改造滞后和高架等快速交通的建设给原有居住小区造成新的环境剥夺。鉴于此，本书以郑州主城区为研究区域，范围包括金水区、管城回族区、惠济区、中原区、二七区5个行政区，郑州经济技术开发区和郑州高新技术开发区两个国家级开发区，郑东新区1个城市新区，下辖73个街道办事处、8个乡镇①（图12—1）。

2. 数据来源

研究涉及的数据主要包括POI、遥感影像及行政区划等基础地理数据。研究区域范围内居住小区、便利商店、农贸市场、社区综合超市、银行、幼儿园、中小学、社区卫生服务中心、药店、地铁站、公交站等POI数据以及道路数据

① 为表述方便，本书将街道办事处、乡镇统一称为街道；同时，将以管辖区域进行划分，而不是行政区。

来自2016年高德地图数据库,水系、公园绿地数据来源于Landsat 8卫星影像,同时以Google Earth提供的高清晰影像作为参考提取。所有空间数据均统一到投影坐标系WGS_1984_UTM_Zone_49N上。

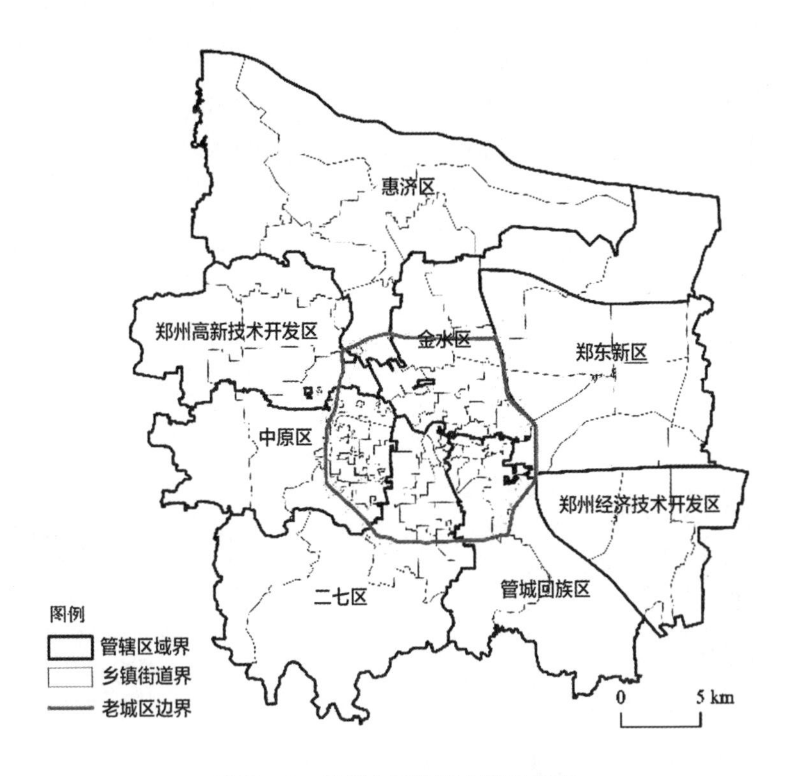

图12—1　郑州市区街道办事处分布

3. 研究方法

(1)指标选取与权重确定

根据《郑州市居住区设计规范》规定的各种设施服务半径和打造“15分钟便民生活圈”的要求,结合数据可获得性和代表性,构建居住环境评价指标体系,从休闲服务、生活服务、教育服务、医疗服务、交通出行、噪音环境6个环境维度计算郑州居住环境指数并进行类型划分。其中,噪声环境衡量是参考《城市区域环境噪声适用区划分技术规范》的标准。各个指标的权重通过AHP层次分析法和城市居民问卷调查相结合获得(表12—1)。

表 12—1 郑州市居住环境质量评价指标体系及权重分配

质量评价维度	指　标	基本服务半径/影响范围(米)	指标权重
休闲服务	公园绿地	1000	0.646
	水系	1000	0.354
生活服务	便利商店	500	0.276
	农贸市场	1000	0.225
	社区综合超市	1000	0.284
	银行	1000	0.215
教育服务	幼儿园	300	0.212
	小学	500	0.497
	中学	1000	0.291
医疗服务	药店	500	0.436
	社区卫生服务中心	1000	0.564
交通出行	公交站	500	0.678
	地铁站	1000	0.322
噪音环境	快速路噪音状况	500	0.643
	铁路噪音状况	500	0.357

(2)居住环境单维质量评价指数计算

首先,计算各个居民小区所遭受福利设施的剥夺水平 D_{ij} 。考虑到居民对设施可获得性或使用概率呈现距离衰减特征,假定某居住小区居民到最近服务设施的距离只有超过公认的范围,才开始感觉到遭受剥夺,并随着距离的增加其剥夺感也随之增加,当距离达到某一临界值时,剥夺感达到最大。为此,本文借鉴分段距离衰减函数的已有相关研究成果[①](图 13—2),将居住小区剥夺水平计算公式设定如下:

① Wang F.,"Measurement,optimization,and impact of health care accessibility:A methodological review",*Annals of the Association of American Geographers*,Vol.102,No.5(2012),pp.1104-1112.

$$D_{ij}=\begin{cases}0 & 0\leqslant d<C\\ 1-Cd^{-\beta} & C\leqslant d<6C\\ 1 & d\geqslant 6C\end{cases}$$

其中，D_{ij} 表示居住小区 i 在设施 j 获得上所遭受的剥夺水平；d 为居住小区与服务设施之间的距离；C 为常量系数，在此处为不同服务设施的基本服务半径；β 为距离衰减系数，对个体在城市尺度的移动，距离衰减系数一般在1.0—2.0之间，本文取值为1.0。

对居住小区而言，铁路、快速路等负向设施与其他福利设施相反，距离越近，对居住小区负面影响越大，同时超过一定距离范围则不再影响居住小区。鉴于此，将居住小区剥夺水平公式设定如下：

$$D_{ij}=\begin{cases}1-Cd^{-\beta} & 0\leqslant d<C\\ 0 & d\geqslant C\end{cases}$$

其次，根据居住小区对设施 j 的剥夺水平，计算各个街道对设施 j 的剥夺程度 $D_j=\sum_{i=1}^{n}D_{ij}$。

最后，根据各指标权重进行加权求和得到街道的单维度环境剥夺指数，并用极大值标准化法，将六个维度剥夺指数进行归一化。

（3）居住环境多维质量评价指数计算

考虑到分析框架中6个维度间存在不完全可替代关系，文章选择全排列多边形法来对6个居住环境质量评价维度进行综合集成（图12—2）。具体计算方法为：设第 i 个居住小区的多维居住环境质量评价程度为六边形，6个维度的单项综合得分分别为 a、b、c、d、e、f，任意两个维度之间的夹角为 α（$\alpha=360°/6$），六边形的面积 S 为：

$$S=\frac{1}{2}sin\alpha(ab+bc+cd+de+ef+fa)$$

因6种居住环境质量评价指数以不同排序方式组合的多边形面积也会不同，故选择对6种居住环境质量评价指数组成的所有多边形的面积取平均值。由于所有可能组合的多边形的面积平均值的大小取决于6种环境质量评价指数两两相乘后的加总值，故以这一数值作为多维质量评价指数（the Multi-dimensional Deprivation Index，MDI），即：

$$MDI = ab + bc + cd + de + ef + fa + ac + ce + ea + bd + df + fb + da + eb + fc$$

上式能较好体现 6 种居住环境质量之间的不完全可替代关系，比简单的加权更符合居住环境质量衡量。如果一个居住小区的 6 种居住环境质量评价指数分布的更均衡，该公式计算后的得分也会更大；反之，如果一个居住小区的环境组成两极分化严重，则得分会大幅降低①。

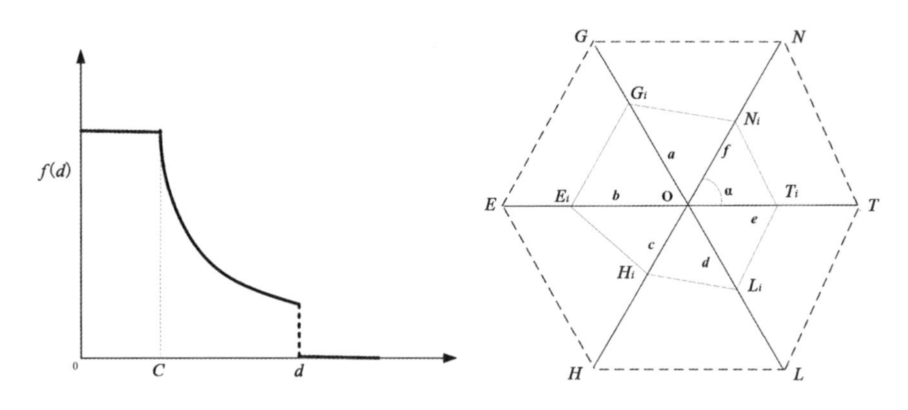

图 12—2　设施权重距离衰减曲线和多维居住环境构成示意

地理探测器是王劲峰等开发的一种探测空间分异性并揭示其背后驱动因子的统计分析方法，包括分异及因子探测、交互作用探测、风险区探测、生态探测 4 个工具。该方法通过分别计算和比较各个单因子 q 值以及两因子叠加后的 q 值，进而判断两个因子之间是否存在交互作用，以及交互作用的强弱、方向、线性还是非线性等②。本书中，分异及因子探测器用于分析单维环境质量评价指数 D_j 对多维质量评价指数 MDI 的决定力大小，进而判断某单维环境质量评价指数 D_j 能多大程度上解释多维质量评价指数 MDI 的空间分异。交互作用探测器用于识别不同维度环境质量评价之间的交互作用，即评估不同环境质量评价维度间共同作用时是否会增加或减弱对多维质量评价指数的解释力，或这些质量评价维度对多维质量评价指数的影响是否是相互独立的。

① 徐勇、段健、徐小任：《区域多维发展综合测度方法及应用》，《地理学报》2016 年第 12 期。

② 王劲峰、徐成东：《地理探测器：原理与展望》，《地理学报》2017 年第 1 期。

二、城市居住空间环境影响评价

1. 单维度质量评价的结果分析

图 12—3 展示了经过计算并标准化后的 6 个维度居住环境质量评价得分的空间分布情况，并按分位法分为高、较高、中等、较低、低 5 类。

图 12—3　郑州居住环境质量评价的空间分布

（1）休闲服务维度

休闲服务质量评价指数呈现以城中心到城东北为轴线向外逐渐增加的格局。具体而言，质量评价低的街道主要集中于老城区，并沿着大学路街道—兴达路街道呈现条带分布，17 个街道中有 14 个分布于老城区；质量评价程度高的街道则集中于城市西部、南部和东部的边缘地区；质量评价处于中等的街道则零散分布于各个区。这种格局与东北部自然条件较好，绿地多且水系较为发达有关，尤其是郑东新区建设过程中注重对绿地水系的保护，区内形成如意湖、龙湖、龙子湖、东风渠等水系，同时有龙子湖公园、红白花公园、郑东新区湿地公园等大面积绿地。

（2）生活服务维度

生活服务质量评价指数呈现"一主、三副"多核空间结构，即分别以人民路街道为主中心，一马路街道、东风路街道和建设路街道为次中心，生活服务质量评价指数向外逐渐提高。具体而言，生活服务指数低的 17 个街道均位于老城区。质量评价程度最高的 16 个街道主要分布在城市东北、西北、东南和西南。质量评价程度中等的街道处于两者之间。生活服务质量评价呈现这种空间格局与老城区发展时间长，人口和居住小区密集，超市、便利店和银行等生活服务设施在该区域布局能够获得较高的收益，并且有着较小的服务范围有关。新城区，尤其是城市郊区居住小区数量少且人口稀疏，商业企业在该区域布局网点过于密集，则不能赢利。

（3）教育服务维度

教育服务质量评价指数呈现核心边缘结构，即从城市中心向外，教育质量评价程度逐渐增加。具体而言，教育服务质量评价指数低的 17 个街道中，有 16 个分布在老城区，占总数的 94. 12%，尤其高度集中于以西大街为核心的二七区、金水区和管城区三区交界的地方；质量评价程度最高的街道集中分布于郑东新区、郑州经济技术开发区和郑州高新技术开发区等新城区；教育质量评价水平处于中等水平的街道处于两者之间。这种分布格局与城市发展历史有关，以二七广场为中心的三区交界地是郑州最早的城区，中小学较多、并且拥有郑州四中、郑州九中、河南省实验中学等重点中学以及东关小学、文化路一小等重点小学。郑州经济技术开发区和郑州高新技术开发区成立时间较早，但主要定位是产业园区,外来暂住人口多,居住及相关教育配套设施不够发达,而郑东新区开发时间仅有14年左右,由于城市扩张过快,以致各项基础教育设施难以跟上需求。

(4)医疗服务维度

医疗服务质量评价指数呈现双核空间结构,从老城区中心向外围逐渐增加。一个核心是郑州大学第一附属医院所在的五里堡街道,另一个核心是河南省人民医院协作医院所在的陇海马路街道。具体而言,医疗质量评价指数最低的17个街道均分布在老城区,质量评价维度最高的16个街道较为均匀分散于城市外围各区。形成这种格局的原因是老城区集聚了各种综合医院和卫生服务中心,包括郑州大学第一附属医院老区、河南省人民医院等重点医疗机构,从而保证区域内居民小区具有较高的医疗服务可达性。同时,由于城市快速扩张过快,以致各项医疗设施难以跟上需求。

(5)交通出行维度

交通出行质量评价指数呈现"十"字形空间结构,即分别以地铁1号线和地铁2号线为轴线,向外交通质量评价指数逐渐提高。具体而言,交通出行质量评价指数最低的17个街道均分布在老城区的两条地铁线沿线;质量评价指数最高的16个街道则主要分布在城市北部、东南和西南;质量评价指数中等的街道零散分布于各个区域。这种空间格局很大程度是由于老城区公交站点密集,再加上两条地铁线路,从而为附近居民小区提供了便捷的出行条件;而新城区,尤其是处于城市边缘的新城区人口较为稀疏、居住小区数量相对较少,从而在交通服务设施配套方面投入不足。

(6)噪音环境维度

噪音环境质量评价指数的分布呈"中心高,外围低",由中心向外围逐渐递减的空间格局。具体而言,质量评价指数最高的街道集中于老城区的中心,呈现"丁"字形分布,较高的街道围绕在周围。质量评价指数最低的街道集中连片分布于城市边缘区的北部、东部和西南部。噪音环境维度呈现这种格局与郑州的交通设施布局有关。郑州作为一个依靠铁路枢纽发展起来的城市,老城区集聚了郑州火车站、火车北站以及密集的铁路线路。近年来,为缓解老城区的交通拥堵状况,郑州市政府先后修建了京广路高架、农业路高架、陇海高架、三环高架等快速路。显然,行驶车辆产生的噪音对沿线居住小区的居住环境产生不利影响。

2. 多维环境质量评价的结果分析

运用多边形面积法计算的多维居住环境指数的空间分布呈现“中心低、外围高”的格局,并由城市中心向外逐渐增加(如图 12—4)。具体如下:质量评价程度低的街道则呈现“十”字形分布格局,其中质量评价程度最低的街道位于“十”字形的中心,形成以人民路街道为核心的低值区,而居住空间质量评价程度较低的街道则分布于“十”字形的四个轴线上。居住空间质量评价程度最高的街道分布于城乡结合部,在郑州市的西部、东北部和东南部连片分布。居住空间质量评价程度较低的街道主要分布于老城区和新城区交界的西北部和西南部。

为了进一步分析各个单维度居住空间质量评价与多维居住空间质量评价的关系,根据地理探测器模型,将休闲服务、生活服务、教育服务、医疗服务、交通出行、噪音环境 6 个维度指标,分别与多维居住空间质量评价指数进行空间探测分析,计算得到各维度居住空间质量评价指数对多维度居住空间质量评价指数的决定力,结果表明对多维居住空间质量评价指数空间分异的决定力大小依次为:生活服务(0. 602)、医疗服务(0. 548)、交通出行(0. 461)、噪音环境(0. 384)、教育服务(0. 378)、休闲服务(0. 184)。地理探测器对任意两个单维度居住空间质量评价的交互作用分析则表明,任意两个维度间的交互作用都存在非线性增强,意味着任何两个维度间的相互作用将会增加对多维居住空间质量评价的解释力(表 12—2)。这也进一步验证了基于多边形方法计算多维环境居住空间质量评价指数的有效性。

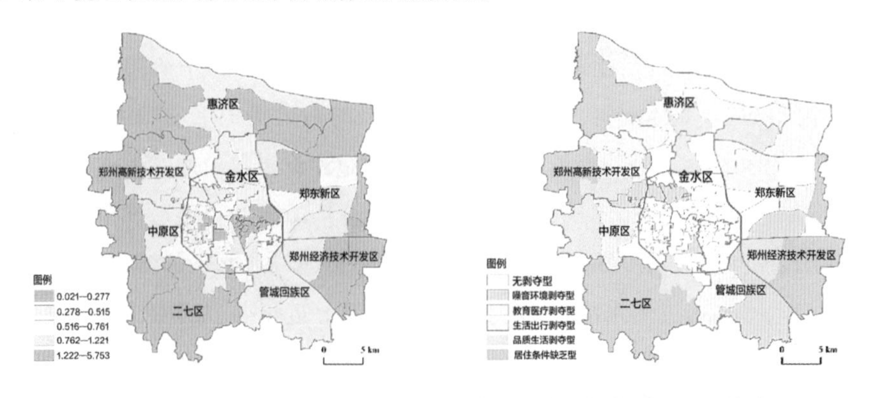

图 12—4　郑州居住环境多维质量评价指数的空间分异与街道居住环境类型划分

表 12—2　各单维度质量评价间交互作用的 q 值

主导交互因子	q 值	主导交互因子	q 值	主导交互因子	q 值
休闲服务∩生活服务	0.764	生活服务∩教育服务	0.650	教育服务∩交通出行	0.710
休闲服务∩教育服务	0.498	生活服务∩医疗服务	0.654	教育服务∩噪音环境	0.580
休闲服务∩医疗服务	0.669	生活服务∩交通出行	0.701	医疗服务∩交通出行	0.717
休闲服务∩交通出行	0.706	生活服务∩噪音环境	0.630	医疗服务∩噪音环境	0.616
休闲服务∩噪音环境	0.565	教育服务∩医疗服务	0.584	交通出行∩噪音环境	0.606

三、居住环境质量评价类型及政策措施

本书将多维质量评价指数最高和较高的 32 个街道识别为居住环境受质量评价街道，在多维居住环境质量评价基础上，按照单维度的质量评价维度组合情况对街道进行归类（表 12—3），并将之作为街道类型划分依据，最终分类结果如图 12—4 所示。

噪音环境质量评价型。该类型区是指仅存在噪音环境维度质量评价的街道，包括福华街、南阳新村、石佛、商都路、南曹 5 个街道。该类型区的特点是大量高架、铁路、高速等道路设施从区内穿过，是主要交通干线的枢纽，川流不息的车辆产生了大量的噪音，同时隔音措施没能跟上，降低了沿线居住小区居民的生活品质。鉴于此，一方面，应加强对主干道防护隔离带和隔离墙的建设，改善沿线居住小区的人居环境；另一方面，对部分距离快速道路近、建筑时间久等低矮居住小区，可通过搬迁改造成为绿化带，改善附近居住小区的人居环境质量。

教育医疗质量评价型。该类型是指存在教育服务质量评价、医疗服务质量评价或者两个维度都存在质量评价的街道，包括博学路、枫杨、兴达路、老鸦陈、西流湖、十八里河 6 个街道，主要处于新城区。该类型区的特点是建设时间短、人口密度大且出行较为方便，但教育医疗设施不能满足需求。杨枫、博学路街道是郑州西大学城和东大学城所在地，过去 10 年里高校搬迁带来人口突然集聚。以郑州东大学城为例，现有高校 13 所，居住师生 35 万人，因区内

缺乏中小学,教师子女只能到祭城、如意湖等附近街道入学。鉴于此,政府应重点加快幼儿园、中小学和社区医院等公共服务设施建设,同时引导银行网点、超市、便利店等各类服务设施布局,增强区域活力。

表 12—3 基于居住环境质量评价维度的类型及政策措施

质量评价维度组合归类	小区个数	类型名称	主要特征	政策措施
N	5	噪音环境剥夺型	火车站所在地或有大量铁路、高速、快速路等;噪音防护措施缺乏	道路两侧修建隔音墙或隔音棚;对年久居住小区进行搬迁,改建成绿化带
EL,EH,H,EHL,EHT	6	教育医疗剥夺型	人口快速集聚;教育医疗设施缺乏	加快教育医疗设施建设;引导银行网点、超市、便利店等各类服务设施布局
T,TL,ETL,HTL	5	生活出行剥夺型	自然环境较好、人口密度低;交通设施和生活服务设施缺乏	同步建设生活、交通设施的配套;吸引人口集聚,增强区域活力
GE,GL,GLT	8	品质生活剥夺型	公园绿地等公共空间缺乏;生活服务设施不够完备	城市居住小区建设过程中,加强公园绿地等公共空间的规划建设,完善生活设施和交通出行设施,集聚人气
GEHLT,EHLT	8	居住条件缺乏型	处于城市最边缘;教育、医疗、生活等设施缺乏	村庄拆迁的同时,按照城市居住小区标准对新建居住小区的各项设施进行配套建设

注:质量评价维度组合:指同时存在的质量评价维度。G、E、H、L、T、N 分别代表休闲生活质量评价、教育服务质量评价、医疗服务质量评价、生活服务质量评价、交通出行质量评价、噪音环境质量评价。

生活出行剥夺型。该类型是指存在交通出行剥夺、生活服务剥夺或两种剥夺同时存在,还存在教育服务剥夺或医疗服务剥夺的街道。该类型区包括双桥、新城、龙湖、龙源、花园口 5 个街道,均分布于市区北部和东北部。该类型区的特点是自然环境较好、人口密度低,但交通设施和生活服务设施缺乏。由于该类型区正处于快速建设阶段,已建成小区数量少且入住率低,超市、便利店等生活服务设施很不完善,教育和卫生等公共服务设施还不够发达,但拥有龙湖、黄河等水系自然景观,该区域发展潜力大,其中龙湖街道是郑州新的中心商务区所在地。鉴于此,一方面,随着建成居住小区的增加,政府应同步加强教育、医疗、交通等设施的配套建设,引导银行、便利店等各类服务设施入驻,通过完善配套吸引居民积极入住;另一方面,针对双桥街道,由于铁路和高速等阻碍造成的交通不便，可通过高架或地铁等解决其交通出行。

品质生活剥夺型。该类型是指存在教育服务剥夺、生活服务剥夺或交通出行剥夺，还存在休闲服务剥夺的街道。该类型区包括杨金路、丰庆路、明湖、须水、梧桐、迎宾路、嵩山路、人和路8个街道，均分布于城乡结合部。该类型区的特点是绿地广场等公共活动空间缺乏，交通出行设施以及生活设施不够完善。由于该类型村庄拆迁安置工作已经基本完成，同时已建成一定数量居住小区，但入住率不高，还没能按照城市居住小区标准配置相应的教育医疗设施。鉴于此，随着建成居住小区的增加，政府应同步加强教育、医疗、交通设施的配套建设，引导银行网点、超市、便利店等各类服务设施入住，通过完善配套吸引居民积极入住。

居住条件缺乏型。该类型是指同时存在教育服务、医疗服务、交通出行和生活服务四个维度剥夺的街道。该类型区分散于城乡结合部，包括大河路、京航、潮河、金光路、沟赵、古荥、侯寨、马寨8个街道。该类型区的特点是处于城市最边缘，与中心城区联系较少；教育医疗等公共服务设施缺乏，远不能达到城市居住小区的标准。这是为了防止城中村的出现，政府提前对这些区域的村庄进行拆迁，原有教育医疗等公共服务设施以及生活服务设施也随之拆除，但新的设施还没有配置到位。鉴于此，政府应加大该类型区的拆迁力度和安置的同时，按照城市居住小区标准积极配套增建医疗教育等服务设施，增强安置小区和新建居住小区的居住适宜性。

四、结论与讨论

文章以街道为基本单元，从休闲服务、生活服务、教育服务、医疗服务、交通出行、噪音环境6个维度构建居住环境评价框架与指标体系，综合运用多边形面积法、地理探测器以及地理信息系统技术对郑州居住环境进行综合评价，并在此基础上进行居住环境质量评价类型的划分，揭示居住环境质量评价的空间分异格局。通过分析得到以下结论：

(1)根据各种设施服务半径和“15分钟便民生活圈”的要求，通过针对城市居住环境质量评价的指标体系构建和多维环境质量评价指数计算方法的发展,建立了多维质量评价的地理识别方法。应用结果表明,该方法适合多维要素影响居住环境的作用过程分析。

(2)基于地理探测器的分析表明,生活服务、医疗服务、交通出行、噪音环境、教育服务对多维质量评价指数空间分异有较大的解释力,而休闲服务对多维质量评价指数空间分异的解释力较小。任何两个维度间的相互作用将会非线性增强对多维质量评价的解释力。这也进一步验证了基于全排列多边形法计算多维环境质量评价指数的有效性。

(3)单维度环境的结果分析表明,休闲服务、生活服务、教育服务、医疗服务、交通出行 5 个维度的质量评价指数得分从城市中心向外围递减,而噪音环境质量评价指数则与之相反,不同环境质量评价维度的空间变化呈现不同形态的特征。多维居住环境指数得分低的街道呈现“十”字形空间分布格局,并从“十”字形中心向外围递减的空间分布特征。

(4)将郑州市 32 个街道识别为多维环境质量评价单元。基于不同维度质量评价需要采取不同类型改善措施的考虑,将其划分为噪音环境质量评价型、教育医疗质量评价型、生活出行质量评价型、品质生活质量评价型、居住条件缺乏型 5 种类型。建议在旧城改造和新城建设过程中,每种质量评价类型都应根据其质量评价维度,既要采取有针对性的具体措施消除单一维度质量评价和人居环境改善的“短板”,又要依据各个环境维度的组合以寻求在质量评价消除方面取得突破。

总之,本书从城市社区物质设施的空间可获得性入手,开展居住环境质量评价的地理识别,为政府打造“15 分钟社区生活圈”提供决策参考。然而,文章也存在以下不足之处:一是对各项设施的质量关注不够,可能会导致人们对居住环境质量主观感受存在一定的偏差。二是以街道为分析单元可能掩盖了街道内部居住小区类型的差异,如空间紧邻的破败小区和高档封闭小区的居住环境指标一致。鉴于此,后续研究中将结合居住小区类型、设施质量等其他多源数据,从更加细微的尺度对居住环境质量评价类型进行地理识别,并对其形成的深层机理进行分析。

第十三章　城市更新的减贫效应研究

城市作为经济发展的基本单元,是各类要素资源和经济社会活动最集中的地方,是促进经济增长、实现现代化的重要引擎。20 世纪 80 年代开始的快速城镇化使我国城市迅速汇集了大量人口,众多城市在空间体量、开发范围上快速增大。这种无序蔓延的城市空间扩张造成了土地资源浪费、新城区用地效率低下、旧城区公共设施不足等结构性问题①。面临着城市人口压力不断增大和城市可利用新增土地日渐枯竭的双重压力,2015 年中央城市工作会议正式提出了“生态修复、城市修补”的概念,表明城市建设策略也正从“增量扩张”向“存量优化”转变。2017 年《住房和城乡建设部关于加强生态修复、城市修补工作的指导意见》也明确了“城市双修”是治理“城市病”、改善人居环境的重要行动,是存量规划时代空间治理的新方法、城市更新的新模式,是适应经济发展新常态,大力推动供给侧结构性改革的有效途径②。由此可见,以“城市双修”为理念的城市更新是我国未来城市发展的必然趋势。

在城市更新日益受到重视的同时,城市贫困问题也成为社会各界关注的重点问题。党的十九大报告指出:“让贫困人口和贫困地区同全国一道进入全面小康社会。”可见,全面建成小康社会,城市贫困人员一个都不能少。全国政协

---

① 贺辉文、张京祥、陈浩:《双重约束和互动演进下城市更新治理升级——基于深圳旧村改造实践的观察》,《现代城市研究》2016 年第 11 期。

② 刘荣增:《基于存量优化的城市空间治理与再组织——以郑州市为例》,《城市发展研究》2017 年第 9 期。

委员肖燚提出,要加大扶助力度,实现城市贫困人口同步脱贫、进入小康①。由于城市更新是运用拆除、整建、维护等方式提高城市土地的利用效率,改善城市的功能和结构,其本质是以空间为载体进行资源与利益再分配的政治经济博弈,是一种复杂的经济活动②。因此,城市更新在改善城市土地利用结构的同时,也影响着城市居民(主要是城市贫困弱势群体)的生活方式和工作形态。一方面,城市更新后,会导致城市弱势群体的居住空间与就业空间不匹配,呈现“空间错配”现象,带来了弱势群体通勤时间过长、生活成本上升、失业等问题,使弱势群体陷入贫困之中③;另一方面,城市更新过程中带来的就业岗位增加能够为城市贫困群体提供工作机会,改善其生活质量,降低贫困发生率。

一、相关理论研究

关于城市更新与城市贫困关系的探讨仍处于起步阶段。学者更多地从城市更新对低收入群体的利益影响方面展开研究,主要体现在以下几个方面:一是城市更新会导致低租金住宅的数量迅速减少,低收入群体失去原有的生存家园和谋生环境,使他们面临较大的生存风险。二是城市更新带来的社区解体、邻里关系的破坏会引发社区结构衰落、居民心里失衡等问题,给居民的工作、生活造成严重的损失④。三是城市更新会对居住社区的社会网络和城市肌理造成

① 肖燚委员:《全面小康,城市贫困人员一个也不能少》2018 年 3 月 13 日,见 http://mp.weixin.qq.com/s? src=11×tamp=1522659577&ver=791&signature=FUv4i1qJoF3zcR3sf345eMFrmjPtmt-KpTLsXc9igvXJW9KwgzW0QgjX45YzEnzseM0r4Yg4yUiXpgp4Ppm98W2M-t0Vemr4eXaHU6cB04EDmQ07ai6rlioMQgz2B * i6&new=1。

② 陈浩、张京祥、吴启焰:《转型期城市空间再开发中非均衡博弈的透视——政治经济学的视角》,《城市规划学刊》2010 年第 5 期。

③ Thomas J., Cooke J., “Developing the spatial mismatch hypothesis: problems of accessibility to employment for low-wage central city labor”, *Urban Geography*, Vol.12, No.4(1991), pp.310-323. Lau C.Y., “Spatial mismatch and the affordability of public transport for the poor in Singapore's new towns”, *Cities*, Vol.28, No.3(2011), pp.230-237.

④ 周素红、程璐萍、吴志东:《广州市保障性住房社区居民的居住—就业选择与空间匹配性》,《地理研究》2010 年第 10 期。

破坏,以及由此引发的社会公平缺失、交往节点断裂等对居民产生不良的社会影响①。也有部分学者从城市更新产生的职住关系进行研究,如郑思齐对北京的研究表明,职住失衡和公共服务供给与需求的空间失配是导致交通拥堵的两大原因②。宗会明等通过空间错位指数(SMI)模型对重庆的研究,发现大规模的城市更新和改造带来的城市功能布局的调整导致新的职住空间不匹配现象③。

关于城市更新产生的影响研究较多,但鲜有学者从城市贫困视角研究城市更新。那么,城市更新是否会加剧城市贫困?城市更新又是从哪些方面影响城市贫困?这是一个值得研究的问题。为回答上述问题,本书首先分析了城市更新影响城市贫困的理论机制,并通过构建计量分析模型实证检验城市更新对城市贫困的影响,最后根据研究结论提出针对性的对策建议。

二、影响机制分析

城市更新综合了改善居住、优化环境、振兴经济等目标,较以往单纯地改善基础设施、优化城市布局的"旧城改造"涵盖了更为丰富的内容,具体而言,城市更新主要通过以下几个方面影响城市贫困群体。

1. 就业创造

城市更新中的硬件设施更新,如旧房屋的修缮、拆除、重建,现有道路的修建与拓宽,城市环境的治理与改善等增加了对建筑工人、装修工人、保洁人员、绿化人员的需求,这些工作岗位一般都是技术性工作,对学历水平和能力素质要求不高,因而工作报酬也相对较低,适合城市贫困群体。而且,根据就业的乘数效应,除了自身行业的就业增加外,还能拉动相关其他行业的就业增加。

① 何深静、于涛方、方澜:《城市更新中社会网络的保存和发展》,《人文地理》2001年第6期。

② 郑思齐、张晓楠、徐杨菲:《城市空间失配与交通拥堵——对北京市"职住失衡"和公共服务过度集中的实证研究》,《经济体制改革》2016年第3期。

③ 宗会明、戴洁琳、戴技才:《都市核心功能区职住分离的空间组织特征——以重庆市渝中区为例》,《现代城市研究》2016年第7期。

城市更新改造过程中，建筑工人、装修工人等的增加，能够带动周边地区餐饮、住宿、交通行业的发展，进而促进其他相关行业就业需求的增加。此外，城市更新的软件设施更新能够对城市内部的组织系统和功能结构进行调整，通过改造城市功能、提升城市形象增强城市竞争力，从而吸引更多企业到城市投资，进一步增强城市经济发展的活力，进而增加城市的就业需求，这也为城市贫困群体创造工作岗位、提升收入提供了条件。

2. 提升人力资本

更新改造之前的旧城区，无论是道路、住房还是其他基础设施都严重落后，而且居住在此的贫困居民的公益意识淡薄，导致了严重的问题。同时，旧城区的规划不合理导致其防范能力不足，一旦出现火灾、雨雪灾害等可能会带来不可承受的破坏，整体生活环境较差，贫困人群的健康状况受到严重威胁。随着经济的发展，人们对城市的住宅、基础设施、文化娱乐设施等都提出了更高的要求，对旧城区进行更新改造，改善居民的生活环境和生活质量也是新时期城市质量建设的重要目标。城市更新通过合理的布局规划，有重点地进行房屋修缮、基础设施建设、环境优化等，逐步实现小区功能齐全、设备完善、整洁美观、安全有序等。卫生的居住环境能够减少疾病的发生，不仅减少了未搬迁贫困者的医疗支出，也提升了其健康人力资本，促进其更好地参与到工作中去。

3. 增加生活成本

城市更新后，环境质量明显改善，房屋设施设备也相对完善，导致房屋价格较之前有明显的提高，原租住在旧城区的多数贫困群体不得不从原来区位优越的住房搬迁至偏远但房屋价格较低的郊区。相对于中心城区，偏远郊区的公共设施建设和公共服务不完善，为这些贫困群体的生活带来了很大的不便，增加了生活开支成本。由于贫困群体的学历水平不高、劳动技能也相对有限，他们很难找到新的工作，所以很多搬迁到郊区的贫困居民工作地点仍然在中心城区，这无疑增加了贫困居民的通勤时间和通勤成本，使原本拮据的贫困家庭生活更为沉重。而且改造前的旧城区虽然环境质量差，但基本不收取物业费，而且冬季取暖费用也相对较低，贫困群体的生活成本也相对较低，但是搬迁到偏远的郊区后，除了通勤成本增加外，还要多承担生活中必要的物业、取暖等开支。

三、实证分析

1. 城市贫困水平空间相关性检验

进行空间计量模型估计之前，要检验省份之间城市贫困是否存在空间相关性，若不存在空间相关性，则估计结果存在偏差，本文采用 *Moran's I* 指数检验城市贫困的空间相关性。*Moran's I* 指数定义如下：

$$Moran's\ I = \frac{\sum_{i=1}^{n}\sum_{j=1}^{n} W_{ij}(Y_i - \bar{Y})(Y_j - \bar{Y})}{S^2 \sum_{i=1}^{n}\sum_{j=1}^{n} W_{ij}}$$

其中，$S^2 = \frac{1}{n}\sum_{i=1}^{n}(Y_i - \bar{Y})^2$，$\bar{Y} = \frac{1}{n}\sum_{i=1}^{n} Y_i$，$W_{ij}$ 为空间权重矩阵，表示区域之间的空间邻近关系。本文采用的是0—1邻接矩阵，即：

$$W_{ij} = \begin{cases} 0，当区域\ i\ 与\ j\ 相邻时， \\ 1，当区域\ i\ 与\ j\ 不相邻时 \end{cases}$$

注意，由于海南并未与其他省份有交界，故将其与广东作为近邻。*Moran's I* 的取值范围通常在[-1，1]之间，如果 *Moran's I* 指数为正，表明具有空间正相关，*Moran's I* 指数为负，表明具有空间负相关，*Moran's I* 指数为零，表明空间不相关。根据计算出的城市贫困水平利用 Arcgis 10.2 软件计算出2005—2016年的省域 *Moran's I* 指数，检验结果见表13—1。

由表13—1可知，2005—2016年中国省域城市贫困的 *Moran's I* 指数均为正，且都通过了10%水平的显著性检验，说明中国省域之间的城市贫困并不是完全随机的，而是呈现出较强的空间依赖性。因此，可以确定空间相关性是城市更新影响城市贫困的重要因素，将地理相邻作为空间权重进行分析具有一定的合理性。

表 13—1　中国省域城市贫困水平 *Moran's I* 变化状况

年份	2005	2006	2007	2008	2009	2010
Moran's I 标准差	0.264** (0.116)	0.577*** (0.123)	0.493*** (0.102)	0.511*** (0.113)	0.408*** (0.115)	0.334*** (0.100)
	2011	2012	2013	2014	2015	2016
Moran's I 标准差	0.403*** (0.102)	0.289** (0.108)	0.333*** (0.096)	0.148* (0.101)	0.434*** (0.099)	0.382** (0.103)

注：*、**、*** 分别表示通过 10%、5%、1%水平下的显著性检验；括号内为标准差。

2. 空间模型的设定

空间相关性检验结果表明城市贫困具有外溢效应，因此要使用空间计量模型进行分析。常用的空间模型有空间自相关模型（SAR）和空间误差模型（SEM），SAR 模型主要考查因变量的空间相关性，SEM 模型侧重考查随机扰动的空间影响。为此，可通过空间依赖性检验进行判断。通过比较 LM（Lag）和 LM（error）的显著性来判断选择使用哪种模型，如果 LM（Lag）的统计显著，则选择 SAR 模型，反之，则选择 SEM 模型。根据判断结果，我们选择 SAR 模型进行空间估计。模型设定为：

$$poverty_{i,t} = c + \rho Wpoverty_{i,t} + \alpha renew_{i,t} + \beta X_{i,t} + \varepsilon_{i,t}$$

其中，*poverty* 是因变量，代表城市贫困水平，W 为相邻地区的空间权重，*renew* 是城市更新水平，X 为其他影响城市贫困的相关变量，主要包括城镇失业率、人力资本水平、卫生人员数、产业结构、参加失业保险人数，ρ 为空间自相关系数，ε 为随机扰动项。

3. 数据的选取

（1）被解释变量

贫困程度（poverty）：关于贫困测度的方法很多，如有的学者采用农村贫困人口或农民人均纯收入衡量农村贫困程度①，也有学者采用熵值法②计算

① 尹飞霄：《人力资本与农村贫困研究：理论与实证》，江西财经大学 2013 年博士学位论文。

② 限于篇幅，熵值法的具体测算步骤以及下面测算出的各省区的城市更新水平在这里不再详细列出。

农村的多维贫困①,还有学者根据农民人均收入分组数据利用世界银行网站上的 POVCAL 软件估算贫困发生率代表贫困②,考虑到 POVCAL 软件是专门计算贫困的软件,具有较强的专业性,本书根据各省份的城镇居民人均可支配收入和相应的城市贫困线,同样利用 POVCAL 软件估算出各省份的城市贫困发生率。城市贫困线是以 2011 年中央公布的农村贫困标准农民纯收入 2300 元为基础,根据当年的城乡收入比计算出 2011 年的城市贫困标准,然后利用城市居民消费物价指数计算出历年的城市贫困标准。对于个别省份缺失的数据采用趋势法进行补充。

(2)主要解释变量

城市更新(renew):借鉴于今年③(2011)的提法即城市更新包含城市物质环境和非物质环境的改善,本书认为城市更新一方面是客观存在的实体改造,包括建筑物、道路等的修复和重建;另一方面为生态环境、文化环境、空间环境等的改造,包括邻里社会网络结构、情感依赖等软环境的建设与更新。为此从城市建设、设施建设、生态建设、文化建设 4 个维度选取指标对城市更新进行测度,具体指标见表 13—2:

表 13—2　城市更新指标选取

	一级指标	二级指标	单位	属性
城市更新指标选取	城市建设	建成区面积	平方公里	正
		建筑业房屋竣工面积	万平方米	正
		城市人口密度	人/平方公里	正
	设施建设	城市排水管道长度	万公里	正
		人均城市道路面积	平方米	正
		医疗卫生机构数	个	正

① 苏静、胡宗义:《农村金融减贫的直接效应与中介效应——基于状态空间模型和中介效应检验的动态分析》,《财经理论与实践》2015 年第 4 期。

② 何春、崔万田:《城镇化的减贫机制与效应——基于发展中经济体视角的经验研究》,《财经科学》2017 年第 4 期。

③ 于今:《城市更新:城市发展中的新里程》,国家行政学院出版社 2011 年版,第 102—106 页。

续表

	一级指标	二级指标	单位	属性
城市更新指标选取	生态建设	人均公园绿地面积	平方米/人	正
		建成区绿化覆盖率	%	正
		城市绿地面积	万公顷	正
	文化建设	普通高等学校教职工人数	万人	正
		国内专利申请受理量	项	正
		报纸出版总印数	亿份	正

关于城市更新的测算方法，黄士正采用层次分析法和定性分析法对20世纪90年代以来北京旧城15个建成、在建和规划的功能区进行了简要的综合评价①。王萌等采用DEA方法对北京市原西城区的城市更新绩效进行评价②，王一波等通过访谈和问卷调查的方法分别对重庆主城区和沈阳铁西老工业区城市更新的社会绩效进行评价③。与以往学者的研究方法不同，本书采用熵值法对城市更新水平进行测度，原因在于熵值法具有克服人为确定权重的主观性，是一种比较客观、全面的评价方法。

经测算表明，我国的城市更新呈现明显的区域性特征。城市更新水平高主要集中在东部沿海地区，如广东、江苏、浙江、福建、山东等省份，中部地区的河南、湖北、黑龙江等省份的城市更新水平则相对较差，而西部地区的西藏、青海、新疆、宁夏、甘肃等省份则处于末区值，这与地区经济发展状况、资源禀赋以及生态状况密切相关，东部地区经济发达，无论是资金积累还是技术水平都处在全国领先水平，尤其近些年来，集约型的发展模式使东部地区的城市发展与生态发展呈现出协调耦合的良好状态；中部地区的经济发展相对较差，在城市更新上资金略显不足，而且中部地区的陕西、黑龙江等省份前期的发展以环境污染为代价，在一定程度上增加了城市更新的难度。西部地区省份除了经

① 黄士正：《北京旧城的功能区建设评价》，《城市问题》2007年第11期。

② 王萌、李燕、张文新：《基于DEA方法的城市更新绩效评价——以北京市原西城区为例》，《城市发展研究》2011年第10期。

③ 王一波、章征涛等：《大事件视角下城市更新的社会绩效评价——基于重庆主城更新后原住民的实证调查》，《城市发展研究》2017年第9期。

济发展落后之外，还普遍存在资源过度开发现象，加之人们的思想观念落后和环保技术落后，导致西部地区的城市更新水平偏低。

（3）控制变量

人力资本（human）。人力资本是提升收入的最直接的途径。贫困居民一般学历水平较低、劳动素质也较差，如果他们能够通过培训和学习从事生产效率较高的高端制造业和服务业，就能够增加收入，加快其摆脱贫困的速度，本书采用从业人员中大专以上学历的人口比重衡量人力资本水平。

失业率（unemploy）。失业能够直接导致低收入群体失去收入来源，使其陷入贫困之中，预期失业率与城市贫困水平具有正相关关系。本书采用城镇登记失业率反映失业水平。

产业结构（tertiary）。产业结构是衡量一个国家经济发展水平的重要标志，高级化的产业结构能够吸纳大量劳动力，尤其是第三产业由于行业门类较多，能够吸纳各层次的劳动力，对于贫困者来说，增加了收入的来源渠道，有利于贫困的减少。本书采用第三产业占 GDP 比重衡量产业结构水平。

医疗水平（medical）。“因病致贫”“因病返贫”是贫困居民常见的现象，而较高的医疗水平有助于贫困居民预防疾病、治疗疾病，防止其陷入贫困之中。本书采用卫生人员数反映地方的医疗水平。

失业保险水平（unemrance）。失业保险能够为劳动者在遭遇失业时为其提供生活保障，防止其因失去收入来源即刻陷入贫困。本书采用参加失业保险的人数衡量国家的保险水平。

以上数据来源于 2005—2016 年的《中国统计年鉴》《中国人口与就业年鉴》、各省份的《统计年鉴》以及国家统计局网站。

4. 估计结果及分析

在进行估计前，要根据 Hausman 检验选择使用固定效应模型估计还是使用随机效应模型估计，根据 Hausman 检验结果表明回归方程使用固定效应模型估计比较合适。同时，考虑到空间计量模型变量之间存在相关性，如果使用普通最小二乘法估计（OLS），将导致有偏的估计结果，为此本文采用极大似然估计法（MLE）进行估计。此外，为了增加数据的平稳性，对各变量进行了对数变换,估计结果见表13—3。

表13—3 城市更新减贫效应的空间计量结果

lnHC	基本方程		扩展方程		
	(1)	(2)	(3)	(4)	(5)
lnrenew	-1.886*** (-10.98)	-1.774*** (-10.09)	-1.601*** (-8.80)	-1.036*** (-3.46)	-0.953*** (-3.21)
lnunemploy		0.957*** (2.72)	0.883** (2.54)	0.613* (1.69)	0.815** (2.20)
lnmedical				-0.812** (-2.36)	-1.239*** (-3.11)
lntertiary			-1.278*** (-3.20)	-1.012** (-2.45)	-1.253*** (-3.03)
lnunemrance					-0.782*** (-3.25)
lnhuman					0.004 (0.04)
ρ	0.170*** (2.87)	0.122** (1.97)	0.128** (2.09)	0.101* (1.62)	0.105* (1.70)
Sigma2	0.353*** (13.61)	0.347*** (13.62)	0.337*** (13.62)	0.333*** (13.63)	0.324*** (13.63)
Hausman	17.03**	16.84***	19.64***	16.86***	31.50***
Log L	-335.5	-331.8	-326.7	-324.1	-318.7
N	372	372	372	372	372

注:***、**和*分别表示变量估计系数通过1%、5%和10%的显著性水平检验;括号中的数值为变量估计系数的t检验值。

如表13—3所示,Sigma2、LogL的估计结果表明SAR模型具有理想的拟合效果,能够较好地反映影响中国贫困状况的相关因素的实际状况。同时方程(1)—(5)的空间溢出系数ρ基本都通过了显著性检验,说明中国省份间的空间溢出效应是影响城市贫困的重要因素。

基本方程和扩展方程的回归结果均表明城市更新有利于城市贫困的减缓。城市更新虽然给城市贫困居民带来了不少的负面效应,如导致其生活成本上升、获取公共服务设施不便等,但也给城市贫困者带来了福音,如城市更新本身的房屋拆除、重建、社区环境改善等能创造出大量的工作岗位,而且就业的乘数效应又能增加相关餐饮、交通、住宿等行业的就业需求。改造更新后的城市具有较强的竞争力,能够吸引大量企业到城市投资,促进城市经济的发展,为城市低收入群体增加就业岗位、提升收入创造了条件。此外,改造更新后的城市由于具有干净、整洁的城市卫生环境,降低城市贫困居民疾病发生率,节省了医药开支。可见,城市更新为贫困居民带来的积极效应要大于消极效应,城市更新有利于城市贫困居民减贫脱贫的步伐。

此外,各控制变量也基本符合预期。城市失业率的系数显著为正,原因在于城市贫困居民主要收入为工资收入,一旦失业,就很容易陷入贫困之中,因此,解决城市贫困的重要问题就是要为低收入群体创造工作岗位。城市医疗水平的系数显著为负,表明城市医疗水平的提升能够增加城市贫困居民的安全卫生和疾病预防意识,减少疾病的发生率和医疗费用的支出。产业结构的系数显著为负,可见产业结构升级尤其是第三产业的发展在城市贫困减缓中起着重要作用。据统计第三产业每增加 1 个百分点,能创造约 100 万个就业岗位,比工业多 50 万个左右,对促进经济增长和稳定就业具有重要作用①。失业保险对城市贫困具有显著抑制作用,原因在于工资性收入是城市居民的主要收入来源,一旦城市居民遭遇到失业,失业保险能够为失业者带来暂时的物质帮助,促进其重新寻找就业机会,避免陷入贫困之中。人力资本水平的提升对城市贫困减缓不显著,原因在于人力资本水平的提升不仅可以增加劳动者的就业机会,而且其溢出效应能够促进周边劳动者技能和素质的提升,促进整个企业经济效益的提升,但本书选取的人力资本指标为从业人员中大专以上人员比重,而城市贫困人口一般学历水平较低,人力资本水平的提高很少含有城市贫困人口,因此人力资本水平对城市贫困减缓的作用不显著。

四、结论与启示

本部分首先分析了城市更新对城市贫困居民的影响机理,然后根据

① 《2015 年上半年就业形势整体稳定　大学生就业成关注焦点》,2015 年 7 月 20 日,见 http://finance.jrj.com.cn/2015/07/20225319530901.shtml。

2005—2016 年中国 31 个省份的面板数据利用熵值法测算了中国各省域的城市更新水平,最后运用空间计量模型考察了城市更新对城市贫困的影响。得到以下结论:(1)城市更新可通过就业创造、提升人力资本和增加生活成本三个方面影响城市贫困;(2)受地区经济发展水平、自然资源、生态环境等影响,城市更新的水平呈现出区域性差异,东部地区的城市更新水平较高,中部地区次之,西部地区较差;(3)实证分析的结果表明城市更新有助于城市贫困的减少,同时产业结构升级、失业保险水平、医疗水平的提升都有助于城市贫困的减少。

本部分研究结果的主要政策启示为:

第一,确定公众参与的城市更新机制。直接受城市更新影响的就是旧居住区的贫困居民,因此要把居民和公众权益作为城市更新改造中考虑的核心问题,从城市更新初期的规划就保证居民的实权参与,在城市更新改造过程中,保证居民的利益不受损失,到后期的社会评估还要接受居民的监管,以此充分保障居民的权益,提升其社会归属感。

第二,丰富住房救助制度。城市更新通常会造成中心城区和旧城区的贫困居民疏散、分解到偏远的郊区,而通过提高改造后房屋价格使得中心社区走向绅士化的不良倾向。为了保障城市贫困居民的住房供给,地方政府推出一些廉租房、经济适用房等住房救助形式,而且要丰富住房救助制度,对困难群体进行分类救助,提高住房救助的覆盖范围。如低收入家庭购买经济适用房可获得货币补贴;特困家庭遇到房屋拆迁时可适当提高补偿标准,为居住条件差的农民工建立农民工住所等,以此保证贫困弱势群体的住房供给。

第三,加强贫困居民的就业培训。失业是城市更新过程中搬迁居民面临的主要困境之一,由于旧城区的贫困居民往往学历水平和职业技能比较欠缺,在获取工作中竞争能力不足,解决其就业问题对与缓解其贫困具有重要作用。为此,政府可对社区居民进行就业培训,并将市场劳动力需求考虑在内,不断更新培训的内容,丰富培训内容的层次,保证经过培训的居民可以参与到社会各层次的工作竞争中,为其增加收入,为减缓贫困提供可实现的路径。

第十四章　城市空间治理与优化

城市空间是城市人口、产业经济和基础设施等相对集中而形成的建成区地域空间，强调的是一种非行政区概念的地理空间①，是城市各种社会生产、生活活动的场所空间和城市景观的地域载体②。城市空间扩展指的是城市空间在城市居民为满足自身多层次生理心理需求的发展诉求下，所引发的规模和内涵的发展变化。规模上表现出建成区地域空间范围的扩大，由内往外向农村地域推进；内涵上呈现出城市内在结构的调整，规模、密度和形态的更新演替，由地面向空中、地下伸展。③ 城市空间是城市社会经济发展的物质载体，城市空间扩展是城市化过程以及城市土地利用变化最为直接的表现形式，随着我国城市化的快速推进，大量人口涌入城市，改革开放以来，中国城市人口由 1978 年的 1.73 亿人增加到 2015 年的 6.91 亿人，城市化水平由 17.92%提高到 56.1%。城市化是对空间的生产和再造，城市化过程中产生的诸多问题本质上就是城市空间生产、分配、交换和消费的问题，因此，与此相呼应，国内城市都经历了一场大规模的旧城更新改造和新区的快速扩张，也带来了基础设施滞后、功能割裂甚至混乱、社会服务体系不匹配等诸多问题。

---

① 孙平军、修春亮、王绮等:《中国城市空间扩展的非协调性研究》,《地理科学进展》2012 年第 8 期。

② 郭月婷、廖和平、彭征:《中国城市空间拓展研究动态》,《地理科学进展》2009 年第 3 期。

③ 孙平军、修春亮:《中国城市空间扩展研究进展》,《地域研究与开发》2014 年第 4 期。

一、城市空间扩展的类型

不同学者基于不同视角对城市空间扩展类型进行了划分，譬如 Berry 等通过大量案例研究，从扩展形态上归纳，认为城市空间扩展有轴向扩展、同心圆式扩展、扇形扩展及多核扩展等多种模式，并认为“圆形城市”是城市扩展的理想模式①。Forman 从景观生态学出发，概括出 5 种城市扩展模式：边缘式、廊道式、单核式、多核式和散布式。国内学者提出我国城市扩展呈现集中型同心圆扩张、沿主要对外交通轴线带状扩张、跳跃式组团扩张和低密度连续蔓延 4 种模式②。还有学者从大、中、小三种尺度对城市空间扩展进行了研究③。城市空间扩展方式是指城市空间扩展所呈现出的外在表征形式或模式。依据城市空间扩展的内涵，包含由内往外向外围地域推进的外延扩展和由地面向空中、地下伸展的内涵扩展两个方面④。据此，城市空间扩展主要有两种类型：

1. 旧城改造

旧城改造是指局部地区或整体性土地有顺序的全面改造、更新老城区的物质生活环境，从而提升生活、生产条件。旧城改造主要包括：改造城市规划结构，根据行政区划范围实施科学的分区规划；改善城市环境，通过采取多种措施来提升空气质量、净化水体，降低噪声污染，合理规划开阔空间的利用等；优化城市工业产业结构；完善城市道路系统；提升城市居民居住条件，完善配套公共服务设施的建设，并将旧街道改造成为具有完整功能的居住区。旧城

① Berry B.J.L., Gillard Q., *The changing shape of metropolitan America: Commuting patterns, urban fields, and decentralizationprocesses*, 1960－1970. Pensacola, FL: Ballinger Publishing Company, 1977, pp.121－125.

② 杨荣南、张雪莲：《城市空间扩展的动力机制与模式研究》，《地域研究与开发》1997 年第 2 期。

③ 尚正永：《城市空间形态演变的多尺度研究》，东南大学出版社 2015 年版，第 88—92 页。

④ 孙平军、修春亮：《中国城市空间扩展研究进展》，《地域研究与开发》2014 年第 4 期。

改造可以通过空间结构调整和地下、空中空间的合理利用调整或延展城市空间格局。

2. 新区开发

新区开发是指按照城市的要求和规划部署，在城市现有建成区以外的一定地段，进行集中成片、综合配套的开发建设活动。新区开发是随着城市经济与社会的发展、城市规模的扩大，为了满足城市生产、生活日益增长的需要，逐步实现城市预期的发展目标而进行开发的。传统的城市新区应该是城市内生的有机组成部分，主要是满足城市自身发展的需要，与此同时，城市新区具有独特的功能地域特色，是主城发展的有机补充和延伸。新区开发的类型有很多，譬如高新技术开发区、经济技术开发区、城市新区、产业聚集区、综合试验区、高铁新区等。据统计，仅2000年以来，全国规划建设新区748个，规划总面积达2.7万平方公里，截至2011年9月，全国有951个新区。① 新区开发多呈现组团型多核心跳跃式扩展模式。

二、城市空间的扩展演化——以郑州为例

作为人口大省的河南省省会郑州市，是中国中部地区的特大型都会和主要经济中心之一。19世纪末，郑州市还是一个小县城，人口尚不足2万人，面积只有2.23km^2。直到20世纪初，陇海铁路和京汉铁路交汇于郑州市，这为其之后的繁荣发展奠定了基础。到目前为止，郑州市转变为一个占地7446.2平方公里，人口1100万的综合性城市。另外，郑州还是历史上著名的商埠，1997年被批准为国家商贸改革试点城市，2010年被确定为国家服务业综合改革试点城市。现代物流、会展、文化旅游、服务外包等现代服务业发展迅速，是中部地区最大的物资集散地。从新中国成立以来郑州市城市空间经历了以下三个发展阶段。

① 冯奎：《中国新城新区发展报告》，中国发展出版社2015年版，第66—69页。

1. 单中心—轴向扩展模式（1949—1978 年）

新中国成立初期，城市建设主要侧重于住宅和基础设施，同时对原有城市工业厂房进行恢复和扩建，另外为了便于城市的生产发展修建了一批道路。此时，城市空间扩展主要围绕在 20 世纪初建成的京广铁路和老城区附近，以火车站为核心，商业、住宅、工厂等相继聚集。1954 年河南省会迁往郑州，城市地位发生巨大变化，这使得郑州市冲破京广铁路、陇海铁路等铁路干线的阻碍，在铁路以西形成新的发展区，形成了以二七广场为核心区，以京广铁路为界限，沿陇海铁路为发展轴的单核心轴发展模式。后又受到“文化大革命”时期盲目发展思潮的影响，城市重工业导致工业用地规模过高，且与居民区混为一团，城市内部布局杂乱无序，城市空间扩展止步不前。

2. 同心圆圈层扩展模式（1978—2000 年）

改革开放以来，郑州市的空间呈现出圈层式扩展。在全面开放发展的潮流下，郑州市在原有的工业依托下逐渐向西北和东南方向发展，形成了以原有老城区为核心的同心圆圈层式空间结构。华联商厦、金博大城、丹尼斯百货、天然商厦等商贸设施在二七、火车站附近出现，这促使郑州市中心商务区的形成，原有工业基地开始向城市外围蔓延，老城区发展成为集商贸、办公、居住、金融等为一体的中心区，这就形成了郑州市圈层结构中的核心圈层。第二圈层主要包括黄河路、陇海路、嵩山路、紫荆山路。其职能主要侧重于住宅、行政办公及部分工业。一些轻工业污染区、住宅区及其他混合功能区构成了第三圈层。最外层主要是学校、文化机构及工业的集聚区。

1991 年和 1993 年分别建成了高新技术开发区和经济技术开发区，面积分别为 18.6km^2和 12.49km^2。高新技术开发区的目标是发展高科技，实现产业化，经济技术开发区主要集聚制造业等，两大工业园的成立打破了郑州“摊大饼”式的空间格局，市区组团式发展模式初步形成。

3. 组团型多核心跳跃式扩展模式（2000 年至今）

2000 年以来，郑州市的综合发展水平飞跃提升，城市建设进入了快速发展阶段，伴随着郑东新区的建设，郑州市彻底告别了以二七广场为核心的单中心“摊大饼”式的空间格局，实现了以二七广场和郑东新区为双核心的空间跨越式发展。到目前为止全市总面积已达到7446平方公里，建成区面积382.7平方公里，城镇化率67%，近十年，郑州城市增长70%①。城市核心区的基础设施逐渐完善，已初具规模，同时，边缘区呈现高新技术开发区、经济技术开发区、郑东新区、郑汴新区、郑上新区、航空港区六大新的功能集聚区格局②。根据2012年郑州市都市区规划方案，郑州市都市区将形成两大核心、一个主城区、三个新城区、四个外围组团的模式。

两大核心分别是：以二七广场为核心的老城区，形成了以火车站为中心并向四周扩散的购物、娱乐、休闲商业区，定位为现代商贸服务中心和历史文化名城保护核心区；以CBD为核心的郑东新区，集聚了商贸、会展、物流、金融等以商务为中心的新区。未来除了要强化中央商务区的建设外，郑东新区还要进一步推进郑州东站区域、龙湖区域、龙子湖高校园区、国际物流园区、绿博—白沙组团、经开区等区域的开发建设。

一个主城区，主要包括中心的老城组团、北部的惠济组团、西北部的高新城组团、西部的须水—马寨组团、南部的城南组团、东南部的经开区组团、东部的郑东新区组团。其中老城组团定位为行政、商业中心；惠济组团其主要是郑州师范学院、河南牧业经济学院、中州大学、河南艺术职业学院等大学的集聚区，又称北大学城；高新城组团是高新技术的集聚区，大部分工业厂区分布在此，西大学城（包括郑州大学、郑州轻工业学院、河南工业大学、解放军信息工程大学）分布于此；须水—马寨组团是郑州西部城市的综合服务中心，以商业服务、分储物流、先进制造业及生态居住为主；经开区组团是先进制造业基地和外向型经济基地，以汽车及装备制造业、电子信息为主；郑东新区组团是区域性现代服务中心，金融、会展、科研、文化、高等教育及体育中心，东大学城主要包括郑州航空工业管理学院、华北水利水电大学、河南农业大学、河南财经政法大学、河南中医学院等十几所高校新校区及公共设施沿龙子湖呈环状分布于此。

---

① 《郑州会是下一个国家中心城市吗?》，2016年10月31日，见 http://henan.163.com/16/1031/09/C4MQPO8U022701RF_all.html。

② 蔡安宁、刘洋等：《郑州城市空间结构演变与重构研究》，《城市发展研究》2012年第6期。

三个新区即东部新城区、南部新城区和西部新城区，主要是对中心城区人口和功能的疏解。其中，东部新城区包括九龙组团、白沙组团、中牟组团、大梦组团、官渡组团和绿博组团，是省级公共文化行政服务中心、先进制造业基地。南部新城区是区域性商贸物流中心，主要包括龙湖组团、华南城组团、曲梁组团和薛店组团，其中的龙湖组团就是南大学城的集聚地，南大学城主要含有中原工程学院、河南工程学院、郑州升达经贸管理学院、河南工业贸易职业学校等十几所大学。西部新城区为区域性医疗健康中心、通用航空产业基地、新材料生产基地，包括宜居健康城组团、荥阳组团和上街组团。

四个外围组团即登封、巩义、新郑、新密，作为次区域服务中心。其中登封定位为“世界文化旅游名城、都市区文化、旅游服务主体功能区”，巩义为“铝及铝精深加工基地、文化创意旅游区”，新郑定位为“炎黄历史文化展示区、食品制造基地”，新密定位为“都市区能源、建材、原材料循环经济示范区”。

三、城市空间扩展中的主要问题

1. 不同新区交叉重叠，造成功能混乱

由于城市新区开发时序或地方政府决策等原因，一些城市新区范围边界交叉重叠，甚至互相覆盖，造成一些新区功能尚未完善，产城尚未融合，另外一些方向的新区已经开始动工，造成新区之间空间交叉重叠，城市功能混乱。譬如郑州市近些年，先后规划和建设了高新技术产业开发区、经济技术开发区、郑东新区、郑汴新区、郑州航空港综合试验区、郑上新区等，大学城也先后建了南大学城（中原工程学院、河南工程学院等）、西大学城（郑州大学、河南工业大学、信息工程大学等）、北大学城（郑州师范学院、牧业经济学院等）、东大学城（河南农业大学、河南财经政法大学等）（如图14—1所示）。郑州城市空间扩展一些新区被更大面积的新区所覆盖，在保留原有功能的基础上，被赋予了新的职能，面临着空间结构和规划的调整；大学城目前除了实现空间上的相对聚集外，基础设施、图书资料共享甚至部分学分互修共认等作用远未发挥。

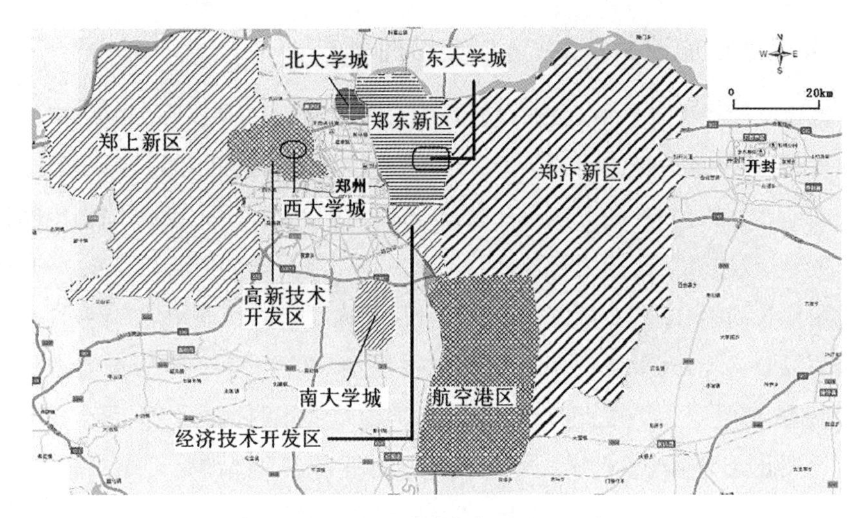

图 14—1　郑州城市空间扩展示意

2. 职住分离导致新老城区功能割裂

职住比是指在新区上班人员与在新区居住人员的比例关系，有时也用住从比（居住和就业人员比例关系）表示。国际上产业城市较合理的职住比为50%—60%，但在我国一些城市，特别是经济欠发达的城市，新区开发的早期阶段，为了让新区出形象、成规模，房地产开发一般情况下成为新区开发的先头部队或主力，产业和职能部门建设的速度往往滞后于房地产开发的速度，甚至带有某种不确定性，而房地产商受利益驱动又急于把房屋先预售出去，而购房者基于多种动机（投资、投机、移民、孩子入学等）而购置了早期开发的居于核心位置的房屋，到了产业和职能部门入住新区时，核心位置的房产早已被售卖一空，房产价格也已抬升几倍，真正在新区从业的人员只能往返于新老城区上下班，新区对老城区疏散的功能不但无法实现，还造成了大批钟摆式的流动人口，进一步加剧了城市的拥堵。据调查郑东新区早期商品房70%被郑州以外的省内外居民所购。由于城市功能布局的割裂与混乱，导致众多居民选择居住在主城区，乘公交、地铁或私家车至新区上班的职住相分离的局面①。

① 刘荣增、王淑华：《城市新区的产城融合》，《城市问题》2013 年第 6 期。

3. 交通设施改善滞后，造成交通拥堵

城市空间快速扩展后，交通设施作为公共基础设施难以匹配城市空间扩展速度，导致严重的交通问题产生。改革开放以来，尤其是 2000 年以来，郑州市空间地域快速扩展，城市交通基础设施建设相对滞后，无法匹配城市空间扩展速度，导致城市交通拥堵问题日益严重。具体涉及两个方面的问题，一是指建设用地布局不合理，大量住宅区和商业区挤占了道路交通用地，导致道路面积狭小，如郑州的火车站位于老城区的核心，承载娱乐、商业、服务等多种功能，此处人流量巨大，道路也曾进行修建，但由于道路的宽度不够，巨大的人流车流导致此处交通严重拥堵。郑州火车站附近重点打造的福寿街，仅能提供 4 条车道往返流通；二是由于城市小汽车数量急剧增加，城市道路的运营负荷加重，使得道路交通拥堵状况日益严重。据统计，2000 年郑州私家车数量仅有 34.93 万辆，2004 年增长至 64.1 万辆，到 2014 年已增长至 774.37 万辆，2004 年到 2014 年 10 年的时间增长速度为 91.39%。有学者认为我国城市空间向郊区扩展对中心城区构成交通瓶颈或交通屏障，加重了中心城区的交通压力，造成进出中心城区困难，不能及时疏散人流，造成交通效率低下，交通环境进一步恶化①。

4. 社会公共服务体系不匹配

国内新城区的发展历程表明，任何新城区都要经历一个社会功能逐渐完善和提升的过程，学校、医院、商场、游园绿地从无到有，从没有得到认可到成为知名社会服务机构等都需要一个过程。有城市专家预言：任何一个新开发的区域，前三年做市政配套，接下来五年做第一轮房地产开发，第二个五年继续开发、导入人口，再下一个五年，人口才会聚满。建新城要花 18 到 20 年的时间②。加之一些城市新区圈地范围较大，把周边许多农村区域涵盖在内，大

---

① 曲大义、王炜、王殿海等：《城市向郊区发展对中心区交通影响研究》，《城市规划》2001 年第 4 期。

② 王珏磊：《常州“鬼城”：造城运动导致新城区楼盘集中入住率极低，二三线城市地产经济再引质疑》，《时代周报》2013 年 1 月 31 日。

量的乡村人口未经职业和空间的转移，而只是因为所在地行政建制发生了变化，一夜之间变成了市镇人口。人口城市化的任务非常繁重，基础设施、城市管理和社会保障等差距很大，无法保证产城融合目标的实现。以郑州市东部新区为例，郑州新区范围内农村人口 57.8 万人，超过城市人口数量（52.2 万），农村人口转化安置为城市人口的压力很大，按照城市要求和标准需要增加的社会服务设施量很大。据调研，经过十年左右建设的郑州新区，除了中牟县原有的一些社会服务设施外，郑州新区文化、体育、医疗、教育和商业设施等体现城市功能的社会服务产业缺口依然很大。例如，郑州市共有 33 所重点小学，郑东新区仅有 5 所。高新技术产业开发区始建于 1988 年，1991 年获国务院批准为国家级高新技术产业开发区，到目前为止尚且没有一家市级医院，只有市级医院的分院，居民通常需要到中原区的一五三医院就诊。然而，高新技术产业开发区原规划面积 70 平方公里，建成区面积 30 平方公里，至今建成区面积已达到 110 平方公里。郑州市而言，普通小学数量、医疗卫生机构床位情况见表 14—1，由此可以看出，城市新增的道路面积逐渐增加，2014 年新增道路面积达到 337.6 万平方米，但与城市新增建成区面积远不能匹配。另外，普通小学数量逐年递减，医疗机构床位虽然数量每年有所增加，但与市区人口的增长幅度相比相差甚远，从 2006 年至 2014 年人口增长了近 200 万，床位仅增长了 2 万张左右，显然基础性公共服务设施建设与城市空间扩展的速度完全相脱节。

表 14—1　郑州市空间扩展与学校、医院建设情况比较

指标 年份	新增建成区 面积（km^2）	新扩建城市道 路面积（万 m^2）	普通小学 学校数（所）	年末全市卫生 机构拥有床位（张）	年末市区 人口（万人）
2006	28.20	244	1144	31827	724.3
2008	3.46	85	1045	38557	743.6
2010	0.61	105.2	1027	47074	866.1
2012	1.83	201.7	1010	57894	903.1
2014	3.00	337.6	935	74645	937.8

5. 城市生态环境

郑州市近年来建成区绿化覆盖率和人均公共绿地面积虽然呈逐年上升态

势，但截至 2014 年，作为国内知名绿城的郑州，建成区人均公共绿地只有 12. 25 m²，绿化覆盖率也只达到了 40. 2%，根据联合国环境与发展委员会公布的数据，城市的绿化覆盖率达到 50%才能改善生态环境，人均公共绿地面积达到 60 亩才适合居住。事实上西方许多城市达到了此标准：澳大利亚首都堪培拉人均占有绿地面积约 71 m²，波兰首都华沙人均占有绿地面积为 90 m²，美国华盛顿人均绿地面积接近 50 m²。因此，郑州市的绿地建设和发达国家还有不小的差距。

城市空间扩展后，由于中心城区外围空间资源特别是土地资源的有限性，大多新开发区域，尤其是居住小区呈现出高容积率和高建筑密度的“双高”现象，而绿色、自然、开敞空间反而呈下降态势，加上小汽车大量增加带来的尾气增加，导致新扩展空间环境污染严重。据统计，2006 年郑州市市区环境空气质量达到一二级天数有 325 天，2010 年有 318 天，2014 年仅有 163 天。

四、城市空间治理与优化的路径

1. 尽快构建城市空间从增量扩展到存量优化的新体制

城镇化是一个涉及经济发展、社会变迁、空间重构、文化传承的全面发展过程，改革开放以来，我国一直奉行加速、不平衡的城镇化模式。在获得社会经济快速发展的同时，也极大地消耗了环境和土地资源。随着城镇化水平的日益提升，人口、粮食、土地资源、环境等约束压力也在不断上升，可持续发展问题日益凸显，过去以工业化、以房地产驱动为主导的外延式城镇化道路已经走入末路。其背后的深层次原因是产业结构由低级向高级的转型升级。作为经济结构变化的空间反映，空间规划和管理也发生了相应的转型，即从增量规划和管理到存量规划和管理的改变。存量规划和管理体制应当是在限定总量的前提下解决建成区的各类现实问题，是经济方式由外延式转向内涵式、由粗放式转向集约式的必然要求，其本质是对已利用土地资源进行优化调整和再次利用,实现精明增长。这种转变意味着城市规划和管理机制已经进入了由“量”的扩张向“质”的提升的转型阶段,从大开大阖向精雕细琢提升。城镇化进程中城市功能延展形成了多种形式的新的城市空间,这些区域不仅聚集着我国外向型经济、战略性新兴产业,还形成了吸纳不同类型城市人口的新型城区。粗放式的空间改造,在空间扩展方面取得了一些成绩,也造成了城市空间增长治理的诸多问题。由空间增量到空间存量规划和管理时代的变迁,需要既有的法律法规、规划体系、技术方法、政策框架和管理体系作出重大的适应性变革。

2. 及时完善城市交通网络体系

城市开发优先开发交通道路,然后沿线布局开发小区,也就是交通先导的开发模式(TOD)。但对于快速开发的区域或者交通规划和建设无法跟上、适应城市发展的城市,必须采取多种途径及时完善交通网络体系,包括一般道路、高架道路、快速道路、地下道路(地铁、地下公路)等。以郑州市为例,为了解决城市扩展带来的交通问题,一是通过打通市区断头路、拓宽一些主干道缓解交通压力;二是把 107 国道东移,把原 107 道路拓宽,高架变成市区道路;三是构建了“一环(北三环—西三环—南三环—中州大道)两纵(京沙快速路、花园路—紫荆山路快速通道)三横(农业路、陇海路、建设路—金水路快速通道)”的高架快速网络;四是充分利用连霍高速和京珠高速公路,构建了环城高速路;五是规划和修建了地铁,目前,一二号线已经开通运营。郑州轨道线网共规划 17 条线路,将覆盖郑州新区、航空港区、荥阳—上街组团、新密、新郑和开封等地区。另外,郑州快速公交系统开始运营于 2009 年,目前,快速公交运营线路 39 条,包括二环主线、二环西延线、三环主线和 34 条支线。快速公交系统能够充分利用现有道路资源,对公共交通进行梳理和整合,为市民提供速度快、运量大、舒适、运行准点可靠的地面公共交通方式。

3. 通过产业重组与重构置换城市空间

产业是城市在特定时空背景下的产物,我国城市先后经历了从生产主导到生活主导的转型。以郑州为例,历史上以铁路枢纽城市起势,先后作为纺织产业基地、商贸城,如今先进制造业、航空物流成为主导。以商贸城建设时期为例,郑州仅建材市场便有41个,纺织服装市场27个,还有其他的箱包城、鞋城、小商品城及电子市场等,郑州中心城区共有177个商品批发市场。商贸批发成为郑州的一大支柱产业。但由于巨大的客流、车流、物流和相对较为落后、拥挤的经营业态,位于市区中心地段的批发市场给城市面貌和交通带来了不小的负面影响,也蕴藏着较大的安全隐患和风险。譬如郑州火车站集聚了锦荣商贸城、世贸商城、银基商贸城、天荣时装城等服装批发市场,以及金林市场、苑陵商场等小商场品城,由于这些市场和商场地理上过于集中,存在较大的治安、消防等隐患,也造成了交通阻塞等问题。为缓解交通压力,改善市场运营环境,为广大商户提供便捷的经营氛围,2015年郑州市政府下发了《关于加快推进中心城区市场外迁工作的实施意见》,明确提出中心城区177家商品交易批发市场外迁,计划今后四环内除规划的公益性农贸市场等,原则上不再新建商品交易批发市场和仓储物流项目。对于外迁市场而言,其实是一次涅槃的过程。按照郑州外迁规划,郑州市的177个批发市场将会按照行业属性分别打造建材、汽车、农产品、服装批发等10个市场集聚区。最终形成占地约54平方公里的"一区两翼",集中布局十大市场集聚区的批发市场分布格局。这是城市空间不断更新所必经的过程,当前郑州市正处于由传统商贸向现代服务业转型的特殊时期,与城市规划和城市发展不相协调的产业都要进行外迁,退出老城区。通过这种"腾笼换鸟"的方式,将较为先进的现代服务业引入主城区,以实现新老城区的产业重组及质量与城市的整体转型升级。

4. 加强社会公共服务体系的规划与建设

新城区居民大部分为外来移民(包括来自母城的人口),人口机械增长为主,暂住、流动人口比重大,居住人口不稳定,流动性强。新城区社会服务的需求呈现明显的阶段性:开发初期,由于条件所限,加之居民数量少,新城居民对环境和服务质量的要求不高,居民生活需求主要依靠母城解决;随着居民数量的增长,居民构成的复杂化和多元化,尤其是高素质、高收入人口比例的增加和影响力的增大,势必带来新区功能需求的增多和规模的扩大,促进新区城市功能自立化和系统化①。国内大部分城市新区建设时间短,社会服务的功能差距较大,今后一个较长时期还要把公共社会服务体系规划与建设作为提升城市功能的重要切入点。着重要做好以下几项工作:(1)高标准创新社会建设理念。城市新区社会事业发展既要强调均衡协调发展理念,更要按照新时期不同居民的现实需求创新社会建设理念。(2)制定和完善城市新区社会服务功能的行动纲领。国内城市可借鉴上海浦东新区和天津滨海新区的经验,制订城市新区社会发展计划,有步骤、有计划地系统完善新区社会服务功能。社会服务涉及不同层次人群,要注重针对性,从细微化服务入手,真正把我国城市新区打造成最适合人们生活居住的新型城市。(3)积极培育社会建设多元主体。政府、市场、社会是城市社会事业发展的不同主体,需要各方加强协同合作。一是深入推进政府职能转变。除最基本的公共服务由政府负责提供外,更多的是通过政府购买等方式向社会(非政府组织、中介机构和私人部门)转移,而政府更多的是加强对公共服务的监督职责。二是大力鼓励社会力量进入公共服务领域。有针对性地培育社会组织,大力扶持城市新区急需的社会组织,并健全其发展机制。在目前"小政府、大社会"的管理格局下,进一步推广"政社合作、政社互动"经验,通过优惠政策,吸引社会资本举办各类公共服务。(4)完善社会运作机制。良好的运作机制是社会事业持续有序发展的关键,城市新区要逐步形成"政府主导、社会参与、市场运作"的格局。为此,一是公共服务的提供要引入市场竞争机制和企业管理模式,提倡政府、企业和社会组织共同负责提供公共服务。新区要主动从"政社合作互动"的本土化机制向政府、企业、市场和社会融合发展的国际化运行机制转变。二是结合城市化不同阶段,完善城乡一体化运作机制。新区发展过程中要加大对覆盖的农村区域的财政投入力度,以统筹均衡发展为原则,完善在社会事业上的城乡一体化运作机制,从而加强社会事业资源均衡配置,提高全区居民公共服务的可及性。

① 邢海峰:《新城有机生长规划论》,吉林出版集团股份有限公司2016年版,第111—115页。

参考文献

一、中文文献

1. 阿尔弗雷德·韦伯:《工业区位论》,商务印书馆1997年版。

2. 艾定增:《古代城市模式对现代城市规划的影响——城市空间结构的跨文化研究》,《城市规划》1987年第3期。

3. 曹小曙、杨文越、黄晓燕:《基于智慧交通的可达性与交通出行碳排放——理论与实证》,《地理科学进展》2015年第4期。

4. 曹玉红、宋艳卿、朱胜清等:《基于点状数据的上海都市型工业空间格局研究》,《地理研究》2015年第9期。

5. 曾文、向梨丽、张小林:《南京市社区服务设施可达性的空间格局与低收入社区空间剥夺研究》,《人文地理》2017年第1期。

6. 柴彦威、肖作鹏、刘志林:《基于空间行为约束的北京市居民家庭日常出行碳排放的比较分析》,《地理科学》2011年第7期。

7. 钞小静、任保平:《中国经济增长结构与经济增长质量的实证分析》,《当代经济科学》2011年第6期。

8. 车前进、曹有挥、马晓冬:《基于分形理论的徐州城市空间结构演变研究》,《长江流域资源与环境》2010年第8期。

9. 陈宏刘、沛林:《风水的空间模式对中国传统城市规划的影响》,《城市规划》1995年第4期。

10. 陈秋晓、侯焱、吴霜:《机会公平视角下绍兴城市公园绿地可达性评价》,《地理科学》2016年第3期。

11. 陈菁、罗家添、吴端旺:《基于图谱特征的中国典型城市空间结构演变分析》,《地理科学》2011年第11期。

12. 承凤鹏:《毗邻城市空间协调发展研究》,郑州大学2013年硕士学位论文。

13. 程敏、连月娇:《基于改进潜能模型的城市医疗设施空间可达性——以上海市杨浦区为例》,《地理科学进展》2018 年第 2 期。

14. 邓智团、唐秀敏、但涛波:《城市空间扩展战略研究——以上海市为例》,《城市开发》2004 年第 5 期。

15. 邓羽、蔡建明、杨振山等:《北京城区交通时间可达性测度及其空间特征分析》,《地理学报》2012 年第 2 期。

16. 刁琳琳:《中国城市空间重构对经济增长的效应机制分析》,《中国人口·资源与环境》2010 年第 5 期。

17. 丁愫、陈报章:《城市医疗设施空间分布合理性评估》,《地球信息科学学报》2017 年第 2 期。

18. 樊纲、王小鲁、马光荣:《中国市场化进程对经济增长的贡献》,《经济研究》2011 年第 9 期。

19. 方创琳、鲍超、黄金川等:《中国城镇化发展的地理学贡献与责任使命》,《地理科学》2018 年第 3 期。

20. 房国坤、王咏、姚士谋:《快速城市化时期城市形态及其动力机制研究》,《人文地理》2009 年第 2 期。

21. 冯健、周一星:《中国城市内部空间结构研究进展与展望》,《地理科学进展》2003 年第 3 期。

22. 冯艳:《大城市都市区簇群式空间成长机理及结构模式研究》,华中科技大学 2012 年博士学位论文。

23. 高国力、张燕:《我国内陆地区对外开放的总体态势及推进思路》,《区域经济评论》2014 年第 4 期。

24. 高中岗:《试论工业化对城市发展的影响及其现实启示》,《城市规划学刊》1992 年第 6 期。

25. 顾朝林、庞海峰:《基于重力模型的中国城市体系空间联系与层域划分》,《地理研究》2008 年第 1 期。

26. 顾鸣东、尹海伟:《公共设施空间可达性与公平性研究概述》,《城市问题》2010 年第 5 期。

27. 管驰明、崔功豪:《公共交通导向的中国大都市空间结构模式探析》,《城市规划》2003 年第 10 期。

28. 郭鸿懋、江曼琦等:《城市空间经济学》,经济科学出版社 2002 年版。

29. 郭力:《中国大城市职住分离的成因及解决途径——以郑州市为例》,《城市问题》2016 年第 6 期。

30. 韩锋、张永庆、田家林:《生产性服务业集聚重构区域空间的驱动因素及作用路径》,

《工业技术经济》2015 年第 7 期。

31. 郝赤彪、杨禛:《空间句法理论在城市空间结构拓展中的运用——以青岛城市空间演变为例》,《上海城市管理》2017 年第 6 期。

32. 浩飞龙、王士君、谢栋灿等:《基于互联网地图服务的长春市商业中心可达性分析》,《经济地理》2017 年第 2 期。

33. 何兴邦:《城镇化对中国经济增长质量的影响——基于省级面板数据的分析》,《城市问题》2019 年第 1 期。

34. 胡瀚文、魏本胜、沈兴华:《上海市中心城区城市用地扩展的时空特征》,《应用生态学报》2013 年第 12 期。

35. 胡艳兴、潘竟虎、王怡睿:《基于 ESDA-GWR 的 1997—2012 年中国省域能源消费碳排放时空演变特征》,《环境科学学报》2015 年第 6 期。

36. 胡兆量、福琴:《北京人口的圈层变化》,《城市问题》1994 年第 4 期。

37. 华金秋、王媛:《深圳企业外迁现象透视》,《深圳大学学报(人文社会科学版)》2008 年第 3 期。

38. 侯松岩、姜洪涛:《基于城市公共交通的长春市医院可达性分析》,《地理研究》2014 年第 5 期。

39. 黄经南、高浩武、韩笋生:《道路交通设施便利度对家庭日常交通出行碳排放的影响——以武汉市为例》,《国际城市规划》2015 年第 3 期。

40. 黄添:《国外关于城市生态经济与城市内部空间结构的研究》,《华中师范学院学报(哲学社会科学版)》1984 年第 6 期。

41. 黄晓燕、刘夏琼、曹小曙:《广州市三个圈层社区居民通勤碳排放特征——以都府小区、南雅苑小区和丽江花园为例》,《地理研究》2015 年第 4 期。

42. 黄孝艳、陈阿林、胡晓明:《重庆市城市空间扩展研究及驱动力分析》,《重庆师范大学学报(自然科学版)》2012 年第 4 期。

43. 黄祖辉、邵峰、朋文欢:《推进工业化、城镇化和农业现代化协调发展》,《中国农村经济》2013 年第 1 期。

44. 姜博、初楠臣、孙雪晶:《哈大齐城市密集区空间经济联系测度及其动态演进规律》,《干旱区资源与环境》2015 年第 4 期。

45. 蒋冠、霍强:《中国城镇化与经济增长关系的理论与实证研究》,《工业技术经济》2014 年第 3 期。

46. 靳美娟、张志斌:《国内外城市空间结构研究综述》,《热带地理》2006 年第 2 期。

47. 井长青、张永福、杨晓东:《耦合神经网络与元胞自动机的城市土地利用动态演化模型》,《干旱区研究》2010 年第 6 期。

48. 冷智花、付畅俭:《工业化促进了城市扩张吗》,《经济学家》2016 年第 1 期。

49. 黎夏、杨青生、刘小平:《基于 CA 的城市演变的知识挖掘及规划情景模拟》,《中国科学(D 辑:地球科学)》2007 年第 9 期。

50. 黎夏、叶嘉安:《基于神经网络的单元自动机 CA 及真实和优化的城市模拟》,《地理学报》2002 年第 2 期。

51. 黎夏、叶嘉安:《基于元胞自动机的城市发展密度模拟》,《地理科学》2006 年第 2 期。

52. 黎夏、叶嘉安:《约束性单元自动演化 CA 模型及可持续城市发展形态的模拟》,《地理学报》1999 年第 4 期。

53. 黎夏、叶嘉安:《基于神经网络的元胞自动机及模拟复杂土地利用系统》,《地理研究》2005 年第 1 期。

54. 李健、卫平:《金融发展与全要素生产率增长?——基于中国省际面板数据的实证分析》,《经济理论与经济管理》2015 年第 8 期。

55. 李九全、潘秋玲:《中国城市地理学的又一学术新著——简评〈中国大都市的空间扩展〉》,《人文地理》1998 年第 4 期。

56. 李九全、王兴中:《中国内陆大城市场所的社会空间结构模式研究——以西安为例》,《人文地理》1997 年第 3 期。

57. 李明鸿、程华靖、张华友:《重庆市对外经济联系与地缘经济关系匹配分析》,《商业时代》2012 年第 8 期。

58. 李倩倩、刘怡君、牛文元:《城市空间形态和城市综合实力相关性研究》,《中国人口·资源与环境》2011 年第 1 期。

59. 李强、李新华:《新常态下经济增长质量测度与时空格局演化分析》,《统计与决策》2018 年第 13 期。

60. 李琬、但波、孙斌栋等:《轨道交通对出行方式选择的影响研究——基于上海市“80后”微观调查样本的实证分析》,《地理研究》2017 年第 5 期。

61. 李雅楠、王成新:《城市建设用地扩张与经济增长的动态关联研究——以山东省为例》,《华东经济管理》2018 年第 2 期。

62. 李峥嵘、柴彦威:《大连城市居民周末休闲时间的利用特征》,《经济地理》1999 年第 5 期。

63. 李志刚、吴缚龙:《转型期上海社会空间分异研究》,《地理学报》2006 年第 2 期。

64. 廖志强、江辉仙:《基于改进潜能模型的城市医院空间可达性研究——以福州市仓山区为例》,《福建师范大学学报(自然科学版)》2018 年第 1 期。

65. 梁海山、萨础日拉、张静:《基于 RS 和 GIS 的赤锡通地区中心城市空间扩展分析》,

《赤峰学院学报(自然科学版)》2018 年第 2 期。

66. 梁文婷:《同城化毗邻城市中辅城的空间扩展研究》,西北大学 2010 硕士学位论文。

67. 林勇、叶青、龙飞:《我国土地城镇化对经济效率的影响》,《城市问题》2014 年第 5 期。

68. 刘秉镰、武鹏、刘玉海:《交通基础设施与中国全要素生产率增长——基于省域数据的空间面板计量分析》,《中国工业经济》2010 年第 3 期。

69. 刘承良、熊剑平、张红:《武汉都市圈城镇体系空间分形与组织》,《城市发展研究》2007 年第 1 期。

70. 刘常富、李小马、韩东:《城市公园可达性研究——方法与关键问题》,《生态学报》2010 年第 19 期。

71. 刘少坤、关欣、王彬武等:《基于 GIS 的城市医疗资源可达性与公平性评价研究》,《中国卫生事业管理》2014 年第 5 期。

72. 刘芳、钟太洋:《城市人口规模、空间扩张与人均公共财政支出——基于全国 285 个城市面板数据分析》,《地域研究与开发》2019 年版。

73. 刘玲玲:《基于城市空间重构对经济增长的效应机制的探讨》,《生产力研究》2012 年第 6 期。

74. 刘荣增、何春:《城市扩张对经济效率的影响》,《城市问题》2017 年第 12 期。

75. 刘荣增、王淑华:《城市新区的产城融合》,《城市问题》2013 年第 6 期。

76. 刘荣增:《基于存量优化的城市空间治理与再组织——以郑州市为例》,《城市发展研究》2017 年第 9 期。

77. 刘小平、黎夏、彭晓鹃:《“生态位”元胞自动机在土地可持续规划模型中的应用》,《生态学报》2007 年第 6 期。

78. 刘小平、黎夏、叶嘉安:《利用蚁群智能挖掘地理元胞自动机的转换规则》,《中国科学(D 辑:地球科学)》2007 年第 6 期。

79. 刘小平、黎夏:《从高维特征空间中获取元胞自动机的非线性转换规则》,《地理学报》2006 年第 6 期。

80. 刘修岩、李松林、秦蒙:《城市空间结构与地区经济效率——兼论中国城镇化发展道路的模式选择》,《管理世界》2017 年第 1 期。

81. 刘艳军、李诚固、徐一伟:《城市产业结构升级与空间结构形态演变研究——以长春市为例》,《人文地理》2007 年第 4 期。

82. 刘雨平:《地方政府行为驱动下的城市空间演化及其效应研究》,南京大学 2013 年博士学位论文。

83. 刘增、陈敏生、户国栋等:《专业市场主导下的地方产业集群研究——浙江省余姚市塑料产业集群发展路径和竞争优势探析》,《北京大学研究生学志》2017 年第 1 期。

84. 柳泽、杨宏宇、熊维康等:《基于改进两步移动搜索法的县域医疗卫生服务空间可达性研究》,《地理科学》2017 年第 5 期。

85. 龙花楼:《论土地整治与乡村空间重构》,《地理学报》2013 年第 8 期。

86. 陆大道:《关于加强地缘政治地缘经济研究的思考》,《地理学报》2013 年第 6 期。

87. 马歇尔:《经济学原理》,中国社会科学出版社 2007 年版。

88. 马学广、王爱民、闫小培:《城市空间重构进程中的土地利用冲突研究——以广州市为例》,《人文地理》2010 年第 3 期。

89. 满洲、赵荣钦、袁盈超等:《城市居住区周边土地混合度对居民通勤交通碳排放的影响——以南京市江宁区典型居住区为例》,《人文地理》2018 年第 1 期。

90. 毛伟:《城市建设用地扩张与经济增长效率关系的动态分析》,《贵州财经大学学报》2015 年第 4 期。

91. 孟德友、陆玉麒:《基于引力模型的江苏区域经济联系强度与方向》,《地理科学进展》2009 年第 5 期。

92. 牟凤云、张增祥:《城市空间形态定量化研究进展》,《水土保持研究》2009 年第 5 期。

93. 欧阳杰、李旭宏:《城域 · 市域 · 区域——以京津城市空间结构的演变为例》,《规划师》2007 年第 10 期。

94. 潘海啸、汤諹、吴锦瑜、卢源、张仰斐:《中国"低碳城市"的空间规划策略》,《城市规划学刊》2008 年第 6 期。

95. 彭宇文、谭凤连、谌岚、李亚诚:《城镇化对区域经济增长质量的影响》,《经济地理》2017 年第 8 期。

96. 齐康:《城市的形态(研究提纲初稿)》,《城市规划》1982 年第 6 期。

97. 乔纪纲、刘小平、张亦汉:《基于 LiDAR 高度纹理和神经网络的地物分类》,《遥感学报》2011 年第 3 期。

98. 秦波、田卉:《社区空间形态类型与居民碳排放——基于北京的问卷调查》,《城市发展研究》2014 年第 6 期。

99. 秦玉:《基于 GIS 的空间相互作用理论与模型研究》,同济大学 2008 年硕士学位论文。

100. 邱士可、李世杰、王鑫:《河南省中部城市群空间整合与郑汴许近域城市发展》,《地域研究与开发》2017 年第 6 期。

101. 邱小云、彭迪云:《苏区振兴视角下产业转移、产业结构升级和经济增长——来自于赣州市的经验证据》,《福建论坛(人文社会科学版)》2018 年第 2 期。

102. 曲岩、王前:《城市扩张、城镇化与经济增长互动关系的动态分析》,《大连理工大学学报(社会科学版)》2015 年第 4 期。

103. 饶会林:《试论城市空间结构的经济意义》,《中国社会科学》1985 年第 2 期。

104. 荣培君、张丽君、杨群涛等:《中小城市家庭生活用能碳排放空间分异——以开封市为例》,《地理研究》2016 年第 8 期。

105. 尚娟、曾思鑫、王卓:《西部地区城镇化进程与产业生产效率关系的实证研究》,管理科学与工程学会 2016 年年会论文集。

106. 邵晓梅、刘庆、张衍毓:《土地集约利用的研究进展及展望》,《地理科学进展》2006 年第 2 期。

107. 申犁帆、王烨、张纯等:《轨道站点合理步行可达范围建成环境与轨道通勤的关系研究——以北京市 44 个轨道站点为例》,《地理学报》2018 年第 12 期。

108. 石崧:《城市空间结构演变的动力机制分析》,《城市规划汇刊》2004 年第 1 期。

109. 宋明顺、张霞、易荣华、朱婷婷:《经济发展质量评价体系研究及应用》,《经济学家》2015 年第 2 期。

110. 宋正娜、陈雯、车前进等:《基于改进潜能模型的就医空间可达性度量和缺医地区判断——以江苏省如东县为例》,《地理科学》2010 年第 2 期。

111. 孙斌栋、王旭辉、蔡寅寅:《特大城市多中心空间结构的经济绩效——中国实证研究》,《城市规划》2015 年第 8 期。

112. 孙利娟、邢小军、周德群:《熵值赋权法的改进》,《统计与决策》2010 年第 21 期。

113. 孙瑜康、吕斌、赵勇健:《基于出行调查和 GIS 分析的县域公共服务设施配置评价研究——以德兴市医疗设施为例》,《人文地理》2015 年第 3 期。

114. 谭雪兰、欧阳巧玲、江喆:《基于 RS/GIS 的长沙市城市空间扩展及影响因素》,《经济地理》2017 年第 3 期。

115. 汤黎明:《城乡规划导论》,中国建筑工业出版社 2012 年版。

116. 汤鹏飞、向京京、罗静等:《基于改进潜能模型的县域小学空间可达性研究——以湖北省仙桃市为例》,《地理科学进展》2017 年第 6 期。

117. 陶卓霖、程杨、戴特奇等:《公共服务设施空间可达性评价中的参数敏感性分析》,《现代城市研究》2017 年第 3 期。

118. 唐子来、顾姝:《上海市中心城区公共绿地分布的社会绩效评价:从地域公平到社会公平》,《城市规划学刊》2015 年第 2 期。

119. 唐子来、顾姝:《再议上海市中心城区公共绿地分布的社会绩效评价:从社会公平到社会正义》,《城市规划学刊》2016 年第 1 期。

120. 田红兰、郑林、匡伟:《南昌市对外经济联系量与地缘经济关系匹配动态演进研究》,《江西科学》2017 年第 5 期。

121. 田莉、王博祎、欧阳伟等:《外来与本地社区公共服务设施供应的比较研究——基于空间剥夺的视角》,《城市规划》2017 年第 3 期。

122. 王甫园、王开泳、陈田、李萍:《城市生态空间研究进展与展望》,《地理科学进展》2017 年第 2 期。

123. 王鹤:《城市化进程中体育产业的消费发展研究——以武汉市为例》,《中国商论》2018 年第 2 期。

124. 王宏光、杨永春、刘润等:《城市工业用地置换研究进展》,《现代城市研究》2015 年第 3 期。

125. 王厚军、李小玉、张祖陆:《1979—2006 年沈阳市城市空间扩展过程分析》,《应用生态学报》2008 年第 12 期。

126. 王慧芳、周恺:《2003—2013 年中国城市形态研究评述》,《地理科学进展》2014 年第 5 期。

127. 王娟:《基于村民视角的郑州城中村改造后评价研究》,华南理工大学 2018 年博士学位论文。

128. 王劲峰、徐成东:《地理探测器:原理与展望》,《地理学报》2017 年第 1 期。

129. 王莉、宗跃光、曲秀丽:《大都市双核廊道结构空间增长过程研究——以美国华盛顿—巴尔的摩地区为例》,《人文地理》2006 年第 1 期。

130. 王新生、刘纪远、庄大方:《中国特大城市空间形态变化的时空特征》,《地理学报》2005 年第 3 期。

131. 王兴中、王立、谢利娟等:《国外对空间剥夺及其城市社区资源剥夺水平研究的现状与趋势》,《人文地理》2008 年第 6 期。

132. 王兴中:《后工业化大城市内部经济空间结构和演化主导本质》,《人文地理》1989 年第 2 期。

133. 魏敏、李书昊:《新常态下中国经济增长质量的评价体系构建与测度》,《经济学家》2018 年第 4 期。

134. 翁发春:《交通建设对城市空间扩展的影响》,《城市研究》1996 年第 5 期。

135. 吴缚龙:《应开展我国城市空间结构的实证研究》,《城市规划》1990 年第 6 期。

136. 吴启焰、陈辉:《城市空间形态的最低成本—周期扩张规律——以昆明为例》,《地理研究》2012 年第 3 期。

137. 吴启焰:《从集聚经济看城市空间结构》,《人文地理》1998 年第 1 期。

138. 吴瑞坚:《网络化治理视角下的协调机制研究——以广佛同城化为例》,《城市发展研究》2014 年第 1 期。

139. 吴文俊、蒋洪强、段扬等:《基于环境基尼系数的控制单元水污染负荷分配优化研究》,《中国人口·资源与环境》2017 年第 5 期。

140. 吴志强、李德华:《城市规划原理》,中国建筑工业出版社 2010 年版。

141. 吴健生、司梦林、李卫锋:《供需平衡视角下的城市公园绿地空间公平性分析——以深圳市福田区为例》,《应用生态学报》2016 年第 9 期。

142. 夏保林:《郑汴区域城市空间扩展及调控研究》,河南大学 2010 年博士学位论文。

143. 肖锦成、欧维新:《城乡统筹下的城市与乡村空间重构研究——以宿迁市为例》,《中国土地科学》2013 年第 2 期。

144. 谢波、颜亚如:《昆明对周边城市外联经济量与地缘经济关系匹配研究》,《人文地理》2016 年第 2 期。

145. 谢宏、李颖灏、韦有义:《浙江省特色小镇的空间结构特征及影响因素研究》,《地理科学》2018 年第 8 期。

146. 谢守红、王平、周驾易:《长三角专业市场发展评价与空间差异》,《经济地理》2015 年第 12 期。

147. 徐昀:《城市空间演变与整合》,东南大学出版社 2011 年版。

148. 徐维祥、陈斌、李一曼:《基于陆路交通的浙江省城市可达性及经济联系研究》,《经济地理》2013 年第 12 期。

149. 徐昔保、杨桂山、张建明:《基于神经网络 CA 的兰州城市土地利用变化情景模拟》,《地理与地理信息科学》2008 年第 6 期。

150. 徐雪梅、王燕:《城市化对经济增长推动作用的经济学分析》,《城市发展研究》2004 年第 11 期。

151. 徐勇、段健、徐小任:《区域多维发展综合测度方法及应用》,《地理学报》2016 年第 12 期。

152. 许学强、叶嘉安:《我国城市化的省际差异》,《地理学报》1986 年第 1 期。

153. 许基伟、方世明、刘春燕:《基于 G2SFCA 的武汉市中心城区公园绿地空间公平性分析》,《资源科学》2017 年第 3 期。

154. 杨俊宴、吴浩、金探花:《中国新区规划的空间形态与尺度肌理研究》,《国际城市规划》2017 年第 2 期。

155. 杨立国:《怀化城市形态演变特征及影响因素研究》,《湖南师范大学学报》2008 年第 5 期。

156. 杨荣南、张雪莲:《城市空间扩展的动力机制与模式研究》,《地域研究与开发》1997 年第 2 期。

157. 杨文越、曹小曙:《居住自选择视角下的广州出行碳排放影响机理》,《地理学报》

2018年第2期。

158. 杨文越、李涛、曹小曙:《广州市社区出行低碳指数格局及其影响因素的空间异质性》,《地理研究》2015年第8期。

159. 杨显明、焦华富、许吉黎:《不同发展阶段煤炭资源型城市空间结构演化的对比研究——以淮南、淮北为例》,《自然资源学报》2015年第1期。

160. 杨永春:《中国模式:转型期混合制度“生产”了城市混合空间结构》,《地理研究》2015年第11期。

161. 叶初升、李慧:《增长质量是经济新常态的新向度》,《新疆师范大学学报(哲学社会科学版)》2015年第6期。

162. 衣保中、王志辉、李敏:《如何发挥区域产业集群和专业市场的作用——以义乌产业集群与专业市场联动升级为例》,《管理世界》2017年第9期。

163. 尹海伟、孔繁花、宗跃光:《城市绿地可达性与公平性评价》,《生态学报》2008年第7期。

164. 余丽生、陈优芳、冯健:《浙江省企业外迁现象剖析》,《经济研究参考》2006年第4期。

165. 尹长林、张鸿辉、游胜景:《元胞自动机城市增长模型的空间尺度特征分析》,《测绘科学》2008年第5期。

166. 余勤飞、侯红、吕亮卿等:《工业企业搬迁及其对污染场地管理的启示——以北京和重庆为例》,《城市发展研究》2010年第11期。

167. 喻燕、卢新海:《建设用地对二三产业增长贡献定量研究——武汉实证》,《地域研究与开发》2010年第3期。

168. 袁媛、吴缚龙、许学强:《转型期中国城市贫困和剥夺的空间模式》,《地理学报》2009年第6期。

169. 岳朝龙、谢鹏、李丹丹:《基于熵值法的长三角地区城市综合竞争力评价》,《安徽工业大学学报(自然科学版)》2018年第3期。

170. 岳雪莲、刘冬媛:《新型城镇化与经济增长质量的协调性研究——基于桂、黔、滇三省(区)2009—2015年的数据》,《广西社会科学》2017年第5期。

171. 曾文、向梨丽、李红波等:《南京市医疗服务设施可达性的空间格局及其形成机制》,《经济地理》2017年第6期。

172. 詹新宇、崔培培:《中国省际经济增长质量的测度与评价——基于“五大发展理念”的实证分析》,《财政研究》2016年第8期。

173. 詹云军、黄解军、吴艳艳:《基于神经网络与元胞自动机的城市扩展模拟》,《武汉理工大学学报》2009年第1期。

174. 张基凯、吴群、黄秀欣:《耕地非农化对经济增长贡献的区域差异研究——基于山东省 17 个地级市面板数据的分析》,《资源科学》2010 年第 5 期。

175. 张京祥、吴缚龙、马润潮:《体制转型与中国城市空间重构——建立一种空间演化的制度分析框架》,《城市规划》2008 年第 6 期。

176. 张京祥、邹军、吴启焰、陈小卉:《论都市圈地域空间的组织》,《城市规划》2001 年第 5 期。

177. 张京祥:《新时期县域规划的基本理念》,《城市规划》2000 年第 9 期。

178. 张俊:《沈阳、本溪一体化的思考》,沈阳市科学技术协会,2008 年。

179. 张敏、陈锐、李宁秀:《中国公共卫生财政资源分配公平性研究——基于社会剥夺的视角》,《公共管理学报》2009 年第 6 期。

180. 张庭伟:《1990 年代中国城市空间结构的变化及其动力机制》,《城市规划》2001 年第 7 期。

181. 张卫民:《基于熵值法的城市可持续发展评价模型》,《厦门大学学报(哲学社会科学版)》2004 年第 2 期。

182. 张文尝、金凤君、樊杰:《交通经济带》,科学出版社 2002 年版。

183. 张学波、武友德:《地缘经济关系测度与分析的理论方法探讨》,《地域研究与开发》2006 年第 4 期。

184. 张纯、李晓宁、满燕云:《北京城市保障性住房居民的就医可达性研究——基于 GIS 网络分析方法》,《人文地理》2017 年第 2 期。

185. 章雨晴、甄峰、常恩予:《基于企业综合效益评价的城市土地集约利用研究——以张家港市为例》,《人文地理》2016 年第 6 期。

186. 赵弘:《总部经济新论:城市转型升级的新动力》,东南大学出版社 2014 年版。

187. 赵金丽、张璐璐、宋金平:《京津冀城市群城市体系空间结构及其演变特征》,《地域研究与开发》2018 年第 2 期。

188. 赵晶、陈华根、许惠平:《元胞自动机与神经网络相结合的土地演变模拟》,《同济大学学报(自然科学版)》2007 年第 8 期。

189. 赵娟、石培基、朱国锋:《西部地区对外开放度的测算与比较研究》,《世界地理研究》2016 年第 4 期。

190. 赵可、张炳信、张安录:《经济增长质量影响城市用地扩张的机理与实证》,《中国人口·资源与环境》2014 年第 10 期。

191. 赵可、徐唐奇、张安录:《城市用地扩张、规模经济与经济增长质量》,《自然资源学报》2016 年第 3 期。

192. 赵莉、杨俊、李闯:《地理元胞自动机模型研究进展》,《地理科学》2016 年第 8 期。

193. 赵亚莉、刘友兆:《我国城市建成区扩张特征及其动因》,《城市问题》2014 年第 6 期。

194. 郑德高:《空间经济学视角下的城市空间结构变迁》,《城市规划》2009 年第 4 期。

195. 郑国、邱士可:《转型期开发区发展与城市空间重构——以北京市为例》,《地域研究与开发》2005 年第 6 期。

196. 周彬、周彩:《土地财政、产业结构与经济增长——基于 284 个地级以上城市数据的研究》,《经济学家》2018 年第 5 期。

197. 周春山、叶昌东:《中国城市空间结构研究评述》,《地理科学进展》2013 年第 7 期。

198. 周丽:《城市发展轴与城市地理形态》,《经济地理》1986 年第 3 期。

199. 周素红、宋江宇、宋广文:《广州市居民工作日小汽车出行个体与社区双层影响机制》,《地理学报》2017 年第 8 期。

200. 周玉杰、靳风攒、高玉荣:《开封市城市空间扩展及其驱动力分析》,《测绘地理信息》2015 年第 4 期。

201. 钟少颖、杨鑫、陈锐:《层级性公共服务设施空间可达性研究——以北京市综合性医疗设施为例》,《地理研究》2016 年第 4 期。

202. 朱海光、周舫:《企业搬迁改造:城市规划建设中的新课题》,《现代城市研究》1995 年第 1 期。

203. 朱文一:《一种研究城市建设中空间形态理论发展演变的方法》,《人文地理》1990 年第 4 期。

204. 邹薇、刘红艺:《城市扩张对产业结构与经济增长的空间效应——基于空间面板模型的研究》,《中国地质大学学报(社会科学版)》2014 年第 3 期。

二、英文文献

1. Abdullah J.,"City Competitiveness and Urban Sprawl: Their Implications to Socio-Economic and Cultural Life in Malaysian Cities", *Procedia-Social and Behavioral Sciences*, Vol.50, No.2(2012).

2. Ademola K Braimoh, Takashi Onishi,"Spatial determinants of urban land use change Policy", *Egypt Computers. Environment and Urban Systems*, Vol.24, No.9(2007).

3. Ahern A., Vega A., Caulfield B.,"Deprivation and access to work in Dublin city: The impact of transport disadvantage", *Research in Transportation Economics*, Vol.57, No.6(2016).

4. Alexander R., Christian H.R., Joachim S.,"GHG emissions in daily travel and long-distance travel in Germany-Social and spatial correlates", *Transportation Research Part D*, Vol.49, No.9(2016).

5. Amin A., Thrift N., Globalization, *Institutions, and Eegional Development in Europe*, Oxford: Oxford University Press, 1994.

6. Arsanjani. "Integration of logistic regression, Markov chain and cellular automata: models to simulate urban expansion", *International Journal of Applied Earth Observation & Geoinformation*, Vol.21, No.1(2013).

7. Bach L., "Locational models for systems of private and public facilities based onconcepts of accessibility and access opportunity", *Environment and Planning A*, Vol.12, No.3(1980).

8. Baiocchi G., Creutzig F., Minx J., et al., "A spatial typology of human settlements and their CO_2, emissions in England", *Global Environmental Change*, Vol.34, No.9(2015).

9. Baschak L.A., "An ecological framework for the planning design and management of urban river greenways", *Landscape and Urban Planning*, Vol.32, No.1(1995).

10. Batty M., Xie Y., "From cells to cities", *Environment and Planning B*, Vol.21, No.7 (1994).

11. Berger A.R., Hodge R.A., "Natural Change in the Environment: A Challenge to the Pressure-State-Response Concept", *Social Indicators Research*, Vol.44, No.2(1998).

12. Bertinelli L., Black D., "Urbanization and growth", *Journal of Urban Economics*, Vol.56, No.1(2004).

13. Britton J.N.H., "Network Structure of an Industrial Cluster: Electronics in Toronto", *Environment & Planning A*, Vol.35, No.6(2003).

14. Burger M. J., Goei B. D., Laan L. V. D., et al., "Heterogeneous development of metropolitan spatial structure: Evidence from commuting patterns in English and Welsh city-regions, 1981-2001", *Cities*, Vol.28, No.2(2011).

15. DoxiadisC.A., "Man's movement and his settlements?", *International Journal of Environmental Studies*, Vol.1, No.1(1970).

16. Cabrera-Barona P., Blaschke T., Gaona G., "Deprivation, healthcare accessibility and satisfaction: Geographical context and scale implications", *Applied Spatial Analysis & Policy*, No. 11(2018).

17. Camagni R., Gibelli M.C., Rigamonti P., "Urban mobility and urban form: The social and environmental costs of different patterns of urban expansion", *Ecological Economics*, Vol.40, No.2 (2002).

18. Cao X.S., Yang W.Y., "Examining the effects of the built environment and residential self-selection on commuting trips and the related CO_2 emissions: An empirical study in Guangzhou, China", *Transportation Research Part D*, Vol.52, No.3(2017).

19. Carrier M., Apparicio P., Séguin A., "Road traffic noise in montreal and environmental equity: What is the situation for the most vulnerable population groups", *Journal of Transport Geography*, Vol.51(2016).

20. Cervero R., Gorham R., "Commuting in transit versus automobile neighborhoods", *Journal of the American Planning Association*, Vol.61, No.2(1995).

21. Cervero R., Kockelman K., "Travel demand and the 3Ds: Density, diversity, and design", *Transportation Research Part D Transport & Environment*, Vol.2, No.3(1997).

22. Cheng G., Zeng X., Duan L., et al., "Spatial difference analysis for accessibility to high level hospitals based on travel time in Shenzhen, China", *HabitatInternational*, Vol.53(2016).

23. Clark T. N., Southerland L., "Regime Politics: Governing Atlanta, 1946 - 1988. by Clarence N.Stone", *American Journal of Sociology*, Vol.84, No.3(1989).

24. Copeland B.R., Taylor M.S., "Trade, Growth, and the Environment", *Journal of Economic Literature*, Vol.42, No.1(2004).

25. Coward S. N., Williams D., "Landsat and Earth Systems Science: development of terrestrial monitoring", *Photogrammetric Engineering and Remote Sensing*, Vol.63, No.2(1997).

26. Dadashpoor H., Rostami F., Alizadeh B., "Is inequality in the distribution of urbanfacilities inequitable? Exploring a method for identifying spatial inequity in anIranian city", *Cities*, Vol.52(2016).

27. De Almeida E.T., Roberta D.M.R., "Labor pooling as an agglomeration factor: Evidence from the Brazilian Northeast in the 2002—2014 period", *Economic*, Vol.19, No.2(2018).

28. Denant-Boemont L., Gaigné, Carl, Gaté, Romain, "Urban spatial structure, transport-related emissions and welfare", *Journal of Environmental Economics and Management*, Vol.89, No.2 (2018).

29. Evans A. W., *Economics real estate & the supply of land*, America, Blackwell publishing, 2004.

30. Ewing R., "Travel and the built environment: A synthesis", *Transportation Research Record*, Vol.1780, No.1(2001).

31. Fahui W., "Measurement, Optimization, and Impact of Health Care Accessibility: A Methodological Review", *Ann Assoc Am Geogr*, Vol.102, No.5(2012).

32. Form W.H., "The place of social structure in the determination of land use", *Social Forces*, VOL.32, No.4(1954).

33. Fremstad A., Underwood A., Zahran S., "The Environmental Impact of Sharing: Household and Urban Economies in CO_2 Emissions", *Ecological Economics*, Vol. 145, No. 9

(2018).

34. Frideman J. R., *Urbanization, Planning and National Development*, Sage Publication, 1973.

35. Guagliardo M. F., " Spatial accessibility of primary care: concepts, methods andchallenges". *International Journal of Health Geographics*, Vol.3, No.1(2004).

36. Masek J.G., Lindsay F.E., Goward S.N., "Dynamics of urban growth in the Washington DC metropolitan area, 1973－1996, from Landsat observation", *International Journal of Remote sensing*, Vol.21, No.18(2000).

37. Heinonen J., Jalas M., Juntunen J.K., et al., "Situated lifestyles: I. How lifestyles change along with the level of urbanization and what the greenhouse gas implications are—a study of Finland", *Environmental Research Letters*, Vol.8, No.2(2013).

38. Heinonen J., Jalas M., Juntunen J.K., et al., "Situated lifestyles: Ⅱ. The impacts of urban density, housing type and motorization on the greenhouse gas emissions of the middle¯income consumers in Finland", *Environmental Research Letters*, Vol.8, No.3(2013) .

39. Holtzclaw J., *Using residential patterns and transit to decrease auto dependence and costs.* San Francisco, CA: Natural Resources Defense Council, 1994.

40. Jabbari M., Fonseca F., Ramos R., "Combining multi－criteria and space syntax analysis to assess a pedestrian network: the case of Oporto", *Journal of Urban Design*, Vol. 23, No. 1 (2018).

41. Jain D., Tiwari G., "How the present would have looked like? Impact of non－motorized transport and public transport infrastructure on travel behavior, energy consumption and CO_2, emissions- Delhi, Pune and Patna", *Sustainable Cities & Society*, Vol.22, No.9(2016).

42. Jones C., Kammen D.M., "Spatial distribution of U.S.household carbon footprints reveals suburbanization undermines greenhouse gas benefits of urban population density", *Environmental Science & Technology*, Vol.48, No.2(2014).

43. Joseph A.E., Bantock P.R., *Measuring potential physical accessibility to general practitioners in rural areas: a method and case study*, Williams & Wilkins and Associates Pty, 1982.

44. Wu J.J., "Environmental amenities, urban sprawl, a community characteristics", *Journal Of Environmental Economics and Management*, Vol.52, No.2(2006).

45. Kessides C., "The Urban Transition in Sub－Saharan Africa: Implications for Economic Growth and Poverty Reduction", *Urban Development Unit, The World Bank*, Vol.10, No.5(2005).

46. Kotus J., "Changes in the spatial structure of a large Polish city－The case of Poznań", *Cities*, Vol.23, No.5(2006).

47. Law C.K., Snider A.M., De L.D., "The influence of deprivation on suicide mortality in urban and rural Queensland: An ecological analysis", *Social Psychiatry & Psychiatric Epidemiology*, Vol.49, No.12(2014).

48. Lee S., Lee B., "The influence of urban form on GHG emissions in the U.S. household sector", *Energy Policy*, Vol.68, No.1(2014).

49. Leorey O.M., Nariidac S., "A framework for linking urbanform and air quality", *Environmental Modelling & Software*, Vol.14, No.6(1999).

50. Li H., Liu Y., "Neighborhood socioeconomic disadvantage and urban public green spaces availability: A localized modeling approach to inform land use policy", *Land Use Policy*, Vol.57, No.6(2016).

51. Lopez E., BoeeoG., MendozaM., Duhau E., "Predicting land cover and land use change in the urban fringe: A case in Morelia city, Mexico", *Landscape and Urban Planning*, Vol.55 (2001).

52. Ma J., Zhou S.H., Mitchell G., "CO_2 emission from passenger travel in Guangzhou, China: A small area simulation", *Applied Geography*, Vol.98, No.7(2018).

53. Ma J., Mitchell G., Heppenstall A., "Exploring transport carbon futures using population microsimulation and travel diaries: Beijing to 2030", *Transport Research Part D*, Vol.37, No.5 (2015).

54. Mankiw N.G., Romer D., Weil D.N., "A Contribution to the Empirics of Economic Growth". *NBER Working Papers*, Vol.107, No.2(1990).

55. Melamid A., Thunen .J H.V., Wartenberg C.M., et al., "Von Thunen's Isolated State: An English Edition of Der Isolierte Staat", *Geographical Review*, Vol.57, No.4(1967).

56. Muñiz I., Sánchez V., "Urban Spatial Form and Structure and Greenhouse-gas Emissions From Commuting in the Metropolitan Zone of Mexico Valley", *Ecological Economics*, Vol.147, No.2(2018).

57. Neutens T. "Accessibility, equity and health care: review and research directions for transport geographers", *Journal of Transport Geography*, Vol.43, No.2(2015).

58. Ngom R., Gosselin P., Blais C., "Reduction of disparities in access to green spaces: Their geographic insertion and recreational functions matter", *Applied Geography*, Vol.66(2016).

59. Niggebrugge A., Haynes R., Jones A., et al., "The index of multiple deprivation 2000 access domain: A useful indicator for public health", *Social Science & Medicine*, Vol.60, No.12 (2005).

60. Niu K., "Industrial cluster involvement and organizational adaptation", *Competitiveness*

Review An International Business Journal Incorporating Journal of Global Competitiveness, Vol.20, No.5(2010).

61. Omer I.,"Evaluating accessibility using house-level data: A spatial equityperspective", *Computers Environment & Urban Systems*, Vol.30, No.3(2006).

62. Ortega E., López E., Monzón A.,"Territorial cohesion impacts of high-speed rail atdifferent planning levels", *Journal of Transport Geography*, Vol.24, No.4(2012).

63. Padmore T., Gibson H.,"Modelling systems of innovation: Ⅱ. A framework for industrial cluster analysis in regions", *Research Policy*, Vol.26, No.6(1998).

64. Pearce J.R., Richardson E.A., Mitchell R.J., et al.,"Environmental justice and health: A study of multiple environmental deprivation and geographical inequalities in health in New Zealand", *Social Science & Medicine*, Vol.73, No.3(2011).

65. Perroux F.," Economic Space. Theory and Applications ", *Quarterly Journal of Economics*, Vol.64, No.1(1950).

66. Reinaldo Paul Pérez Machado、Violêta Saldanha Kubrusly、Ligia Vizeu Barrozo 等:《圣保罗大都市区社会空间分异研究——多元统计方法在城市连绵区的应用》,《地理研究》2016 年第 7 期。

67. Reggiani A., Bucci P., Russo G.,"Accessibility and Impedance Forms: Empirical Applications to the German Commuting Networks", *International Regional Science Review*, Vol.34, No.2(2011).

68. Walker R.,"South Florida: The reality of change and the prospects for sustainability", *Ecological Economics*, Vol.37, No.3(2001).

69. Rong P.J., Zhang L.J., Qin Y.C., et al.,"Spatial differentiation of daily travel carbon emissions in small- and medium-sized cities: An empirical study in Kaifeng, China", *Journal of Cleaner Production*, Vol.197, No.6(2018).

70. Rosa D.L., Riccardo P., Barbarossa L., et al.,"Assessing spatial benefits of urban regeneration programs in a highly vulnerable urban context: A case study in Catania, Italy", *Landscape & Urban Planning*, Vol.157(2017).

71. Rytkönen M., Rusanen J., Näyhä S.,"Small-area variation in mortality in the city of Oulu, Finland, during the period 1978—1995", *Health & Place*, Vol.7, No.2(2001).

72. SchultzC.L., Wilhelm StanisS.A., Sayers S.P., et al.,"A longitudinal examination of improved access on park use and physical activity in a low-income and majority African American neighborhood park", *Preventive Medicine*, Vol.95(2017).

73. Scott J.,"Industrialization and Urbanization: A Geographical Agenda", *Annals of the As-*

sociation of American Geographers, Vol.76, No.1(1986).

74. Shi K., Chen Y., Li L., et al., "Spatiotemporal variations of urban CO_2 emissions in China: A multiscale perspective", *Applied Energy*, Vol.211, No.12(2018).

75. Siegel M., Koller D., Vogt V., et al., "Developing a composite index of spatialaccessibility across different health care sectors: A German example", *HealthPolicy*, Vol.120, No.2(2016).

76. Stern D.I., "The rise and fall of the environmental Kuznets curve", *World Development*, Vol .32, No.8(2004).

77. Stern P.C., Young O.R., Druckman D., "Global Environmental Change: understanding the Human Dimensions ", *National Research*, No.1(1993).

78. Su S., Pi J., Xie H., et al., "Community deprivation, walkability, and public health: highlighting the social inequalities in land use planning for health promotion", *Land Use Policy*, Vol. 67, No.9(2017).

79. Teitz M.B., "Toward a Theory of Urban Public Facility Location", *Papers in Regional Science*, Vol.21, No.1(1968).

80. Tirumalachetty S., Kockelman K. M., Nichols B. G., "Forecasting greenhouse gas emissions from urban regions: microsimulation of land use and transport patterns in Austin, Texas", *Journal of Transport Geography*, Vol.33, No.33(2013).

81. Tobias M., Silva N., Rodrigues D., "A107 perception of health and accessibility in Amaznia : an approach with GIS mapping to makingdecision on hospital location", *Journal of Transport & Health*, Vol.2, No.2(2015).

82. Tsou K.W., Hung Y.T., Chang Y.L., "An accessibility-based integrated measure of relative spatial equity in urban public facilities", *Cities*, Vol.22, No.6(2005).

83. Walter G. Hansen, "How Accessibility Shapes Land Use", *Journal of the American Institute of Planners*, Vol.25, No.2(1959).

84. Wan C., Su S., "China's social deprivation: Measurement, spatiotemporal pattern and urban applications", *Habitat International*, Vol.62, No.4(2017).

85. Wang F., "Measurement, optimization, and impact of health care accessibility: A methodological review", *Annals of the Association of American Geographers*, Vol.102, No.5(2012).

86. Wang L., "Unequal spatial accessibility of integration-promoting resources andimmigrant health: A mixed-methods approach", *Applied Geography*, Vol.92, No.3(2018).

87. Ward S.V., *Planning and Urban Change*, Sage Publications, 2004.

88. Wilson H.E., Hurd J.D., Civco D.L., et al., "Development of a geospatial model to quantify, describe and map urban growth", *Remote Sensing of Environment*, Vol.86, No.3(2003).

89. Wong Y.C., Wang T.Y., Xu Y., "Poverty and quality of life of Chinese children: From the perspective of deprivation", *International Journal of Social Welfare*, Vol.24, No.3(2015).

90. WuF., "An experiment on the generic polycentricity of urban growth in a cellular automatic city", *Environment & Planning B Planning & Design*, Vol.25, No.5(1998).

91. Xie R., Fang J., Liu C., "The effects of transportation infrastructure on urban carbon emissions", *Applied Energy*, Vol.196, No.2(2017).

92. Yang Y., Wang C., Liu W.L., "Urban daily travel carbonemissions accounting and mitigation potential analysis using surveyed individual data", *Journal of Cleaner Production*, Vol.192, No.5(2018).

93. Yin Z.Y., StewartD.J., Bullard S., Mac Lachlan J.T., "Changes in urban built-up surface and population distribution patterns during 1986—1999: A case study of Cairo, Egypt-ScienceDirect", *Computers, Environment and Urban Systems*, Vol.29, No.5(2005).

94. Zhou C., Wang S., "Examining the determinants and the spatial nexus of city-level CO_2, emissions in China: A dynamic spatial panel analysis of China's cities", *Journal of Cleaner Production*, Vol.171, No.10(2018).

95. Zhou Q., Leng G., Huang M., "Impacts of future climate change on urban flood volumes in Hohhot in northern China: benefits of climate change mitigation and adaptations", *Hydrology & Earth System Sciences*, Vol.22, No.1(2018).

后　记

2016年6月受组织安排我调回河南财经政法大学工作,2017年获批第三个国家社科基金项目"基于存量优化的城市空间治理与重构机理研究(17BJL065)",开启了四年新一轮的目标导向研究征程,从研究团队组建到实地调查,从研究报告撰写到学术论文发表,无时无刻不在思考着中国城市如何贯彻新发展理念,实现高质量的发展,最终实现以人民为中心的城市。重点围绕城市新空间拓展与城市存量空间优化来阐释城市如何协调发展,结合城市实际,提出了城市三重空间发展的理念、探讨了城市空间拓展的生态质量效应、规模空间效应。在此期间,先后赴莫斯科、罗斯托夫、罗马、威尼斯、柏林、慕尼黑、台北、高雄、北京、上海、雄安、成都、福州、西安、拉萨、太原、武汉、南昌、重庆等城市学习考察,既感受到了欧洲城市文化底蕴的厚重与城市管理方面的先进与没落,也深切感受到了我国城市新城区建设的如火如荼,如雄安新区、成都天府新区、重庆两江新区、郑州航空新城等的未来发展之壮观和高科技引领新画面,也领略了台北士林夜市、成都锦里、宽窄巷子、太古里、上海石库门、福州三坊七巷等传统文化街区通过不同定位的更新与改造,焕发出的勃勃生机,给城市带来了别样的韵味,成为人们游玩休憩的良好场所,为城市存量空间的优化与治理提供了借鉴,与此同时搜集了大量优秀实践案例的资料,为课题的研究提供了启发和帮助。2018年,有幸获批首批中原千人计划基础研究领军人才资助,为整个课题深入研究提供了有力支持,结合老龄化、高质量发展等新时代要求对研究内容进行了进一步深化与完善。

2020年年初新冠肺炎疫情暴发,课题组成员克服种种困难完成各自承担的任务。四年来围绕课题先后完成了多篇高质量的学术论文,其中CSSCI论文 24 篇，SSCI 一区两篇，一些文章观点被《新华文摘》《高等学校文科学术文摘》转载，围绕都市区发展的思路和观点被人民网、新华网、搜狐网等媒体报道和转载，产生了良好的社会反响。

本书是作者在承担的国家社会科学基金项目（17BJL065）研究的基础上，对我国城市空间拓展、优化与治理进行的较为系统的研究。研究过程中借鉴和学习了国内外学者关于城市经济运行、城市规划和管理方面的许多著述，在此深表谢意！本书的具体分工：刘荣增、陆文涛、汤艳负责“前言”的撰写；刘荣增、陆文涛负责第一至第四章内容的撰写；刘荣增、汤艳、王淑华负责第五至第八章内容的撰写；何春、刘荣增负责第九章内容的撰写；荣培君负责第十、第十一章内容的撰写；罗庆、刘荣增负责第十二章内容的撰写；何春、刘荣增负责第十三章内容的撰写；刘荣增负责第十四章内容的撰写；全书由刘荣增统一负责制定大纲、修改、统稿和定稿工作。本书的顺利出版还要特别感谢人民出版社王世勇主任、王怡石编辑的辛苦付出。

城市空间的拓展、优化与治理是一项复杂的系统工程，涉及多个巨系统，有些内容专业性很强。由于作者水平有限，对其中一些问题的研究和理解还不够系统、深入，对许多同行的著述或者没能领会透彻或者没有机会拜读，造成该书还很粗疏，存在问题和缺陷在所难免，敬请各位同仁批评指正。

刘荣增

2021 年 6 月定稿于河南财经政法大学毓苑